全国优秀教材二等奖

普通高等教育“十二五”国家级规划教材

家具设计 第二版

唐开军 行 焱 编著

中国轻工业出版社

图书在版编目（CIP）数据

家具设计 / 唐开军，行淼编著．— 2版．— 北京：中国轻工业出版社，2022.1

普通高等教育“十二五”国家级规划教材

ISBN 978-7-5184-0439-1

Ⅰ．①家… Ⅱ．①唐… ②行… Ⅲ．①家具—设计—高等学校—教材 Ⅳ．①TS664.01

中国版本图书馆CIP数据核字（2015）第050910号

责任编辑：毛旭林　秦　功　　责任终审：劳国强　　整体设计：锋尚设计
策划编辑：毛旭林　　责任校对：宋绿叶　　责任监印：张京华

出版发行：中国轻工业出版社（北京东长安街6号，邮编：100740）
印　　刷：北京博海升彩色印刷有限公司
经　　销：各地新华书店
版　　次：2022年1月第2版第7次印刷
开　　本：889×1194　1/16　印张：11.5
字　　数：375千字
书　　号：ISBN 978-7-5184-0439-1　　定价：48.00元
邮购电话：010-65241695
发行电话：010-85119835　传真：85113293
网　　址：http：//www.chlip.com.cn
Email：club@chlip.com.cn
如发现图书残缺请与我社邮购联系调换
211668J1C207ZBW

自改革开放以来，中国的家具行业超速发展。据相关统计，目前从事该行业的企业已有5万多家，从业人员超过1000万人，2014年全国年产值超过1万亿元，中国已成为世界性的家具生产基地和制造大国，同时家具行业也是中国的支柱产业之一。但与家具制造业相对应的中国家具设计与发达国家相比却存在较大的差距，亟待提高。企业急需大批家具设计方面的优秀人才，而优秀人才的培养急需内容新颖、全面系统的专业理论和实践指导。

本书从家具设计概论入手，详细叙述了家具的类型、家具设计的程序与方法、家具的功能尺寸设计、家具形态构成设计要素、家具产品的形式美法则、家具结构设计、家具装饰设计、家具专题设计、家具设计评价等方面的内容。综合引用了国内外家具设计研究的最新成果，内容全面丰富、结构合理、叙述严谨、信息量大，是一部家具设计方面的综合性著作。

本书既可作为家具、室内装饰等行业从业人员的工作用参考书，也可作为相关专业的研究生、本科生、专科生的教学用书以及家具、室内装饰方面爱好者的参考书。本书中“家具结构设计”（第7章）部分主要由行焱执笔。由于本书的内容十分宽泛，限于篇幅及作者的学识，书中一定存在许多不足之处，敬请读者指正。

作者

2015年1月于深圳

目 录

第一章

家具设计概论

第一节　家具的概念

家具，概而言之，就是人们在日常生活和工作中所使用的器具。在中国南方又叫家私，即为家用杂物。家具在概念上有广义和狭义之分。就广义而言，家具是人类维持正常生存繁衍、从事生产实践和开展社会活动所处环境中必不可少的一类承载器具。就此广义的概念，一方面，人类自身的进化与生存方式方法的转变促进了“家具”功能和形态的变革；而另一方面，家具的结构形态又反作用于人类的生活方式和工作方式。就狭义而言，家具是人类在生活、工作、社交等活动场所中用于坐、卧、作业、储藏或展示物品的一类器具，同时又是建筑室内陈设与装饰主题之一，与建筑室内环境融为一体[1]。家具的英文为furniture，法文为meulbe，意大利文为mobile，德文为möbel，西班牙文为mueble，拉丁文为mobilis，在词义中均具有设备或可移动的含义。这也反映出家具作为人造器物的某些特点。可以说，家具是人在日常起居生活和工作中与空间发生联系的载体与媒介（如图1-1）。

a　中国清代太师椅

b　英国威廉·玛丽时期东方元素高脚柜

图1-1　不同文化、不同类型家具图例

随着人类物质文明的发展，关于“家具”的概念、范畴、分类、结构、材料等都在不断变化。“家庭用器具”的含义在不断丰富。在原始社会时期，洞穴中的一块大石头经过敲击、打磨可能就兼备着寝具、桌具、坐具的作用，甚至是氏族会议时的“议事桌”及祭祀时的“供桌”；进入封建礼教社会，家具除去基本的功能作用，造型和材料也不断丰富，社会含义更加多样化、细致化——专物专用，如作为礼器服务于王宫与各级官邸之中，或作为法器摆设于庙堂之上。可以说，人类社会活动的丰富推动着家具的功用性、装饰性的发展，并形成了不同时期、不同地域的家具文化传统。时至今日，家具更是无处不在，制造技术的发展，工艺材料的丰富，设计理念的融汇，各种家具为迎合生活中的不同使用要求而产生，以各自独到的功能服务于现代生活的各个方面——起

居工作、教育科研、社交娱乐、休闲旅游等活动中，也由原来单一的家具类型发展到与使用空间功能特性密切结合的各类系统化、风格化家具，如宾馆家具、商业家具、办公家具、餐吧家具、古典家具、现代家具、新古典家具以及民用家具中的起居家具、厨房家具、儿童家具等，各种分类方法层出不穷，总之，它们都是以不同的功能特性、不同的装饰语义，来满足不同使用群体的不同心理和生理需求。

第二节　家具的特性

前已述及，家具起源于人类的造物活动，服务于人类对于空间的功能化使用，伴随着人类文明的发展，从数万年前原始时期的“随物应用”，到现代工业文明的绚丽多彩，无论其间经历了多少次在工艺材料、造型理念、结构色彩、装饰图样等方面的变革，还是因地域文化差异导致的多样化风格特性，家具具有的一些基本特性还是不变的（如图1-2，图1-3）。

一、功能的双重性

家具不仅具有物质功能，同时具有精神功能，即装饰审美功能。作为一种工具器物，家具的使用功能理应居于首位，以满足人类衣、食、住、用、行等活动中方方面面的物质需求。因此，各类家具在功能定位的基础之上，涉及材料设备、工艺方法、制作程序、结构设计、人体工学、电子化工等领域。而家具的结构与装饰具有的造型意象，使家具产品蕴含精神性，使人在接触和使用过程中产生某种审美愉悦感和引发丰富的精神联想，与美学、心理学、社会学、民俗学、行为学及造型艺术理论密切相关，成为一种广为普及的大众艺术，供人们观赏、收藏。这就是家具

图1-2　中国传统绘画中的家具图例　韩熙载夜宴图　五代南唐·顾闳中（约902~910年）

图1-3　欧洲传统绘画中的家具图例　天使报喜 The Annunciation　莱奥纳多·达·芬奇（Leonardo da Vinci，1452～1519年）

功能的物质与精神双重性特征[2]。

二、功能的共知性

家具使用功能的通用性分为两个方面：一方面体现在对某类家具使用功能的大众认同上，如没有人会质疑椅子是拿来坐的，床是供睡眠用的，衣柜是用于陈放衣物的，并且一种新式家具一旦出现，其功用也会很快得到广泛的传播与认同；另一方面则体现在人们的行为活动中，在特定的空间中进行某种行为活动，空间与行为之间由特定的家具来连接，即“行为活动—空间环境—家具类型”之间的对应上，如饮食—餐厅—餐桌椅的对应，学习—书房—写字台、书柜的对应，睡眠—卧室—床、衣柜的对应等。人类尽管人种不同，但基本的生理构造和需求都是一致的，对于家具的功能要求也是相同的。亘古至今，就某类家具的特定使用功能而言，贯穿于不同地域的人们生活和工作的方方面面，与人们的衣食住用行密切相关，如椅凳类坐具通过支撑臀部以使人体得到休憩的功用延续至今。然而，家具使用功能的通用性也不是永恒不变的，因地域文化的不同也有差异，在各自历史上的变化虽然缓慢，但随着社会发展、文化交流引发生活方式的改变而变化。如古时汉族人盘腿席地而坐的传统随着与外族文化的交流改为垂足而坐所带来的坐具变化，现代社会中因人们的生活内容增加而出现的电视机柜、厨房家具等。

三、外观形式的符号化

所谓“符号化”，是指人在认知自然的过程中，赋予外界物象以思维抽象后的形式与概念，使物象可以在头脑中更容易、更迅速地被辨识。家具造型的符号化就是指特定类型的家具在长期服务于人的过程中，以其特有的功能通过造型的表现形成了可以被大众所共知的符号特性，如提到床，我们的头脑中就会闪现一个“平板”的轮廓，具体到家具设计，进一步从宽度上细化为双人床、单人床，从高度上分为双层床、单层床，从使用对象上分为成人床和儿童床等。人在通常情况下均可以把所看到的床的形式和其头脑中的名称相对应，即使在没有实物的前提下，也可以毫无障碍地相互间进行语言文字方面的交流。同样地，其他类家具也是如此。这就是家具在造型上所表达的符号化信息。家具造型的符号化对于设计师而言，提供了设计的基础，同时也形成了无形的束缚。这种束缚同样存在于其他设计领域中。

四、内涵的文化性

“文化”既是一个最普通、最常见的词汇，又是一个最复杂、最难以说明的概念。目前所公认的“文化”包括五个方面的含义。

❶ 文化即知识。

❷ 文化以知识为载体包含着思想、观念、精神、价值观等内容，即它不仅包括人认知自然、认知自我的成果——知识，还包括人从事知识创造活动的精神世界的内容。

❸ 文化是在一定地域内，由一定的风俗、习惯、观念和规范等形成的某一群体的生活方式及行为模式。

❹ 文化是指创造区域文明的人群在其社会实践过程中所积累的物质文明和精神文明的总和。

❺ 文化是人在创造物质文明和精神文明的同时，精神文明对人本身的影响和塑造过程，即精神力量对人的教化过程。

综上所述，文化的本质表现为两个层次：一个层次是一定人群的生活方式；另一层次是精神文明及其对人的影响和教化[3]。

家具的文化属性包括物质和精神两个层面。作为物质文化产品，家具的众多品类拥有丰富的使用功能，丰富着我们的物质生活，新功能、新材料、新工艺、新理念等的推陈出新，从一个侧面反映着物质文明的发展程度。作为精神文化产品，多样化的家具以各自特有的外观形式体现出的审美功能，潜移默化地提升人们的审美情趣。同时，家具也以自身的造型艺术形式直接或间接地反映现实世界的政治思想与人文意识，实现象征功能与对话功能以及文化脉络的延存功能。

如地处北欧的瑞典、丹麦、挪威、芬兰、冰岛五国，由于有着独特的自然地理条件和悠久的民族工艺传统，在家具和其他艺术设计领域至今一直保持着斯堪的纳维亚地区的艺术特点与文化精髓，形成北欧家具特有的风格。这种风格是直接继承并发扬了古典的理性主义、（现代设计初期的）功能主义和民间文化传统，并大量借鉴了东方设计的造型与结构而形成的。其特点是将现代主义设计思想与传统的人文主义设计精神相统一，既注意产品的实用功能，又关注设计中的人文因素，将功能主义过于严谨刻板的几何形式融汇为一种富有人性、个性和人情味的现代产品外观形式[4]。中国传统家具更是如此。由于中国存在南、北方的差异，北方山雄地阔，民风质朴粗犷，家具则相应表现为大尺度，重实体，端庄稳定；而南方山清水秀，南方人文静细腻，家具造型则表现为精致柔和、奇巧多变。关于家具造型过去有“南方的腿，北方的帽”之说法，也就是说北方的柜讲究大帽盖，多显沉重，而南方的家具则追求脚型的变化，多显秀雅；在家具色彩方面，北方喜欢深沉凝重，南方则更喜欢淡雅清新。

家具尽管品类、数量、风格繁多，而且随着社会的发展、文明的交流，更是日益丰富，但是其文化属性却具有如下四个方面的特征。

第一是地域性特征。家具的地域性特征的形成与该地的自然环境、文化背景以及经济状况等密不可分。不同地域地貌，不同的自然资源，不同的气候条件，必然产生区域文明的差异，并形成不同的家具品类、功能、材料等特性，显露出浓厚的乡土人文特色，彰显着充沛的民族造物活力。

第二是民族性特征。民族是指历史上长期形成的具有共同语言、共同地域、共同经济生活以及表现于共同文化上的共同心理特征的稳定共同体。这一共同体在各种文化形态上表现出有别于其他共同体的特点，就是民族性。在艺术设计中，总能看到造型中所蕴含的民族风格，反映出某一民族的审美意识情趣和艺术表现形式。不同的民族有不同的居住环境、传统文化和生活习俗，从建筑造型到室内装饰，家具也有民族特征。家具的民族性特征以地域性特征为基础，进而包含更多人文内容。如日本的居室内部，一般简洁、淡雅、宁静，空间尺寸偏小，家具尺寸也较矮小，特别是铺榻榻米的室内，仍保持着席地而坐的生活习惯，所以相应的椅子则无腿，只有坐垫和靠背，桌、几高度也相应降低；又如中国的西藏地区由于地处高寒地带，因而藏居室内也较低矮，易于保暖，就地取材，多铺毛皮地毯，藏式家具也是低矮型，最高也不过一米左右；北欧国家森林资源丰富，环境优美，其室内和家具与室外环境保持着高度的一致性，普遍流行实木家具，追求木材材质的自然美、简洁的结构美以及民族手工艺传统的造型美。尽管民族审美意识是一定历史条件下的产物，不同的民族风格之间具有相对的独立性和稳定性，但是如前所述，它也不是静止不变或孤立的，而是相互间一直在不断地进行交流，促进工艺设计水平的提高和民族艺术风格的更新和发展。

第三是时代性特征。家具的时代性体现在每一历史时期的造型形态都具有一定的主导风格，即同一时期的设计师在家具造型设计上会表现出某种程度的统一性。家具文化的发展与整个人类文化的发展相依存，并表现出自己的阶段性。如西方的古典时期、中世纪、文艺复兴时期、工业革命时期、现代和后现代等均表现出不同的造型风格。也可粗分为手工业时期和工业时期。在工业社会，家具的生产方式为工业化批量生产，产品的造型风格则表现为简洁平直的几何式，主要体现一种理性美、功能美。时至今日，家具设计又开始偏重造型的文化语义，风格呈现了多元的发展趋势，在工业化、信息化背景下，又要在家具造型的艺术语言上与地域、民族、传统、历史等方面进行同构与兼容[2: 5~8]。

第四是传承性与传播性特征。家具文化的形成是循序渐进、逐渐积淀形成的。家具是基于人类的使用需要而出现并发展的，家具装饰是社会发展到一定程度后为了满足使用者的精神需求而出现的，并且社会越发达，物质财富逐渐积累，家具的装饰风格就越突出、越丰富，文化内涵也越高。可以说家具的物质文化先于精神文化。家具文化除了在固定地域上具有一定的历史传承性之外，又都是以某一地区为中心、随着整体文化的交流向周边传播扩散并借鉴交融的，所以不同地域的家具文化之间也存在着相互影响。家具文化的传承性与传播性是其发展的静因与动因、内因与外因。

五、多样性

家具的多样性包含两方面的内容：一是家具品类的多样性，二是家具外观形式的多样性。家具品类一般按其使用功能和使用场所的不同进行划分。人在日常活动中有多种的状态与行为，与此相对应的家具类型也多种多样，以满足不同的功能需求；另外，不同的建筑空间对家具的设计要求也是不同的。然而，即使是同一类型家具，其外观形式也是多种多样的。这种多样性直观表现就是同一品类家具其设计造型的多样性、材料的多样性、结构的多样性、色彩的多样性、个体需求的多样性等，正是这些多样性的存在才体现出家具设计师的价值存在，同时为设计师的工作提供多样化素材。家具文化的发展推动了家具构成要素的发展，而某一构成要素的发展也在推动家具文化的整体发展。尽管已经有了无数的家具品类及形式存在，但随着社会发展，还会不断推陈出新。

第三节　家具的构成要素

作为现代工业设计的一个分支，家具的构成要素主要包括功能、结构、材料和外形。在具体设计过程中，功能设计是先导，它也是推动家具设计发展的主动力；结构设计是主体，是实现功能的基础；结构设计需要参照材料和工艺，以满足功能性、耐用性、经济性以及更高的精神性需求；外形可作为设计活动的结果，也可作为设计活动的开端，家具设计的外形需要整体考虑功能、结构、材料等设计因素，并加以装饰而达到。这四种因素互相联系，又互相制约。由于家具是为了满足人们一定的物质需求和使用目的而被设计与制作的，同时人们对它又有一定的审美要求，因此在具体的家具设计实践中，功能和外形往往是一对矛盾体（如图1-4）。下面具体阐述这四个要素的主要内容及相互间的关系[5]。

图1-4　力求功能性与形式感相统一的座椅设计

一、功能

任何一件家具都是为了满足生活中的实际需要而出现的，是为了达到一定的功能目的而被设计制作的，所以人们在家具设计活动中始终将功能设计放在首位，功能设计也应该是家具设计的先导和中心环节，是推动家具发展的动力，是家具设计的主体内容和主要意义。

家具功能设计的首要内容是安全性设计，达到功能要求的前提应该是使用过程中的稳定、适宜、合理，充分考虑家具对使用者是否存在生理甚至心理的安全隐患，任何一件人造物如果缺乏安全性，无论其他设计内容如何精彩，都是不应作为消费品而存在的。

在安全的基础上，家具功能设计的第二项内容是适用性。一般而言，人的眼、耳、口、鼻等各种感官及身体器官对物品的属性均有适应性要求，如拥有不同形状、尺寸、色彩、气味、重量、肌理、质感等属性的材料会使消费者产生不同程度的生理和心理反应，只有使这种反应处于适宜、愉悦的程度，适用性设计才算基本成功。因此，这就要求设计师通过总结生活中的常识、掌握尽量多的区域文化知识、加强对社会情况的调研，进行准确的设计定位以及通过对产品制造阶段的充分把握等，把功能适用的产品成功地推向市场，引起消费者的关注，完成购买。

功能性的第三个内容是简洁性。对任何消费品的使用都不应烦琐，因为烦琐是消费者在使用物品过程中产生反感和不安全因素的主要原因之一。家具设计中，产品的简洁一般是指除了有充分的功能实用要求外，忌用过多的装饰性设计。

功能性的第四个内容是合理性。一件物品的使用效果如何，主要体现在设计师为消费者设计的使用程序是否合理，特别注意产品由功能至造型中的语义学内容，应具有主导性和单一性。多功能产品往往使用于生活水平较低、生活空间狭小的环境，以期取得功能的最大化。如沙发主要是坐具，一般用于支撑人体短时间内的休息，但多功能沙发还可以用来睡觉，最终沙发就兼具床的功能。

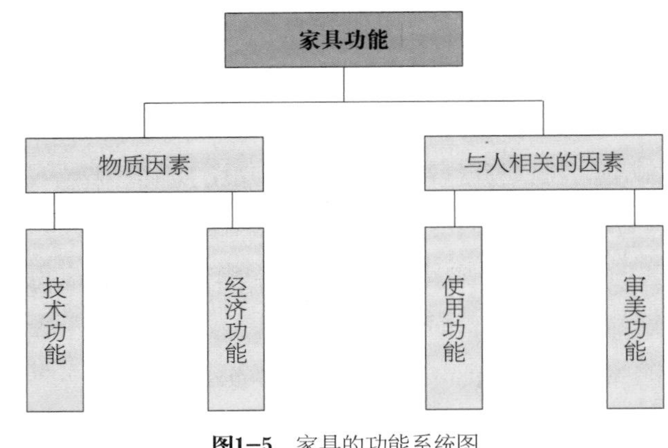

图1-5 家具的功能系统图

根据以上的功能设计内容，按照现代设计理论，可把家具的功能分解为四个方面：技术功能、经济功能、使用功能与审美功能，其中的相互关系如图1-5。

❶ 技术功能——指家具产品所能达到的物理、化学指标，如力学，是使用过程中家具安全性和可靠性的量化指标，一般是强制执行的。它是第一位的，即满足家具功能设计的安全性要求。

❷ 经济功能——指家具产品制造过程中的物质和劳动消耗以及其所具有的经济效能。

❸ 使用功能——指人在使用家具产品时的方便舒适性、安全可靠性，其中包括认知功能。它是建立在使用者个人活动的基础上，因此是与个人相关的。

❹ 审美功能——指人对家具产品在视觉和触觉感受上产生的愉悦和精神上的满足。它也是建立在使用者或观察者个人情感体验的基础上的，也是与个人相关的，包括技术美和造型美两个方面。

二、材料

材料是构成家具的物质基础，由自然材料（如木、竹、藤等）和人工材料（如塑料、玻璃、金属等）两大类构成。人类的发展史上，从用于家具的材料上可以直观地反映出当时的生产力发展水平。如原始社会，人们对石头、木材、皮革等天然原料直接应用或稍加加工，作为起居材料，家具结构基本满足功能要求，形态自然是十分原始、简陋。现在，应用于家具的材料已十分丰富，除了常用的木材、金属、塑料外，还有藤、竹、玻璃、橡胶、织物、装饰板、皮革、海绵等。然而，并非任何材料都可以应用于家具生产中，即家具材料的应用也有一定的选择性，其中主要应考虑的因素如下。

1. 环保性

由于家具产品直接接触人体，所以对其所用材料的环保性要求应有严格的标准，所用材料在使用或陈放过程中，有毒气体的释放量或放射性、重金属等有害物质的含量不能超出相应的检测标准，否则会被视为不合格产品。

2. 加工工艺性

材料的加工工艺性直接影响家具的生产。如对于木质材料，在加工过程中，要考虑其受水分的影响而产生的缩胀性、各向异性、裂变性及多孔性等；塑料材料要考虑到其延展性、热塑变形等；玻璃材料要考虑到其热脆性、硬度等。

3. 材质属性和外观质量

材料的材质包含物理、化学等内在属性，也包含质感、肌理、色彩等外在属性，内在属性决定外在属性，两种属性共同决定家具产品外观及质量的特殊感受。如木材，属于天然材料，内在属性导致其易燃、易受潮、易变形等，质感呈自然、淳朴，软硬适中，手感好，易于加工、着色，是设计生产家具的上等材料；塑料及其合成材料具有模拟各种天然材质外在属性的特点，可塑性强，易于成型，并且有良好的着色性能，耐水但易老化，耐热性差，用塑料生产的家具，其使用寿命和使用范围受到限制，并且易给人廉价的感觉；金属材质可以方便地进行表面着色或特种工艺加工处理，坚实耐用，视觉上给人以科技感和现代感，但视觉上易过于冰冷、理性；皮革和织物也属天然材料，并且容易加工、成形、着色，工艺丰富，但防火性能差，是坐具类家具的主要辅助材料。材质属性均有优和劣，但现代加工工艺和材料科技的提高可以弥补自然材料的原始不足，以提高家具产品的质量。

4. 经济性

家具材料的经济性包括原材料的价格，材料的加工人工和设备消耗，材料的利用率及材料来源的丰富性、可持续性等方面。同样以木材为例，虽具有天然的纹理等优点，但随着需求量的增加，木材蓄积量不断减少，资源日趋匮乏，特别是一些名贵珍稀木料，因而，应不断创新木材的加工工艺，以产生与木材材质相近的、经济美观的替代材料或衍生材料，广泛地用于家具的设计生产中。作为家具设计师在开展设计工作之前，一定要谨慎考虑材料的经济性设计因素。

5. 物理力学性能

家具大多是承载器物，因而其材料的物理力学性能，即强度，就成为家具产品功能及造型设计的重要参数。设计过程中，在强度方面主要考虑其握着力、抗劈性能、弹性模量、热脆性、耐酸碱性等。如皮革柔软、有弹性，耐火性能较差，比较适用于支撑人体类的家具或其接触面；而陶瓷、玻璃属于脆性材料，适合于静负荷下工作，可用于不常搬动的家具；而金属、木材、塑料等塑性材料耐冲击性能好，但对工作环境的温度、湿度、耐酸碱性、耐腐蚀性、耐磨损性有较高的要求。材料的物理力学性能基本上“与生俱来”，设计师可以通过结构设计等手段对其进行加强或改造。

6. 材料的美观性

材料美主要是指材料的色彩、结构、纹样、肌理、质地等外在属性蕴含的美。如天然材料，其美观性源于材料的天然不加雕琢，不依赖任何人为加工和装饰，是材料自然淳朴、本真的生命之美，如紫檀木坚实的质地、深红的色彩、禅意的纹理、沁人的幽香，对于这种材料，设计时往往需要因材施技。而人造材料是材料工程师在充分认知、把握基础材料的内在属性和应用要求的基础上，运用人工技术再加工出来的，如中密度纤维板、胶合板、人造革、玻璃、合金等。人工材料大多运用于现代风格的家具设计之中，一般比天然材料具有更突出的物理特性，并在兼顾经济性的基础上，可以体现出科技之美。

7. **表面装饰性能**

一般情况下，材料表面装饰性能是指对其表面进行涂饰、胶贴、雕刻、着色、烫、绘、烙等装饰工艺的可行性。在家具所使用的各类材料中，木材、藤竹、皮革和织物等天然材料的表面装饰性能优于其他材料。

以上因素也是我们对家具材料进行选择的标准。在家具设计中，受材料属性的制约，不同材料有不同用途，对不同材料的认知以及选用是否恰当，反映出设计师的基本能力，也是家具设计效果优劣的决定因素之一。

三、结构

结构是指家具构件之间的组合与连接方式，是依据家具特定的使用功能和材料属性而设计的一种组织系统，也可理解为连接后的样式。因而，家具结构可分为内在结构和外在结构，内在结构即家具构件的组合与连接方式，它取决于材料和工艺的发展，如金属家具、塑料家具、藤家具、木家具等都有自己的结构设计特点。家具内在结构受材料属性的约束比较大，同时要兼顾制造成本和工艺条件以及造型样式的需要，不同类型的家具可以有相同的结构设计，如中国传统家具常用的榫卯结构，支撑类家具如座椅和储藏类家具如书柜等，其功能虽不同但都可以通过榫卯连接。家具的外在结构即构件连接后的整体样式，直接与使用者相接触，它是外观造型的另一种解释，在尺度、比例和形状上都必须与使用者的生理特征相适应，设计时可应用人类工效学的相关原理，设计出与人体的生理尺寸、姿态动作、运动范围和生理机能相适应的外在结构。如座面的高度、深度、后背倾角恰当的椅子可更好地解除人的疲劳感；而贮存类家具在方便使用者存取物品的前提下，要与所存放物品的尺度相适应等。内在结构与外在结构相结合，才可为家具的审美要求奠定基础。

四、外观形式

家具外观是最终直接展现在使用者面前的，是功能、结构和材料的整体表现形式。家具的外观以功能为先导，通过材料来实现，依附于其结构。但是家具的外形和结构之间并不存在绝对的对应关系，即不同的外观形式可以采用同一种结构来表现，而同一种外观可以通过多种结构来达到。家具的外观形式存在着较大的自由度，空间的组合上具有多样的选择性。某种材料所具有的属性是构成整体外观形式认知属性的重要内容。作为功能的外在表现，家具的外观形式具有信息传达和符号学意义；还能发挥其审美功能，在特定环境中形成一定的情调氛围，具有一定的艺术效果，给人以美的享受。

第四节　家具设计

一、设计的概念

人类文明的历史就是一部创造的历史，人类为了自身的生存和发展，不满足于大自然所提供的物质形态就必须进行创造活动。设计就是一种典型的创造活动，是随人类的出现而出现的一种文化现象，是人类从蒙昧混沌开始走向智慧文明的标志，也是所有创造活动的第一步。

对“设计”（Design）这一概念的定义虽然众说纷纭，但就其本质的认识是基本相同的，即是人类的一种创造性活动。概括地讲，设计就是人们将内在需求转变为外在现实的过程，它包括对某一种产品从需求到构思、计划、制作直至使用的整个环节。

现代设计涉及的范围非常宽泛，以工业化为基础，从简单的日常生活用品到复杂的航天器，人类的吃穿住用行都有设计活动的介入，可分为以下几大方面。

❶ 产品设计（或称工业设计）。

❷ 建筑设计（包括室内设计和环境设计）。

❸ 视觉设计（包括传媒设计）。

❹ 纺织品及服装设计（统称时尚设计）。

二、家具设计的特征

家具设计就是为了满足人们对家具产品使用和审美的需要所进行的构思与规划，通过采用手绘表达、计算机模拟、模型样品制作等表现手法使这种构思与规划视觉化、物态化、量产化的过程，即围绕材料、结构、形态、色彩、表面加工、装饰等而赋予家具产品新的形式、品质和意义。家具产品同其他现代工业产品一样，包含科学性和艺术性。科学性指其功能、结构、材料、工艺等设计因素中需要设计师理性的、逻辑的思维和手法。艺术性是指在设计过程，特别是造型设计中，需要设计师具有一定的艺术感性思维，以艺术化的造型语言来反映某种思想和理念，通过消费者的使用和审美对其产生精神上的作用。在“创作”规律上，家具设计与其他艺术设计门类有共同性，也有独特性。概括起来，家具设计主要有以下几个方面的特征[6]。

第一，家具设计不像绘画、雕塑和文艺作品那样可以通过刻画、描写典型事件或典型人物的生活、自然风景而反映现实，而是通过抽象的概括去反映一般的时代精神和社会物质文化生活的面貌以及产品本身特定的内容、构造和情趣；通过自身的物质外观形式，使人在心理状态上产生某种作用，如舒适、安全、兴奋、愉快等。

第二，家具设计的过程具有物质性和艺术性的双重特征。就物质方面而言，因为它具有使用价值和实用性，表现出了物质功能的特征。就艺术方面而言，因为它本身又是一种造型艺术，能满足人们的审美需求，表现了精神功能的特征。但是现代家具产品的艺术特征不同于一般的绘画艺术品，一旦丧失了使用功能，其精神功能也就随之丧失。所以要求家具产品既要实用、又要美观，也是其既区别于纯技术的设计，又区别于纯美术创作的方面之一。

第三，家具产品设计的创作把科学技术、材料、结构、工艺等方面和艺术内容紧密结合，一般要经过多专业、多工艺的共同协作才能完成。同时受到使用功能、材料、结构、工艺、经济等条件的制约，是功能、物质技术条件和艺术内容的综合表现。

第四，家具产品设计具有时尚性的特征。因为它不具备一般艺术珍品那种独立持久的艺术价值，所以往往是其使用价值还未丧失的时候，其艺术价值就先消亡，即产品造型因“过时”、不时尚而被淘汰。这就要求家具设计师要时刻关注市场消费趋势，走在时代的前面，以保障所设计产品的市场竞争力。

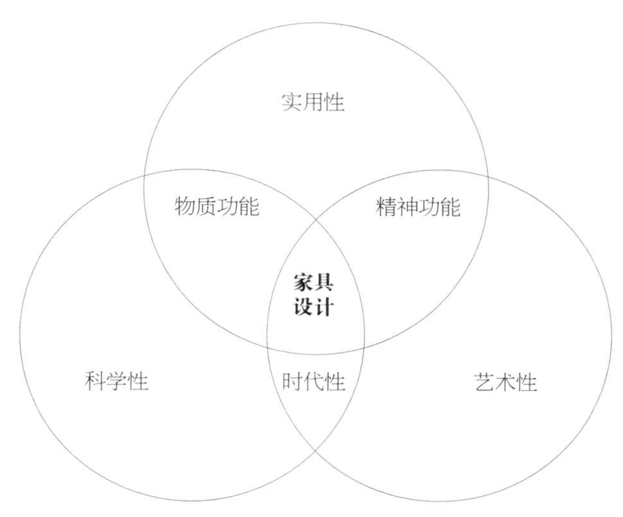

图1–6　家具设计特征之间的关系图

综上所述，家具产品设计具有物质功能和精神功能，具有科学性、实用性、时代性、艺术性。这些特征既具有各自的独立性，又是相互关联、相辅相成的（如图1–6）。

三、家具设计的类型

设计的目的在于创新，家具设计根据自身包含的设计因素和设计特征，主要分为使用功能创新设计、改良创新设计、结构创新设计、概念创新设计四个方面。

1. 功能创新设计

在现有家具产品上开发新的使用功能，是延续产品生命力、增加产品销量、开拓产品市场及促进产品改良的有效方法。家具的发展历程也是一部家具功能创新的历史，如沙发是为了满足使用者在休闲或娱乐过程中追求舒适功能的需要而快速发展起来的，电脑桌是为了满足电脑个人化的使用需要而发展起来的。随着社会的发展，消费者对于家具新功能的需求也在不断更新，这也在为我们提供新的家具设计思路。

家具功能的创新设计可从以下几个方面进行。

❶ 在现有产品的功能基础上，寻找全新原理的功能突破，引导一种全新的工作或生活方式；

❷ 探索与其他产品的功能组合；

❸ 新技术的整合应用；

❹ 关注生活细节，及时发现和了解新生活方式下的功能需求，开发出与之对应的家具新产品。

2. 改良创新设计

在研究已有产品与人们的生活方式相适应程度及人们新需求的基础上，结合科技的发展，改进原有产品的某项设计因素，以适应和领导新潮流的创新设计类型。主要用于进入市场较久的产品，由于市场竞争加剧及消费需求饱和、转移等方面因素导致产品销量的减退、企业效益的降低。因而，在产品的退化期到来之前，家具企业和设计师应积极采用改良创新设计措施及时地更新现有的退化产品或尽可能使产品的退化期后延。此类创新设计有以下几种途径。

❶ 与产品相关的各种材料的改良设计；

❷ 产品造型细节的改良设计；

❸ 产品结构的改良设计；

❹ 产品色彩的改良设计；

❺ 产品表面肌理的改良设计；

❻ 产品包装的改良设计；

❼ 生产技术及制造工艺的改良设计；

❽ 维修、安装及回收等方面的改良设计。

3. 结构创新设计

现代科学技术的发展日新月异，每天都有很多新技术、新材料问世，新技术会促进工艺的改良，而工艺和材料基本决定了家具结构设计的可能性，家具新结构的出现是产品功能创新、改良创新的基础与动力之一。如机械工业化的实现，促生了板式家具新结构，塑料的问世出现了有机型家具结构等。结构创新有潜力打破现有技术对整体设计面貌、产业结构、市场局面的支配；有能力催生全新设计概念的出现。虽然科学突破是支撑设计创新的基础之一，但是设计的发展并不完全是科学激发的，而是技术更新与市场需求巧妙结合的产物；因此，对于家具结构创新，应有市场针对性。

4. 概念创新设计

概念创新是指打破对家具产品原有的认识，在理念、功能、结构、材料、造型等方面进行全新的设计，具有一定的前瞻性、趋势性和引导性。“创新”有三个层次：改变，更新，创造新的东西。概念创新设计可以被理解为创造新的东西，有时不考虑现有的生活水平、技术条件和材料状况，在设计者的预见能力所能达到的范围内来考虑人们未来的生活方式，设计出具有超前意识的产品，以便于满足数年后人们新生活方式的需求。由于所涉及的设计内容是全新的，所以企业在进行此类产品开发时风险也是最大的。

四、家具设计的内容

家具设计的历史可谓源远流长，按照生产力发展为界线进行划分，可粗略分为手工业时期和工业化时期，同其他工业设计门类不同，手工家具和工业家具在现今共存发展，针对不同的消费需求，相互影响，相互借鉴。两类家具在设计因素方面存在差异，如工艺差异牵涉造型、材料、结构等的差异，但在设计内容、方法和理念等方面同其他工业设计门类是一致的。家具既要具有美观的造型，又要满足人在空间中的使用要求，即通常所说的家具的双重功能——审美功能和使用功能。家具的审美功能通过两种途径产生：一是通过生产过程、生产材料、生产技艺及最终产品产生的视觉之美，主要通过形态加以体现，是种静态美，即造型之美；二是与技术相关联的功能之美，是人在使用家具的过程中，感知到的技术与艺术相结合达到的使用之美，是种动态美，即技术之美。所以家具设计在内容上主要包括艺术设计与技术设计以及与之相适应的经济评估方面的内容。家具的艺术设计就是针对家具的形态、色彩、肌理、装饰等外观形式诸要素进行的设计，整个设计的过程均以“比例、尺度、色彩、肌理和谐与否”为设计原则，即通常所说的家具造型设计。家具技术设计的内容主要是如何使其功能最大限度地满足使用者的需要，如何选用材料和确定合理的结构，如何保证家具的强度和耐久性，整个设计过程是以“结构与尺寸的合理与否”为轴心[7]。实际上，家具的艺术设计与技术设计之间在内容上也是相互包含的，具体内容如表1-1所示。

表1-1　家具的艺术设计与技术设计内容

家具艺术设计内容	造型	形态、体量、虚实、比例、尺度等
	色彩	整体色彩、局部色彩等
	肌理	质感、纹理、光泽、触感、舒适感、亲近感、冷暖感、柔软感等
	装饰	装饰形式、装饰方法、装饰部位、装饰材料等
家具技术设计内容	功能	基本功能、辅助功能、舒适性、安全性等
	尺寸	总体尺寸、局部尺寸、零部件尺寸、装配尺寸等
	材料	种类、规格、含水率要求、耐久性、物理化学性能、加工工艺性、装饰性等
	结构	主体结构、部件结构、连接结构等

五、家具设计的原则

家具设计的原则是随着社会的发展而不断变化的。如我国在改革开放前，由于消费者经济基础差、购买力弱，家具也就以“经济、实用、美观”为大致的设计原则；随着社会的富裕、人们生活水平的提高，对家具等日常生活用品也提出了新的要求，特别是资源与环境问题也越来越被社会及消费者所重视，所以对家具也提出了新的设计要求，则把“美观、实用、绿色、经济”作为家具产品设计的基本原则。

1. 实用性原则

“实用”主要针对物质功能，即家具必须具备基本的使用功能，这也是家具设计的本质与目的，并在此基础上，力求家具产品物质功能得到最大限度的发展。家具的功能实用性设计原则应该体现功能安排的科学性、操作的合理性和使用的可靠性等。具体包括如下几个方面。

❶ 功能范围合理

随着现代生活内容的丰富，现代家具的功能范围也日益扩大，但是如果其使用功能过多、组合性太强往往又会带来结构的复杂、体量的增大、基本或主体实际利用率低等问题，因此家具的功能应根据需要合理界定。在我国，前些年由于人们居住空间普遍窄小，多功能组合家具很受欢迎，这是特定的历史原因决定的。随着人们居住空间的扩大及空间功能的单一化，家具的功能也多回趋于单一化。

❷ 工作性能优异

家具的工作性能一般取决于家具材料、结构等的物理性能、化学性能，包含家具在使用过程中的稳定、耐久、牢固、安全等各个方面所能达到的程度。由于其直接体现了家具的综合质量，所以特别受到重视。这也要求家具产品的外形必须与其工作性能相协调。

❸ 使用功能科学

家具的功能设计科学与否，只有通过人的使用才能体现出来，所以在设计过程中应充分考虑其形态对人的生理及心理方面的影响与互动。这就要求家具要具有舒适、安全、省力、高效的使用功能，同时具有相应的视觉表现。

2. 美观性原则

美观性原则主要是指家具产品的造型美，是其精神功能所在，是对家具整体美的综合评价，分别包括产品的形式美、结构美、工艺美、材质美以及产品的外观和使用中所表现出来的强烈的时代感、社会性、民族性和文化性以及与环境的和谐性等内容。家具产品的“美”是建立在“用”之上的。而长期以来，大多数消费者对家具产品美观性的认识依旧仅仅停留在单一形式美的层面上，未能从消费理念上更深层次地去挖掘其与建筑空间的整体和谐美感以及文化内涵蕴含的美感；甚至很少从理性客观角度去分析产品的美观性是否建立在科学的使用功能之上。产品的形式美应有利于使用功能的发挥和完善，有利于新材料和新技术的应用。如果单纯追求形式美而破坏了产品的使用功能，那么即使有美的造型也是无用之物。反之，如果单纯考虑产品的使用功能而忽略了其造型所带给人们的生理、心理影响及视觉感受，便会只是单调、冷漠的工业产品，在市场上是没有竞争力的。

3. 绿色化原则

绿色化就是在设计中关注并采取措施去减弱由于人类的消费活动而给自然环境增加的生态负荷。包括产品生产过程中能量与资源消耗所造成的环境负荷，由于能量的消耗过程所带来的排放性污染的环境负荷，由于资源的减少带来的生态失衡所造成的环境负荷，由于流通与销售过程中的能源消耗所造成的环境负荷，由于产品使用过程中有害物质的超量释放对环境造成的负荷，产品消耗终结时废旧物品回收与垃圾处理时所造成的环境负荷等[5: 257~260]。家具设计的绿色化原则主要反映在“减少”（Reduce）、“回收”（Recycling）、“再生”（Reuse），即“少量化、再生利用、资源再生”三个方面。

（1）少量化设计

少量化就是对一切材料与物质尽量最大限度地利用，以减少资源与能量消耗。包含了从四个方面减少物质资源浪费与环境破坏的可能性：设计中减小体量，精简结构；生产中减少消耗；流通中降低成本；消费过程中减少污染。特别要指出的是少量化并不是简单地减少国家或企业的生产目标与任务，也不是简单地简化家具结构与用料，这需要设计是在造型与结构等设计内容上倾注更多理性的、科学的成分，同时需要从设计生产上抵制个人的“过度消费”“盲目消费”等消费行为，通过设计引导来保护环境，使产品资源分配更加合理、更加有效。最后，“少量化”与“坚实耐用”是相辅相成的关系，家具产品功能合理、组合方便、结构牢靠、用料合理，使用寿命延长，自然也可达到“少量化”的目的。

（2）再生利用设计

设计中实现再生利用有三个方面的要求。

❶ 产品功能的系统性。系统性在此是针对家具系统内的可替换性特征而言，要求存在局部与局部之间以某种确定的结构关系连接起来以形成整体，而且要求这种功能结构关系一旦确立，就可以实现局部的替换。如一个石凳与一张木凳，都具有“支撑人体”的家具功能，但如果石块被打碎之后，其“支撑”功能就随之消失，而一张木凳拆去一条凳腿，可以再换上另一条凳腿继续作为凳子被使用，即称之具备了系统的功能性。

❷ 产品部件结构自身的完整性。在不增加生产成本的前提下，每个部件，特别是关键部位、易损部位的零部件结构自身的完整性对于再生利用有着特别的意义。

❸ 产品主体可替换性结构的完整性。以保证产品的零部件可以不破坏整体结构从产品主体上拆除并更换。

（3）资源再生设计

资源再生设计涉及面广、工作内容复杂，主要包括以下几个方面。

❶ 要形成全社会对于资源回收与再利用的普遍共识；

❷ 建立系统的材料回收运行机制；

❸ 改革产品结构形式，使产品部件与材质的回收成为可能；

❹ 运用回收材料进行产品再生产的新颖设计，使资源再利用的产品得以进入市场；

❺ 通过对再生产品的宣传，使再生产品的消费理念为消费者接受。

4. 经济性原则

家具设计的经济性应该包括两个方面的内容：一是对于企业，要保证企业利润的最大化；二是对于消费者，要保证其有价廉物美、物有所值之感。这两方面看似是矛盾的，因此设计师的价值才可充分得到体现，除去家具产品本身的经济性设计，还要充分考虑产品的生产成本、原材料消耗、能源消耗、产品的机械化程度、生产效率、包装运输等方面的经济性。经济与实用是密切相关的，实用不经济，不具有市场竞争力；经济不实用，同样也不能很好地发挥产品的物质功能或整体效能。

第五节　家具设计的发展方向

中国现代家具业自20世纪80年代以来，经过几十年的高速发展，成功地从一个“家具小国”转变为一个“家具大国”，但距“家具强国”还有一定的距离。与家具行业发展较为发达的国家相比，中国主要是在家具新产品的设计研发方面还存在着较多亟待梳理的问题，也是今后一段时期内我国家具行业的发展方向。

一、设计产业的规范化

包含家具设计在内的工业设计是一个科学、系统的工程，早已从设计产业早期简单的造型设计拓展出来，因为位于产业链的前端，整个设计流程中的每一个环节都应遵循产业规范，以保证产品设计的整体质量，也有利于下游产业、配套产业的规范化发展。设计产业的规范化可粗略分为产业内部规范与外部规范。只有内外因共同作用，才可促使我国整体设计创新水平的提升。

1. 设计组织的科学化

严谨、科学的设计组织是执行设计决策的基础和保证。没有一个科学合理的设计组织，各层次的设计目标就无法实现。这需要政府、企业乃至国民对于设计产业的认可，对设计创新知识产权的尊重与保护。在设计组织中，设计师和管理者是组织成员中的主体，但由于两者之间存在着在教育、文化、专业背景、关注重点等方面的差异，也会导致管理方面的矛盾与困惑；此外，现代设计本身是一门交叉性的学科，一个设计活动的展开往往有不同专业类型的设计师和非设计成员的共同参与，因此设计组织中的矛盾也将更为突出与复杂。这就更加需要设计组织或企业内设计部门的协调作用。为此，要协调在设计各环节中出现的各种矛盾，充分发挥每个组织成员的创造潜能，除了要有一个适合设计活动展开的组织保障外，还必须要有一个良好的组织环境。

2. 设计程序的规范化

任何一件好的产品都是在对其功能、材料、结构、造型、工艺、设备、消费者群体等进行科学分析、精心构思、科学测评后完成的，而其完成过程就是设计的过程，这是一个循序渐进的系统过程，有其自身的程序，家具设计也是如此。其中的每一个环节都有相应的方法、目标与要求，是一步一个台阶走向产品开发终点的。如市场调查是确定设计方案的基础，但如何科学、客观、准确地获得第一手市场信息，则就应严格地遵循市场调查的科学方法，而不能凭着主观想象来代替。同样地，设计过程中的每一步都应严格按照科学方法进行，而不能凭个人喜好、管理权威、以往经验来妄加判断或决定。否则其所开发的新产品是缺乏长期市场生命力的。

3. 设计方法的现代化

多年前，国家10多个部委曾经为实现设计手段的现代化采取过强制性措施，联合提出要普及CAD技术，彻底撤掉绘图板。时至今日，我们在颂扬这一英明决策的同时，对设计手段的现代化会有更加深刻的认识和理解。现代设计已能充分利用各类设计类软件完成方案表现、施工图绘制、现实过程虚拟模仿等，这些高新技术为高速、优质完成设计工作提供了可靠保障，并减少了消耗。所以，设备是设计组织者必备的基础设施，其中的软件应用也是设计师必备的基本技能。

二、设计分工专业化

目前的设计机构可分为两种基本形式：一是企业内的设计机构，二是独立的设计机构。企业内的设计机构都是依附于企业，以企业内部的设计任务为重点工作。从性质上又可分为固定设计机构和临时设计机构两种。固定设计机构在新产品开发与设计活动较为频繁，且产品和经营较为稳定的一些大企业中较为常见。临时性设计机构也称为设计项目组或设计专案组，其变动性较大，可随企业的设计计划而产生，随着计划的进展而改变机构形态。设计计划结束，机构也就解散。独立的设计机构基本上是从个体设计师逐步发展起来的。规模以数人或数十人不等，其组织结构较为简单，构成形式较有弹性。长期以来，我国家具设计机构多以第一种形式存在，即企业内部的设计机构，是附属于企业的专门机构。随着家具产品设计地位的日益提高，设计机构专业化分工势在必行。即从企业内部分离出来，成为独立的设计机构。家具生产企业可根据市场的需求把自己欲开发的产品委托给这类专业的设计公司来完成。这样有利于集中优秀的设计人员为多家公司开发不同形式的产品，充分利用人才资源，满负荷服务于行业。避免各个生产企业均有设计部门，易造成工作量不足或信息渠道不畅及产品开发设计成本过高等不良现象。

三、绿色设计

在家具设计原则部分，已经从设计的广义范畴阐述了绿色设计的概念和涵义，具体到家具设计，绿色的家具设计与传统的家具设计又有何不同呢？绿色设计包含家具产品从概念形成到生产制造、使用以及废弃后的回收、再利用及处理的各个阶段，它涉及产品整个生命周期；从根本上防止和减少污染，节约资源和能源，预先防止产品及其工艺对环境产生的副作用，彻底改变了传统设计“从摇篮到坟墓”的单线过程，实现“从摇篮到再现”的循环过程[8]。表1-2是家具传统设计与绿色设计的比较。

表1-2 家具传统设计方法与绿色设计方法的比较

比较因素	传统设计	绿色设计
设计依据	依据用户对产品提出的功能、性能、质量及成本要求进行设计构思	依据环境效益和生态环境指标与产品功能、性能、质量及成本要求来进行设计
设计人员	设计人员很少或没有考虑有效的资源再生利用及对生态环境的影响	要求设计人员在产品设计构思及执行阶段，必须考虑降低能耗、资源重复利用和保护生态环境
技术工艺	在制造和使用过程中很少考虑废旧产品回收，仅考虑少量的贵重金属材料回收	在产品制造和使用中，可拆卸、易回收、不产生毒副作用及保证产生最少废弃物，能耗低
材料资源	较少考虑节约材料及资源问题	以节约材料、合理及可持续利用资源为原则
设计目的	以需求为主要设计目的	为需求和环境而设计，满足环境可持续性发展的要求
设计产品	普通产品	绿色产品

从表1-2中可以看出，家具的绿色设计与传统设计涉及的范围更宽泛、更系统，要求也更高，产品也更市场化。下面进一步阐述绿色家具的实现途径。

1. 木材的可持续开发利用

木材是人类应用最早、也是目前应用最广泛的家具材料之一。我国是少林国家，长期以来我国的木材需求量供小于求，供需矛盾相当突出，特别是家具用材。因此，在设计绿色家具时，必须优先考虑木材资源的可持续利用，从源头上使用生态的绿色材料。作为绿色材料的木材可以通过以下几种途径节约代用。

❶ 普材优用

将普通树种的材料经过一定的物理化学方法或生态工艺技术处理后作为家具用材或高档用材。

❷ 小材大用

将加工生产过程中的余料、小料利用齿榫结合的方法加工成指接材用于家具产品中；或将小径次等材、枝丫材、间伐材等通过化学的、物理的或机械的多种方法加工处理成各种新型再生木材：如经过热压处理的压缩木；用短而窄的锯制板材进行层积胶压而制成的层积木；或加工成人造板材等用于家具。

❸ 优材高附加值

将纹理美观、色泽悦目、涂饰性能好、无缺陷的珍贵树种刨切或旋切制成薄木或微薄木，作为家具外表装饰用材，而将材色和纹理不显著的木材作为内部用材。这种家具既节约了珍贵木材，又增强了家具的审美功能，提高了家具的附加值。

❹ 废材利用

树根、树桩等非树径部分向来是作为树木砍伐后的废弃物而处理的，而带节存瘤的树桩、树根不仅可以单独制成家具，还可以作为床架、椅类家具的零部件。这种废材的利用符合绿色环保的要求，制作的产品质朴、简洁、清新，充满田园风味和乡土气息，使生活在大都市的世俗心境受到大自然的洗涤，倍感亲切宁静，很好地满足了人们回归自然的心理需求。

❺ 合理使用代用材

木材代用是把需求转移到另外的材料上，这种转移关键在于是否合理、是否可取。如用麦秆、棕丝、椰绒取代泡沫塑料作沙发填料，用皮革、棉麻织料作面料合理可取；用纸代替木材制作各种家具；用亚麻秆制得的亚麻丝板取代有限资源等都是合理取代。而如果以钢、铝、塑料等代替可再生、污染能耗低的材料，则有悖于家具产品材料的再生可持续利用原则，应尽量避免。

2. 大力开发竹藤家具

我国是世界上竹材资源最为丰富、竹类栽培和加工利用历史最为悠久的国家。竹材作为一种木本状多年生常绿森林植物，生长迅速，在长江以南地区产量颇多。竹家具和藤家具是传统的民间家具，竹制家具夏天使用清凉宜人，可用于床、椅及家具饰品；而藤家具多用于客厅沙发、几类，或作为配件与其他家具配合使用。开发竹藤家具时注重竹藤材料与中国传统家具设计元素的结合，可以设计出极富东方传统文化特色的家具；或者通过现代设计给竹藤材料融入时尚气息，既体现怀旧情调又衬托时尚韵味。总之利用中国竹藤资源丰富的优势，结合新的设计思维必将充分挖掘这种绿色材料的市场潜力。

3. 其他配件及家具制造各个流程的绿色化控制

绿色家具除了考虑材料的选择之外，其工艺、结构、零部件等方面也必须提高绿色化程度。这些方面在以前不被人们足够重视，但它们将随着家具产品环保标准的建立而逐渐纳入环保系统工程的范围内，以便于维护绿色环保家具概念上的完整性和体制上的系统性。

（1）家具涂料的改进研制

现代家具的涂料种类很多，然而符合绿色环保标准的涂料却很少。涂料由多种成分组成，其中许多原料是有毒物质，如常用的涂料溶剂甲苯、二甲苯、甲醛等，这些挥发性强且易燃的有机溶剂会污染环境，侵害人体，引发各种癌症及其他疾病。因此，在改善原有涂料，严格控制有害气体的挥发数量指标的同时，发展以水代有机溶剂的水性涂料显得日益重要。水性涂料除了在环保上的优越性之外，在施工方面上也有其独特之处。

（2）标准化是家具五金实现绿色化的关键

随着国际标准化（ISO）的普遍实施及与国际接轨的日益接近，由人造板所带动的板式拆装式家具结构的兴起，家具结构的标准化、系统化和可拆装化已是必然的趋势。家具五金件将朝着标准统一、安装简单、使用方便、形式美观的方面发展。

（3）家具生产控制

生产过程中的环保问题主要反映在三个方面：一是工厂生产环境中的环保因素，如噪声、粉尘、各种有毒气体对工人的健康危害；二是企业废液、废气、废渣即“三废”的治理，如对于木材剩余物的综合利用、废气和废水的有效排放等；三是材料加工利用中存在巨大的浪费，主要表现在材料利用率低，资源保护意识落后，这些问题必须通过严格制定各项参数指标，加大环保意识的宣传力度，提高家具制造的高科技含量等手段来解决。

（4）家具回收过程

绿色家具的最后一个设计环节就是家具的回收处理。传统家具制造商在家具产品的开发、制造、销售完成之后，对于家具的回收处理并不关心，绿色家具设计则必须考虑这个环节，将绿色设计理念贯彻始终。绿色家具的回收可划分为前期用户回收、后期用户回收两种类型。

❶ 前期用户回收：这种方式的回收者位于家具产品生命周期的前端，通常是指家具制造商。前期用户回收是指对家具生产制造过程产生的废弃物和材料进

行即时回收利用。

❷ 后期用户回收：主要是指材料的回收，即家具制造时通过理性化的结构设计，配合五金件的合理布局与使用，使过时或损坏的家具便于回收处理，各种材料仍能再次利用。如HTL技术是将废弃木料压碎成纤维，烘干后掺入胶料，再以高压制成的。它完全以废弃木材为原料，顺应了环保的潮流。

四、设计风格民族性

前已简述家具文化的民族性特征。在经过现代化风格的全球洗礼、当人类进入后现代社会之后，由于信息技术的普及，很多民族性的、“小众”的、表象的东西很快会传遍全球，但民族艺术和文化内涵等方面的传播并非如此，其全球化过程则是十分缓慢的，其主要原因在于民族的文化与艺术是与自身的生活和历史紧密结合的，不能相互照搬、相互取代，而应相互取长补短，借鉴发展。人类社会的正常发展依赖于多种文化、多种智慧的互相渗透。如果把所有民族文化都统一了，那么人类智慧的源泉也就枯竭了[9]。

一个特定的地域形成的民族有其特定的文化传统，这种特性不是一朝一夕成就的，而是千百年来某一文化系统的积淀。它的产生、存在和发展决定了它是为人所认可的，即有存在的必要和可能。依据这种性质，参考其中的某些元素所形成的设计风格与内涵，构成这种特定文化系统的独特组成部分。如以中国传统文化要素为主题创作的大量新古典风格的家具设计作品，在国际上享有良好的声誉。（如图1-7）具有民族性的设计主题有其自身不同于其他设计主题的特殊性，由于地域、人种、人文环境、自然环境等因素的不同，世界上存在着多种有差异的民族文化体系，存在着诸如历史、神话、图腾与图形、地理风貌、自然资源等不同的各种设计元素或蕴含设计元素的潜在题材，这些都可能引发出独特的有别于其他的设计。这里的民族性，是指民族文化的精华部分，家具设计的民族性就是要有意识地挖掘民族文化的精华，在此基础上才能设计出为全球所认可的精品来。历史上，某种新的家具风格的形成都是从“点”到“面”，即以某一地区为中心而向周边传播扩散的，如文艺复兴是以意大利的佛罗伦萨为中心、巴洛克式和洛可可式则以法国为中心向欧洲各国传播并发展。而东方家具则是以中国为中心向周围东亚、东南亚各国及地区传播。同时，对于“民族性”和“全

图1-7 中式新古典家具设计图例

球性”，设计师也应该怀着开放的心态去对待，不但依靠对本民族文化的挖掘、继承、发展，也依靠对外民族文化精华的借鉴、吸收、演变，古今中外，任何一个区域文化也不是在封闭的环境下独自发展的。只有如此，才可在国际大市场环境下形成一种具有民族神韵的、具有“全球化”语义的家具风格。

谈及东方古典家具，中国是集大成者。但是几千年来，中国传统风格的家具并不是在一种封闭的环境中成长、发展、成熟，尽管后来历史学家把中国传统家具按朝代的更迭赋予不同的风格名称，但其发展路线一直是延续的、开放的，区域间、民族间、邦国间、国家间逐渐扩大借鉴范围，再经过吸收改良后向周边国家和地区传播。特别是18、19世纪传入欧洲之后，在欧洲上流社会直至宫廷卷起一股“中国风”，拥有中国家具甚至成为身份和地位的象征，在大量进口中国成品家具的同时，并把本国的手工业者带到中国广州等沿海口岸的家具作坊学习中式家具的制作工艺。西方古典家具则是从文艺复兴时期才逐步完善的。尽管各个历史时期、各个地区或国家的家具风格是相互独立的，但是，由于它们之间在历史背景、时期划分、风格名称、装饰特征等方面都有着广泛的共同性与内在联系，所以家具风格也存在着相互影响；并在清末开始逐渐传入北京、上海等地使用，与中国本土家具融汇，形成了中国的“海派”家具风格[10]。

由此可见，具有民族特色的设计往往较其他设计具有更加广泛的流传性和生命力，“民族的才是世界的”已成为文化传播领域一条颠扑不破的真理。

本章思考要点

1．家具的含义与特征是什么？

2．家具的构成要素有哪些？

3．家具设计的类型与内容是什么？

4．中国设计的未来发展方向是什么？

5．思考如何构建当代中国家具形制？

参考文献

[1] 胡景初，王郡．家具的概念与意义[J]．家具与室内装饰，2005，71(1)：20～21

[2] 胡景初，戴向东．家具设计概论[M]．北京：中国林业出版社，1999，2：2～5

[3] 唐任伍，赵莉．文化产业——21世纪的潜能产业[M]．贵阳：贵州人民出版社，2004，5：2～3

[4] 顾建华．艺术设计审美基础[M]．北京：高等教育出版社，2004，7：101～108

[5] 徐恒醇．技术美学原理[M]．北京：科学普及出版社，1987，11：11～22

[6] 杨正．工业产品造型设计[M]．武汉：武汉大学出版社，2003，9：4～5

[7] 唐开军．家具设计技术[M]．武汉：湖北科学技术出征社，2000，1：4～6

[8] 王铁球．绿色设计在家具中的应用[J]．家具与室内装饰，2001，1：22～25

[9] 唐开军．家具装饰图案与风格[J]．北京：中国建筑工业出版社，2004，4：10～11

[10] 唐开军．中国传统家具对西方家具的影响[J]．家具与室内装饰，1999，(2)：46～48

第二章

家具的类型

由于现今世界范围内各领域传播交流的便捷性、普及性，人们行为方式、生活方式的多样选择与即时性，现代家具的材料、结构、使用功能、使用环境的多样化，形成了现代家具的多元化风格，因此很难采用某一种标准方法对现代家具进行分类，在此我们从多个角度对现代家具进行类别分析，以便在上一章的基础上对现代家具有一个系统完整的概念认识。

第一节　按基本功能分类

这种分类方法是根据人与家具、物品与家具之间的相互关系进行的，是比较贴近人们日常生活的一种科学分类方法，根据家具的基本功能不同可分为支撑类家具、凭倚类家具和收纳类家具。

一、支撑类家具

指直接支撑人体的家具，也有称之为坐卧类家具。此类家具应该是人类历史上最早形成的家具类型之一，是人类早期由无意识到有意识使用、创造的生活用品之一，也是早期人类告别动物性的行为方式、生活习惯的一种文明行为的物证。人的一生中与支撑类家具接触的时间最长，是使用最多、最广泛的一类家具。包括凳类、椅类、沙发类、床类等。

图2-1　凳类家具图例

1. 凳类

凳类家具的基本形式由支撑体和座面两部分构成，结构简单，使用方便，材料多样。从古至今有马扎、方凳、墩凳、长条凳、板凳等多种形式（如图2-1[1]）。不同国家和地区对其造型又融入了自己独特的文化因素，形式万千。凳类家具以方便为主，多是用于临时休憩，对舒适性要求不高。材料更是多种多样，常见的有木质、石质、藤质、金属、塑料等。

2. 椅类

椅类不同于凳类的是其座面以上有靠背或扶手，有扶手的称为扶手椅，没有扶手的可称之为靠背椅。椅子诞生之初是权威的物化形式，起到区别与象征使用者的身份、等级的作用。时至今日，椅类的使用已非常广泛，有办公椅、餐椅、休闲椅等。因可作为长时间坐靠的承载类家具，出于对人类健康、生活和环境的考虑，椅类对使用的正确性以及舒适性在造型、结构、材质等方面的要求越来越高。（如图2-2[2]）

3. 沙发类

沙发也是座具的一种形式，由西方早期的榻和软包扶手椅两者结合衍变而来，是早期西方上流社会群体追求更加舒适的生活方式和沙龙聚会的产物。沙发采用弹性材料如弹簧或海绵等做坐垫，座面和靠背用华丽的织物或皮革包衬，舒适大方。经过一百多年的发展，沙发已从原来的单一形式发展到有单人沙发、双人沙发、三人沙发、四人沙发、组合沙发、沙发床等多种形式，结构材料和面料也已丰富多彩，成为现今一般家庭中必备的家具之一（如图2-3）。

4. 床类

床是人睡眠休息时使用的常规家具，在日常生活中占有极为重要的地位。人在劳作之余，为了自身身心功能的恢复，自觉地利用天然物来满足自己睡眠的需要，为满足最大限度的身体放松，会选择躺在一块平整干燥的石板或草坪上，这就是床的原型。进入定居时代，在没有现成睡具的情况下，人就会通过采集各种材料来仿制。经过几千年的发展，床从古至今有很大的变化，现在根据功能和空间需要，有单人床、双人床、折叠床等形式各异的类型（如图2-4）。

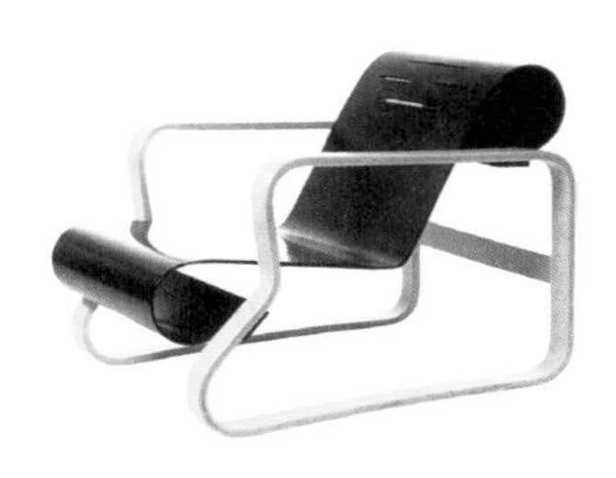

图2-2　椅类家具图例

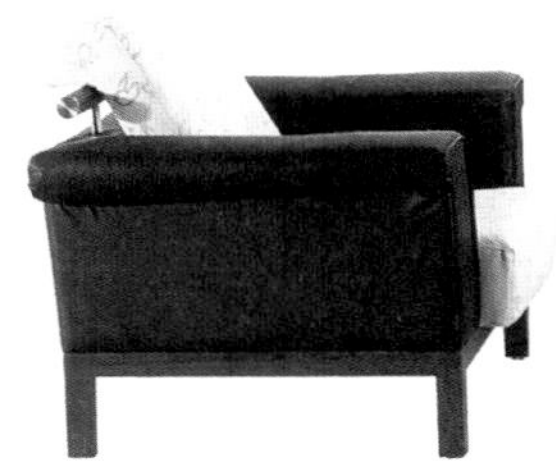

图2-3　沙发类家具图例

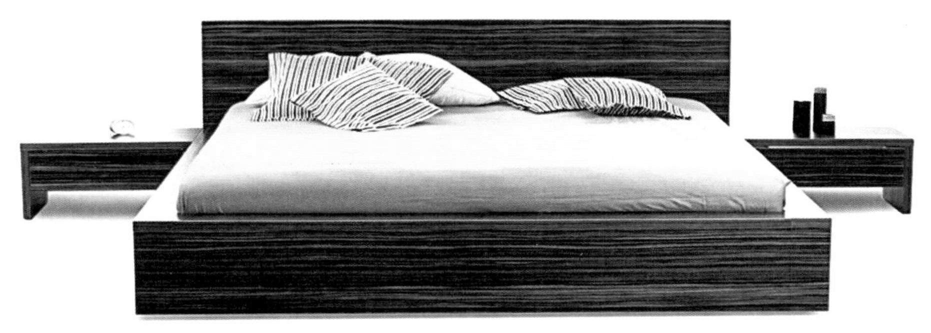

图2-4　床类家具图例

二、凭倚类家具

凭倚类家具是指家具结构的一部分与人体有关，另一部分与物体有关，主要供人们倚凭、伏案工作，同时也兼有收纳物品功能的家具。包括两类：一是台桌类，有写字台、办公台、工作台、会议桌、餐台（桌）、梳妆台、电脑台、课桌、玄关台等（如图2-5）；二是几架类，有茶几、条几、花几（架）、炕几、花架、衣帽架、书报架等（如图2-6）。

三、收纳类家具

收纳类家具是用来陈放衣物、被服、书籍、食品、器皿、用具或展示装饰品等的家具，主要是处理物品与物品之间的关系，其次才是人与物品之间的关系，即满足人使用时的便捷性。通常以使用空间或收纳物品的类型而冠名，如大衣柜、小衣柜、五斗柜、床头柜、书柜、文件柜、台视柜、装饰（间隔）柜、餐具柜等（如图2-7）。

第二节　按建筑空间功能分类

人在各种活动中，形成了多种典型的对建筑空间功能的类型化要求，家具就是为满足人类活动过程中所处某一建筑空间的此类功能需要而被设计使用的，以此对家具进行分类如下。

一、民用家具

民用家具是指人类日常起居生活用的家具，其类型繁多、品种复杂、形式丰富，是家具市场上占份额最大的一类产品。按现代民用住宅空间功能不同可包含门厅与玄关家具、客厅家具、卧室家具、书房家具、厨房家具、餐厅家具、儿童家具、浴卫家具等类型。（如图2-8）

二、办公用家具

办公用家具是指办公室用的家具，办公室主要有办公、接待、会议、文件资料收发与陈放四个方面的主要功能。所需主要家具有办公桌（台）、工作椅、会议桌椅、电脑桌、文件柜、沙发与茶几、隔断屏风等（如图2-9）。

三、酒店用家具

酒店用家具主要是指酒店的客房、大堂、餐厅、酒吧、卡拉OK房、总统套房等功能空间所用的家具，其中客房与总统套房中的家具与民用家具功能相似。但由于所处的空间相对较小，并供旅客临时使用，所以在造型、结构、尺寸、材料等方面均有自己的突出特点（如图2-10）。

四、学校用家具

学校用家具包括大、中、小学的教室、实验室、礼堂和科研机构的实验室中使用的家具，主要有课桌椅、讲台、多媒体台、绘图桌、实验台、电脑台、学生宿舍与公寓及食堂中的家具、仪表器材试剂柜、资料柜等（如图2-11）。特别是中、小学生用的课桌椅应考虑到使用者身高年龄的可变性，采用可调节高低的结构。

图2-5　桌类家具图例

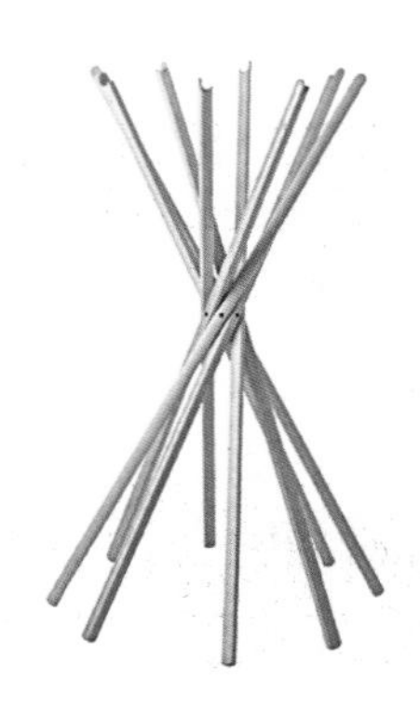

图2-6　台类家具图例

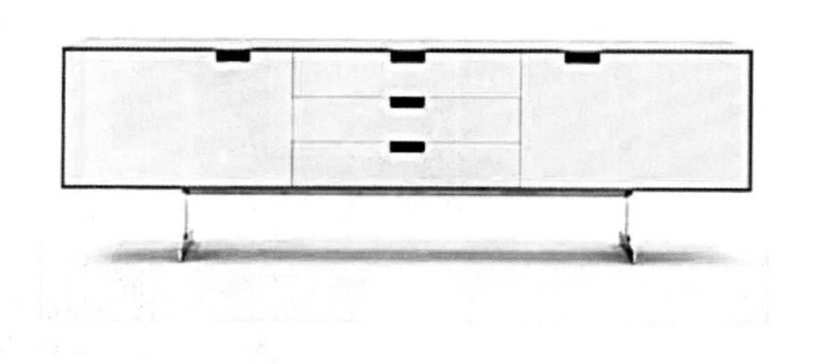

图2-7　柜类家具图例

五、商业展示用家具

商业展示用的家具主要指各类商场或专卖店中陈列、贮存、展示、宣传商品用的家具，包括货柜、货架、展示台、橱窗、收款台等（如图2-12）。这类家具应与被展示商品的性能、规格等相符合，同时也和建筑装修、品牌文化、商品主题、季节气候、地域传统等相配合。

六、共享空间与环境用家具

共享空间与环境用家具指影剧院、饭堂、车站、码头、报告厅、会议厅、休闲广场或公园等中的家具，要求具有结构简单、强度高、耐腐蚀及耐酸碱等理化性能好且不易任意搬动的特点。主要有连排座椅类、长条椅、凳类、台类等（如图2-13）。

图2-8　民用家具图例

图2-9　办公家具图例

图2-10　酒店家具图例

图2-11　学校家具图例

图2-12　商业展示家具设计图例

图2-13　共享空间与室外环境家具设计图例

图2-14 实木制材料家具设计图例

图2-15 复合木制材料家具设计图例

图2-16 竹藤材料家具设计图例

七、医院用家具

医院用家具指医院的病房或诊疗室用的家具，对耐酸碱性、易清洁性、人机工学性等方面要求特别高。主要包括病床与床头柜、注射凳、药品柜等。

第三节 按构成材料分类

一、木家具

北魏贾思勰的《齐民要术·种槐柳楸梓梧柞》中载："凡为家具者，前件木（指前面谈到的槐、柳、楸、梓、梧、柞等木种），皆所宜种（都是可用于家具的木种）。"木，是制作家具最适宜的材料之一，并且种类繁多，材料性质多样。古今中外的家具用材均以木材或木质材料为主，木家具包括实木家具和木质材料家具。前者顾名思义，是对原木材料实体进行加工，易于理解（如图2-14）；后者是指对木材进行二次加工的成材，如以胶合板、中密度纤维板、刨花板、细木工板等人造板材为基本材料，对表面进行油漆、贴珍贵薄木、贴科技木、贴印刷木纹纸处理而生产的家具（如图2-15），相对于实木，复合木材在科技与工艺的支持下，也可具有一些特别的制作特点。尽管现在木材资源日趋匮乏，并且随着科学技术的进步与发展，各种新型家具材料也不断出现，但在今后相当长的一段时期内，实木或木质材料仍然是家具的主导材料。

二、竹藤家具

竹藤家具是指以竹材或藤材为主要原材料而设计生产的家具，多为座具类、几桌类，少量柜类与床类（如图2-16）。竹藤家具在我国有悠久的历史，特别受到处于热带、亚热带地区居民的喜爱。另外，在自然资源日趋短缺的现状下，竹藤材料以其生长周期短、资源丰富、自然纯朴、形式多样、易于加工等属性而越来越受到人们的重视，是一种很有发展潜力的家具材料。

三、有机材料家具

有机材料家具是指以塑料等人工合成类有机材料和动物皮革等天然有机材料类为主体材料而设计生产的家具。由于塑料种类繁多，属性各异，可通过挤压、注模、吹塑成型，所以塑料家具也常以相对复杂的形态出现。而动物皮革等天然有机材料一般与软质泡沫塑料配合使用，用作软体家具或软体部位的面料（如图2–17）。

另外还有通过塑料膜充气、充水形成的家具。

图2–17 有机材料家具设计图例

四、金属家具

金属家具是指以金属管材（圆管、方管）、线材或板材（薄钢板）等为基材生产的家具。金属管材与线材多与皮革、纤维织物、塑料、玻璃、木质材料等配合，用于生产办公椅、写字台、电脑台、茶几、床架、装饰柜等，显得华贵高雅，且富有现代感（如图2–18）。而金属板材较少用于民用家具，偶见于办公或图书馆中的柜架类或公共场所的坐具类家具。

图2–18 金属材料家具设计图例

五、玻璃家具

玻璃家具是指以玻璃为基本材料而设计生产的家具。由于玻璃具有高硬度与脆性等主要属性，全玻璃家具偶见于客厅中地柜或小装架类；常见的是与金属管状或线状材料、木质材料配合用作水平的搁板、桌与几类的台面板、装饰柜类的门板等（如图2–19）。

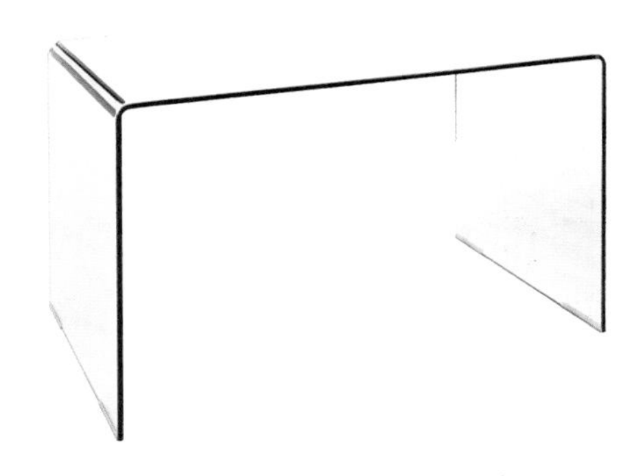

图2–19 玻璃制家具设计图例

六、石材家具

家具用石材有天然石和人造石两类。全石材家具很少见。石材在家具中多用于台面等局部，或用于防水与耐磨层，或用以形成不同材料对比的美观形式。

第四节 按结构形式分类

从古至今，家具的接合结构形式尽管变化缓慢，但也经历了榫卯接合、五金件接合等，由于不同的接合方式而呈现出不同的结构特征。根据结构特征的不同可把家具分为如下几种类型。

一、框式家具

框式家具是一种传统的、以榫卯接合为主要特点的家具结构形式，主要用于实木材料的家具，木构件通过榫头、榫眼接合构成承重框架，如果有围合的板件则附设于框架之上。框式家具一般是不可拆装的（如图2–20[3]），多以成品形式进行销售。中国传统古典家具多采用这种结构结合方式。

二、板式家具

板式家具属于一种新型结构形式的家具，由专用的五金件或圆棒将家具的各零件接合在一起。板式家具一般是可拆卸重组的，适合于长途运输和包装销售（如图2-21）。

三、折叠家具

折叠家具的主要特征就是能够折合放置或叠放，一般由家具的主要部位上的一些起连接作用的折动点来实现折合；非使用状态时可以折叠合拢，既节省空间，又便于搬动（如图2-22）。叠放家具主要是在非使用状态下可以在垂直方向层层叠放，以减少占地面积。

第五节　按固定形式分类

从早期室内陈设和使用的角度出发，家具是可以根据使用需要任意搬动的，前已述及，中西方各种语言中“家具”一词原本都含有“移动”的意思，只是到了现代才出现了与建筑结合在一起而不能任意移动的家具，从而产生了一种新的分类方式。

一、移动家具

移动型家具是指可以根据需要任意搬动或在家具底部装有脚轮滚动的家具。一般家庭用的家具尽管体量大小不一，但多为移动型；而滚动型家具多见于公共场所，如办公椅、家具用电脑台、餐车等。

二、固定家具

固定型家具是指嵌入墙体或用螺钉、螺栓或其他五金件固定于地板、墙面，或悬挂于墙面、天花板下的家具。如壁橱、整体式衣帽间、浴卫中小型搁架等，既可满足使用功能的需要，还可节省空间。

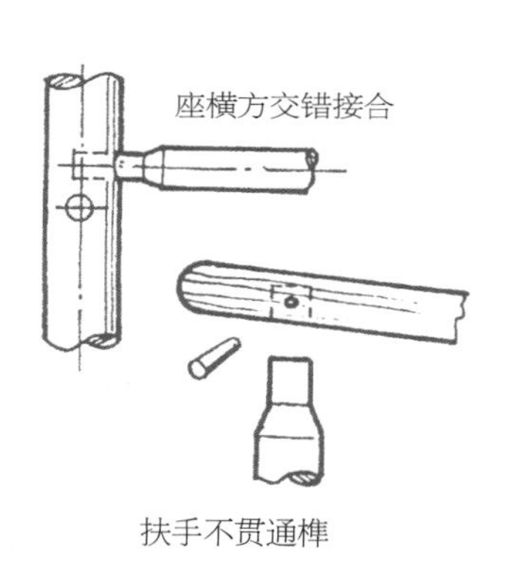

扶手贯通榫

图2-20　框式家具结构示意图

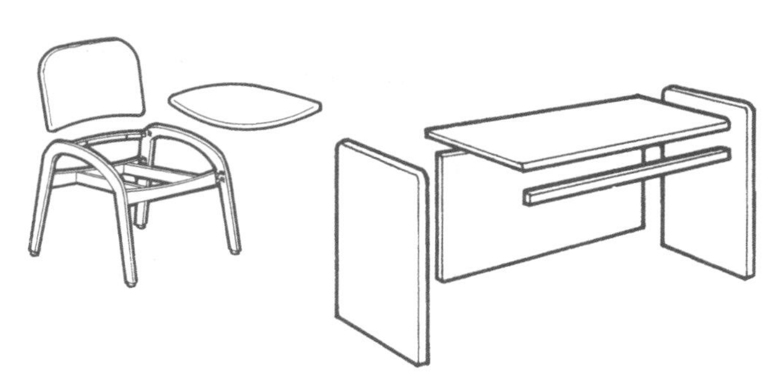

图2-21　板式家具结构示意图

图2-22　折叠家具结构示意图

第六节　按风格形式分类

按照家具发展的时间顺序、风格特点和地区的不同，进行如下分类。

一、西方古典家具

1. 古埃及家具

史学家认为古埃及才是西方文明的发源地，西方家具也是如此。古埃及的家具风格和造型以对称原则为基础，比例合理，外观富丽而威严，装饰手法丰富动人，常采用动物腿形做家具腿部造型，充分显示了人类征服自然的勇气和信心；结构上已掌握了多种结构方法，有些方法至今仍未被突破；在涂饰方法上，已采用水性涂料，如先涂灰泥，再以矿物颜料彩绘；或涂灰泥后，再涂带有黏性的兽油或树脂，然后贴金箔等（如图2-23[4]）。

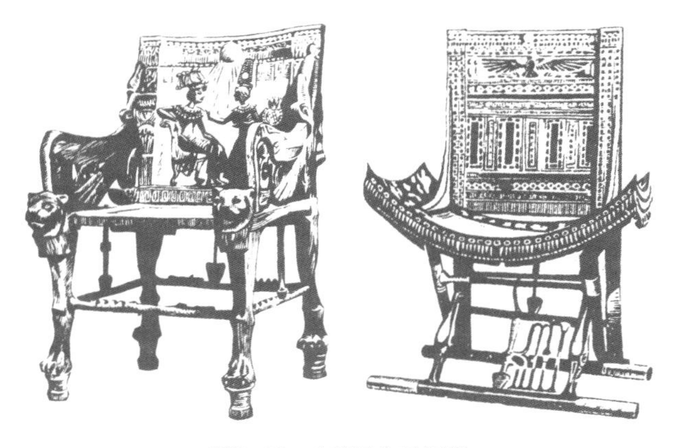

图2-23　古埃及家具图例

2. 古希腊家具

古希腊家具实现了功能与形式的统一，在自然形态的基础上对几何形态抽象与概括的目的，表现出了自由活泼的气氛，线条简洁、流畅，造型轻巧，构图合理，比例恰当，力学结构和受力状态良好，使用舒适方便，表现了希腊人自由、开放、纯朴的民族性格。把对形态与韵律、精密与清晰、和谐与秩序的理解融入家具的造型中，使每一件家具均具有宽阔开朗、愉快亲切的语义，与近、现代家具之美相似，直接催生了罗马艺术的繁荣，是欧洲古典家具的源头之一（如图2-24）。

图2-24　古希腊家具图例

3. 古罗马家具

古罗马家具是在接受了希腊的文化传统，受到早期伊特拉里亚文化、埃及文化和东方文化的影响之后，融会发展起来的，比较倾向于实用主义，在造型上追求宏伟、壮观、华丽，在表现手法上强调写实，表现出一种严峻、冷静、沉着的鲜明特征（如图2-25）。这是罗马帝国的统治阶级及贵族们为了满足奢侈豪华的生活风气所致，属于统治者直接影响而形成的家具风格。古罗马的家具对于后来的影响很大，文艺复兴时期及新古典主义时期都是由于受罗马家具艺术风格的影响而兴起的，从而促进了西方现代家具艺术的发展。

4. 中世纪哥特式家具

中世纪的哥特式风格家具，多为当时的封建贵族及教会服务，其造型和装饰特征与当时的建筑一样，完全以基督教的政教思想为中心，旨在让人产生腾空向上与上帝同在的幻觉，造型语义上在于推崇神权的至高无上，期望令人产生惊奇和神秘的情感。同时，哥特式风格家具还呈现出了庄严、威仪、雄伟、豪华、挺拔向上的气势，其火焰式和繁茂的枝叶雕刻装饰，是兴旺、繁荣和力量的象征，具有深刻的造型寓意性（如图2-26）。哥特式家具是人类彻底地、自发地对结构美追求的结果，它是一个完整、伟大而又原始的艺术体系，并为接踵而来的文艺复兴时期家具奠定了坚实的基础。

图2-25 古罗马家具图例

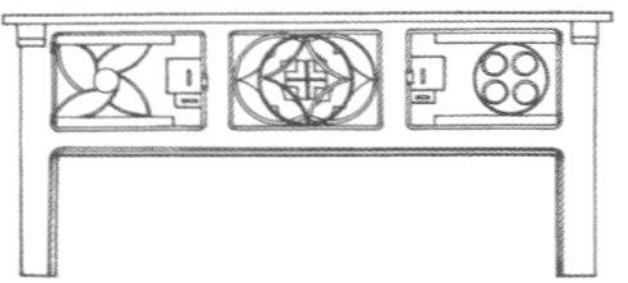

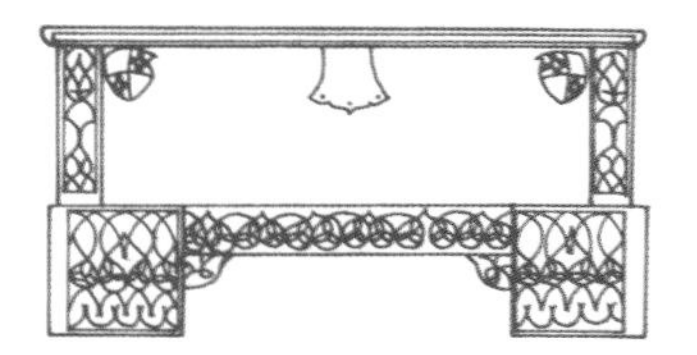

图2-26 哥特式家具图例

5. 文艺复兴时期家具

文艺复兴是历史上继仿罗马风格之后第二次大规模的对古代希腊文化艺术的复兴运动，在欧洲各国按地域的远近在时间上相互传承，各国在吸收古代经典的文化艺术的精华时均结合了本民族的文化特色而形成了地域性较强的、略带差异化的文艺复兴家具形式。如意大利的严谨、华丽、结实、永恒；法国的精湛、华美；英国的刚劲、严肃；西班牙的简洁、纯朴等。总之，文艺复兴式家具在整体上强调实用与美观相结合，强调以人为本的功能主义，赋予家具更多的科学性、实用性和人性味，具有华美、庄重、结实、永恒、雄伟的风格特征（如图2-27）。

6. 巴洛克式家具

巴洛克式家具摒弃了将家具表面分割成许多小框架的旧式设计方法，而改用重点区分、强调整体的新结构。同时也废弃了从前那种复杂的表面装饰，转而加强整体装饰达到和谐、产生韵律的效果。这种装饰形式打破了之前家具的沉闷感，使人产生各部分都在运动之中的错觉，从而加强了整体造型的和谐与韵律的统一，开创了家具设计的新途径（如图2-28）。这种异军突起、独辟蹊径的形式开辟了家具装饰的新天地，具有很大的创新，极大地丰富了家具的设计内容。尽管其在装饰中存在有非理性、无节制等不合时宜的内容，但它对家具的发展还是起到了极大的推动作用。

7. 洛可可式家具

洛可可家具以其不对称的轻快纤细曲线著称，并以其回旋曲折的贝壳形曲线和精细纤巧的植物雕刻装饰为主要特征，

图2-27 文艺复兴时期家具图例

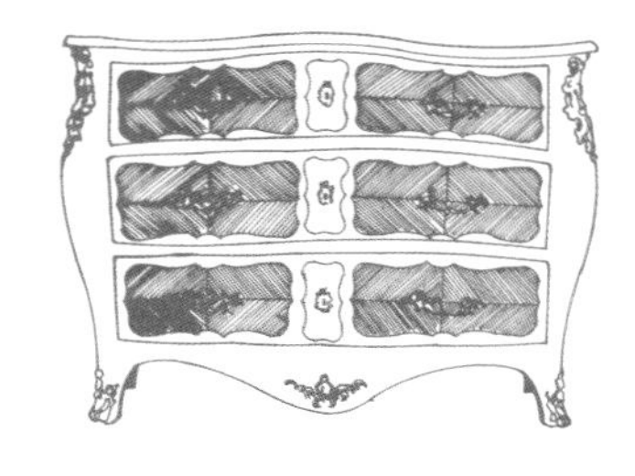

图2-28 巴洛克式家具图例

图2-29 洛可可式家具图例

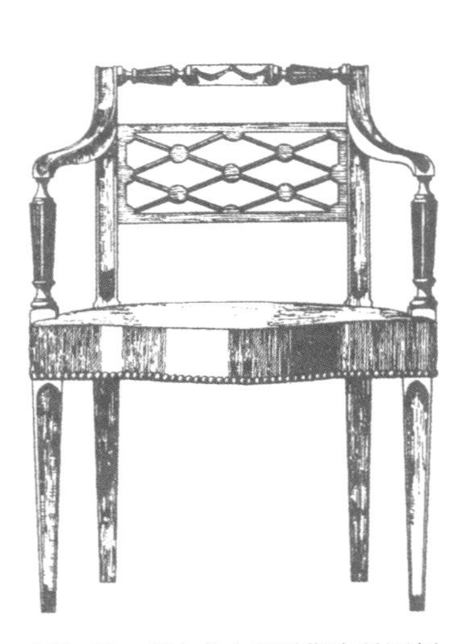

图2-30 新古典主义时期家具图例

以纤柔的外凸曲线和弯脚为主要造型基础，在吸收中国漆绘技法的基础上形成了既有中国风味，又有欧洲独自特点的表面装饰技法，是西方家具历史上装饰艺术的最高形式（如图2-29）。

8. 新古典主义时期家具

新古典主义时期的家具借鉴建筑的形制，以直线和矩形为造型基础，在腿部为上粗下细，并刻雕有直线凹槽，用于体现家具垂直向上的力度感。较多地采用了嵌木细工、镶嵌、漆饰等装饰手法。家具式样精练、简朴、雅致；做工讲究，装饰文雅。曲线少、直线多；旋涡表面少，平直表面多，显得更加轻盈优美（如图2-30）。

综合地来看，新古典主义家具可以说是欧洲古典家具中最为杰出的家具艺术，首先它的装饰和造型中的直线应用，为工业化批量生产家具奠定了基础；另外，新古典主义家具还具有结构上的合理性和使用上的舒适性，而且还具有完美高雅而不做作、抒情而不轻佻的特点。是历史上吸收、应用和发扬古典文化、古为今用的典范，也是目前世界范围内仿古家具市场中最受欢迎的一类古典家具形式。

二、中国古典家具

中国家具文化和其他文化类型一样，经历了原始社会时期、战国时期、五代时期、宋元、明清等几千年的发展和积淀。特别是明清两代，家具文化在中国乃至世界家具发展史上都有着特殊的地位和艺术价值，可谓达到中国传统家具的顶峰。基于实用需要的漆木家具在这一时期出现了明显的分化趋势。一方面以宫廷家具为代表的高档型家具由明朝时期的造型素雅简洁、结构科学合理，到清朝时期的追求装饰华美和做工繁细，甚至发展为一味讲求雕磨工艺和富丽的装饰技巧，而在形体设计上却显得僵硬呆板、缺乏生气，成为与实用需要相脱离的纯工艺型陈设品和奢侈品。另一方面，以普通民众为基础的普通漆木家具则基本上保持着传统特色，注重简便、实用的造型和富有生活气息的民间装饰工艺，处处体现着民用家具的质朴、古拙，反映了劳动阶层的文化心态和审美情趣。

1. 中国明式家具

明式家具是中国乃至世界家具艺术宝库中一颗璀璨的明珠，是中华民族传统文化的具体物化体现，可谓华夏子孙智慧的结晶。明式家具品种齐全、造型丰富，以其典雅、简洁的特征把中国家具艺术风格推向成熟期。以造型简练、以线为主、结构严谨、做工精细、装饰适度、繁简相宜、材质坚硬、纹理优美的设计文化内涵，必定永载史册（如图2–31）。

2. 清式家具

清式家具主体上是对明式家具的继承，并力求发展，也是对明式家具经典的某种“反叛”。主要具有造型凝重、形式多样、装饰丰富、选材考究等特点，同时具有工艺精湛、地域特色鲜明、融会中西方艺术等特点（如图2–32）。清式家具继承和发扬了明式家具的结构特征，并在造型、品种、式样、装饰方面有不少创新，生产技术及工艺也有进步，装饰题材多有创意，但其在装饰上的“多”和“满”及千方百计造成一种奢华效果的视觉和语义方面，是相对明代家具的一种反叛。明清家具主体相似、表面差异的原因与各自所处时代的政治、经济、文化等社会因素有很大关联。

三、现代家具

同现代设计一样，现代工业文明催生现代家具，现代家具也可谓现代工业文明的直观体现，是生产力等物质文明的体现，也是意识形态等精神文明的体现。简单讲，就是美观、实用、绿色、经济，便于工业化生产，材料多样化，零部件通用化和标准化以及采用最新的科学技术等进行生产的家具，并且是以全部人群为服务对象的，体现着理性与平等。现代家具的主要特点是对功能的高度重视，且具有简洁的外形、合理的结构、多样的材料及淡雅的装饰或基本上不采用任何装饰（如图2–33）。现代风格家具的形成与发展可分为反传统运动时期、功能主义萌发时期、功能主义发展与成熟时期三个阶段。

四、后现代家具

后现代家具是对现代家具的延续，更是对现代家具的反叛，是物质文明繁荣下的怪诞产物。主要特点

图2–31 明式家具图例

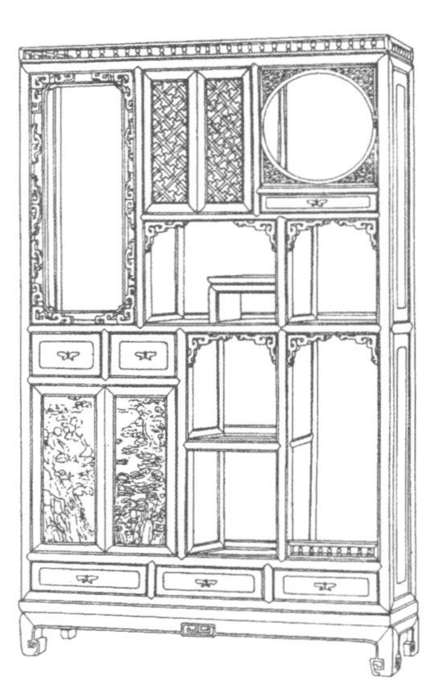

图2–32 清式家具图例

图2-33　现代家具设计图例

图2-34　后现代家具设计图例

是：一反现代家具注重功能、形态简洁化和反装饰倾向，设计理念上轻视功能、重装饰，加上造型语义的"符号化"和形态构成上的游戏心态。简言之，后现代家具是指造型不拘一格、色彩艳丽、技术暴露的家具类型（如图2-34）。后现代家具是以大众化艺术为基础的，是个体个性化的宣泄，具有明显的主观化内容，是人类进入"后工业社会"、信息社会的结果。

综上所述，某一家具的准确类别命名应该是科学的、综合性的，其命名信息应该包括"风格、材料、空间、结构、功能等分类方法的综合"，如图2-31的准确命名为"明式缅甸花梨框式大方角柜"，其中：明式对应风格，缅甸花梨对应材料，框式对应结构，大方角柜对应空间和功能；如果我们描述某件家具为"现代板式中密度纤维板水曲柳薄木贴面餐具柜"，则其包含的分类信息有："风格——现代、结构——板式、材料——中密度纤维板水曲柳薄木贴面、空间——民用餐厅、功能——收纳餐具"，若仅描述为"现代餐具柜""板式餐具柜""餐具柜"或"中密度纤维板餐具柜"都是不全面的。

本章思考要点

1．如何理解家具的不同分类方法？

2．根据分类方法如何准确地描述某件家具的所属类别？

3．尝试对一些家具进行准确命名，并对准确命名的家具进行类别拆分。

参考文献

[1] 阮长江．中国历代家具图录大全[M]．南京：江苏美术出版社，2001，4：84～87

[2] 菲奥·贝克，基斯·贝克著，彭雁，詹凯译．20世纪家具[M]．北京：中国青年出版社，2002，1：89～91

[3] 戴向东．英国传统乡村椅——梯背椅[J]．家具与室内设计，1994，1（1）22～23

[4] 唐开军．家具装饰图案与风格[M]．北京：中国建筑工业出版社，2004，4：85～95

第三章

家具设计的程序与方法

人类历史长河中，每一次生产力的飞跃都会促进社会分工的进一步细化。传统家具的设计与制作是由手工匠人以作坊为单位，凭个人记忆、师徒承袭来完成，设计方案一脉相承，并且随着手工制作的过程，随着匠人个人情趣、民俗发展，可随时进行家具细节的调整，总体是为少数人服务的。现代家具是随着社会生产力和社会体制的变化，机械生产与民主理念可谓其双重基础。随着工业社会发展，一件工业产品从无到有，期间流程的分工逐渐细化，方案设计、材料准备、配件生产、采购组装、物流销售直至回收再利用，而通过设计总体调度、贯穿始终，这就需要设计师和设计单位熟练灵活掌握现代家具设计的程序和方法。在我国，新中国成立后，家具生产尽管部分地实现了半机械化，当时所谓的家具设计也就是以画施工三视图为主，没有太多的创新成分。改革开放后，随着市场化、国际交流的深入，才逐步有了家具的现代化生产过程，与其他工业产品一样的流通渠道和消费模式，进而也提出了符合我国国情的现代家具设计的程序与方法。

第一节　家具设计的程序

在日常生活中，人们事前常常要做安排和计划，以保证事情可以有条理地展开，最后达到预期的效果与目标。家具设计也是这样，要设计好一件产品，除了要用符合时代要求的设计理念和思想来指导设计行动外，还需要有一个与之相适应的、科学的、合理的、高效的设计程序[1]。

一、设计程序的含义

设计程序即设计工作的步骤安排，或指通过科学的设计方法有目的地实施设计计划，一般是包含设计任务全部过程中的各个阶段。尽管产品设计所涉及的内容与范围很广，设计任务的复杂程度也有差异，因而设计程序也略有不同，但设计目标是基本相同的，即最终是创造出新产品，服务于人。古今中外，家具产品在其发展过程中都要受到人们的生活观念、社会文化、科学技术、市场经济等一些共性因素的影响，因而表现在设计程序中必然包含着共同的因素。

设计方案的实施是依照设计程序渐进的，这个渐进的过程，即程序的各个步骤有时相互交错，有时出现回溯现象。大多数设计程序总体是循环的直线发展。循环发展的目的是为了不断检验每一步工作是否符合设计要求与目的。设计程序的建立并不会束缚设计者的创造力，相反在解决实际设计问题的过程中，可以主动地从战略上做出合乎需求的安排，协调各方面的关系，更好地与设计目标相适应。

随着现代设计实践和理论研究的不断深入，经验的总结，可归纳出三种比较典型的、由简单到复杂的产品设计程序模式，即线型发展模式、循环发展模式和螺旋发展模式，现简要介绍如下。

1. 线型发展模式

线型发展的模式包括以下阶段。

❶ 准备阶段。首先是对生产商资金、产能、技术、材料、设备等企业资源的了解。此外，计划产品

设计开发的时间表，选择合适的设计支持也是准备阶段的重要内容。

❷ 开发阶段。包括最初设计概念的产生，如市场调研、设计定位、产品分析、设计构思。在设计构思中对相关因素的考虑，如人机工程学、技术条件、经济价值、美学因素等。

❸ 评价与实施阶段。包括两方面的内容，首先对最初的设计概念以模型测试等手段进行检验和评估，其次对评估后的设计概念作批量生产前的调整、准备，最后进入生产的实施。

❹ 市场反馈阶段。当产品进入市场后，通过对企业所做的一系列售后服务工作及用户的反馈意见对产品的设计内容甚至其他成功与不成功因素进行收集整理，并对产品进必要的调整修改。

2. 循环发展模式

循环发展设计模式中各阶段的内容包括以下几点。

❶ 从问题的发现到熟悉、分析阶段，包括问题调查、问题分析、设计定位。

❷ 从问题的熟悉到问题的分析、综合阶段，包括设计分析、设计概念产生、设计概念深化。

❸ 从问题的综合阶段到问题的评价、选择阶段，包括模型发展、设计评估。

❹ 从问题的评价、选择阶段到最后的解决、完成阶段，包括测试、试制修改、批量生产。

3. 螺旋发展模式

螺旋发展设计模式中各阶段的内容包括以下几点。

❶ 设计的形成（准备）阶段。包括调查问题，分析问题，设计目标制定，设计计划制定等。

❷ 设计的发展阶段。包括产生新设计概念，提炼设计元素，概念的评估与方案的深化，设计模型制作，进一步完善设计方案（设计概念评估、修改，设计概念展示）等。

❸ 设计的实施阶段。包括绘制生产图样，信息汇总，生产系统修改，试制，批量生产，投放市场等。

❹ 设计的反馈阶段。包括市场数据，售后服务，问题追踪等。

通过上述三种不同的设计程序模式可以看到，线型模式、循环模式、螺旋模式这三种不同设计程序尽管在内容上有所差异，但就设计基本完成过程及每个阶段包含的内容来看，有着很多相似之处。因此家具设计的程序归纳起来可分为设计准备、设计构思、设计方案评估与实施、试销与反馈四个基本阶段。

二、设计准备阶段

对于一个家具设计项目来说，可以是功能性创新设计，也可以是改良性创新设计，可以是结构性创新设计，也可能是概念性创新设计。不同的设计类型对设计工作的要求是不一样的，设计介入的时间段也是不一样的。但无论是哪一种设计形式，前期的准备工作都是不可缺少的。

在设计准备阶段，要通过设计规划并进行适量的社会、市场、技术、竞争者等方面的信息调查与资料收集工作，并对收集到的资料进行系统的研究和分析。如社会需求分析、社会因素分析、环境因素分析、市场分析、竞争者分析等，还要从人体工学、材料学、生产程序、有关标准法规、生产管理等诸方面进行系统分析，作为设计策划和决策的依据。

1. 制定设计规划

在进入具体设计内容之前，制定相应的设计原则和方针，并对设计程序、进度实施规划，这对设计工作的顺利完成是十分必要和重要的。设计规划的制定包括以下几项内容。

❶ 成立设计规划小组：由设计师、工程师、企业家与销售专家等组成。

❷ 制定具体设计策划：首先，所有的产品设计策划都应有一个明确、可行的方向与目标，并对产品设计开发活动所要达到的目标有一个清晰的表述。产品策划包括三个主要方面的内容：一是产品开发设计策略，二是产品开发设计契机，三是产品开发设计纲要。就家具产品策略而言，首先应明确产品在市场中的定位，要清楚开发什么样的新产品，也就是平时所说的设计定位；其中包括：竞争对手、产品风格、材料、结构、消费者、市场价

位、概念与特点等方面。产品契机就是要设计师通过集体讨论或独自思考，努力地捕捉脑海里跳跃出的多种设计想法，并进行深入的探讨，制订出多套设计目标。需要注意的是，所有的产品规划都具有一定的时效性，要求设计师必须在一定的时间内针对市场尽可能地产生多种不同想法，并进行比较和决断。产品设计纲要就是为设计师进行产品设计所准备的指南，也是设计师在进行具体设计时所必须考虑、协调好的各种限制条件。

❸ 制定具体设计计划：制定设计工作进程表和具体实施设计的方法步骤。制定设计计划应注意以下几个方面的要点：第一是明确设计内容、掌握设计目的。第二是明确该设计自始至终所需要的每个环节。第三是清楚每个环节工作的目的和手段。第四是理解每个环节之间的相互关系与作用。第五是充分估计每一环节工作所需的实际时间。第六是认识整个设计过程的要点和难点。

在完成设计规划后，应将设计全过程的内容、时间、操作程序绘制成设计计划表。表3-1所示为某产品设计方案的时间进程表示例。

表3-1 设计方案时间进程表示例图

××× 家具产品设计开发时间进程表　　年　月　日																														
内容＼时间	1	2	3	4	5	6	7	8	9	10	11	12	13	14	15	16	17	18	19	20	21	22	23	24	25	26	27	28	29	30
市场调研准备																														
需求研究																														
现有产品研究																														
行为习惯分析																														
技术生产分析																														
综合分析																														
调研与分析报告																														
产品功能																														
产品结构																														
产品外观																														
设计展开																														
方案效果绘制																														
方案研讨会																														
设计深入																														
设计模型图样																														
设计模型制作																														
设计方案预审																														
施工图绘制																														
设计综合报告																														
设计方案送审																														
样品制作																														
成本核算																														
编产品说明书																														
新产品试销																														

2. 设计调查

调查是最基本、最直接的信息来源，只有以市场信息为依据加上准确的分析力、判断力，才能使新设计方案居于领先地位。通常设计调查的内容主要有以下几点。

❶ 对消费者的调查研究。主要包括对消费市场、消费者购买心理与行为、消费者购买方式与习惯等方面进行调查研究。尤其应重视对消费者的性别、年龄、民族、风俗时尚、教育背景、兴趣嗜好、经济状

况、需求层次以及消费者对产品的造型、色彩、装饰、包装的意见以及在使用、保存、维修、折旧、回收等方面的问题。

❷ 对市场方面的调查。市场就是指产品销售的区域。市场调查的目的是分析产品销售的潜力，分析不同年龄层、不同地区、不同层次的消费者对产品设计内容的态度与意见。

❸ 对社会影响方面的调查。主要是对产品的安全性、公害、污染等情况的调查。

❹ 对生产方面的调查。主要是对材料、产量、成本、生产技术等方面的调查。

❺ 对法规方面的调查。对商标、专利权等有关法规、政策的调查。如图3-1为设计调查的内容与范围[2]。

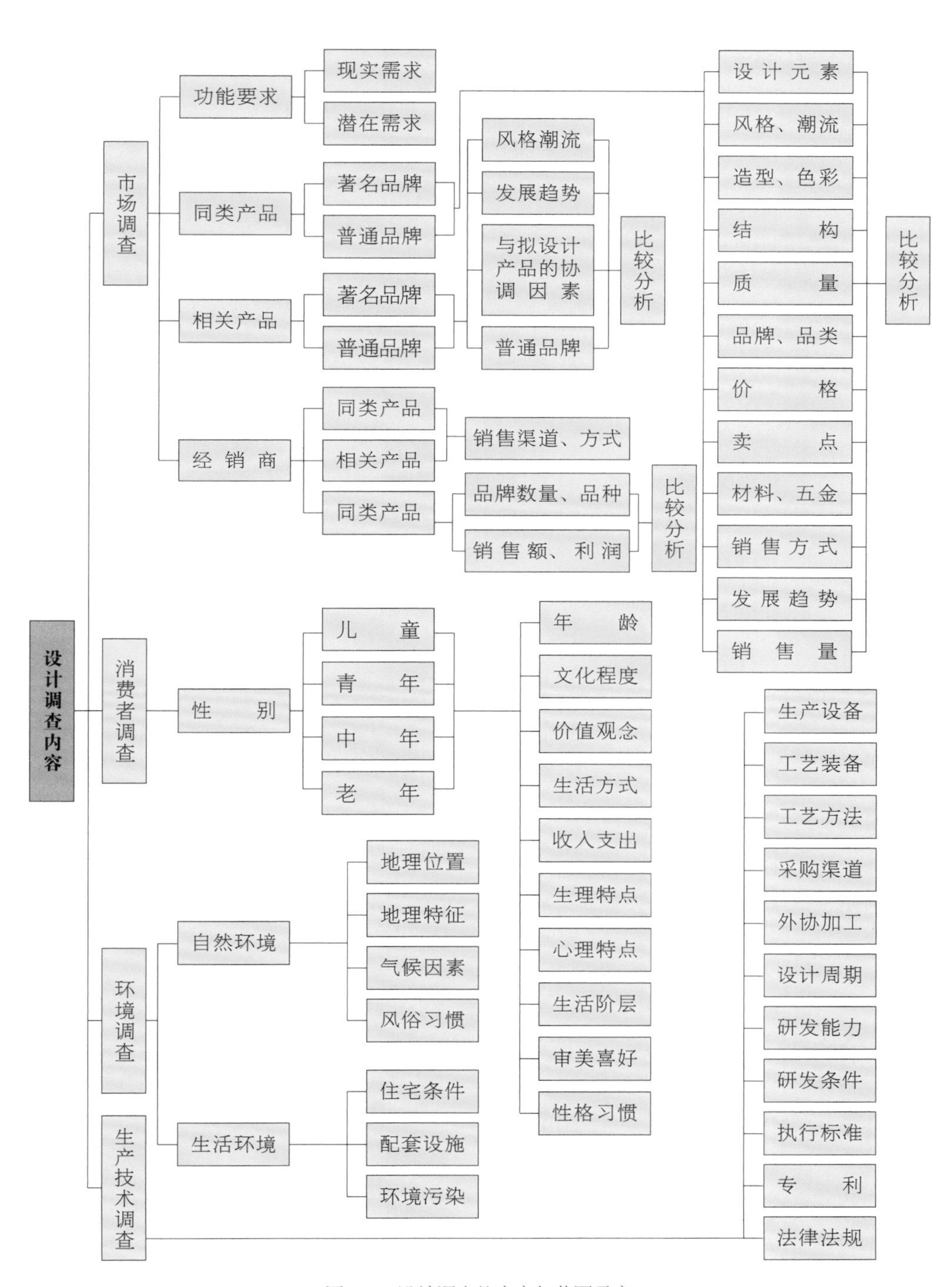

图3-1　设计调查的内容与范围示意

3. 资料整理与分析

资料整理与分析是拟定设计策划、生产计划和销售计划的依据之一。首先应对资料和调查所得的情报进行归纳分类，然后再在此基础上进行分析。对于家具产品设计开发中的不同问题应采用不同的分析方法。

❶ 若要寻找家具产品开发的突破点，认识某类产品市场现状，了解市场目前的形势及企业的新产品如何进入市场，可采用统计学中的标本抽样调查及统计分析的方法。

❷ 若要研究家具产品设计开发是否满足不同消费群体及消费层的需求，特定消费者经济收入、生活行为、消费心理、居住环境、消费场所等的变化，可采用因果分析理论、动机调查、数量化分析、近似分析等方法。

❸ 若为了解家具产品市场发展趋势、确定企业以后的战略发展方向，引导产品市场，可采用对应关系理论、多元解析分析、预测分析、推论分析等方法。

4. 设计预测

设计预测是设计分析后的综合判断。在预测需求动向时，设计师还必须以敏锐的洞察能力和判断能力同时考虑一般消费者的潜在需求情况，如市场潜力与销售潜力以及市场占有率等因素。

5. 设计决策

在完成前述工作的基础上，即可进行新产品的最后开发决策。决定最终开发什么类型的产品，产品的档次定位、销售对象定位、市场定位等，以便开展进一步的产品设计。

三、设计构思阶段

设计构思阶段也是设计概念的产生阶段，在这个阶段所产生的设计概念将从根本上影响设计结果的好坏，因此这个阶段的工作在整个设计过程中起着非常重要的作用。在设计构思阶段，通过对社会、市场、消费者的调查，设计师掌握了大量的信息资料，在综合、分析这些信息的基础上，必定会产生一个比较明确的设计方向。在设计构思阶段，设计师要在既定的设计方向上提出各种设计的设想或方案。通常，这些设计方案要通过构思草图、效果图和模型等过程来逐步完善。

1. 设计构思的目的与方法

设计构思的目的就是要解决问题。一般情况下，设计的开始阶段会遇到大量的信息和问题，让设计师无从下手，处于信息围困之中。当这种情况出现时，设计师必须要弄清楚并逐条明确所要解决的问题到底是什么，因为解决问题的第一步就是要搞清楚究竟存在什么问题并认识问题的结构，分析问题的构成。只由一个因素引起的问题是极少的，而往往是有多个主要因素纠缠在一起的，使人一时难以分清主次。因此，在设计师弄清问题的实质是什么、其中包含着哪些主要、次要因素之前，必须要先知道问题的结构。为了掌握问题的结构，可采用的方法有以下几种。

❶ 实地调研；

❷ 设计对象的系统分析；

❸ 用户的调研与咨询；

❹ 文献资料的搜索查寻；

❺ 设计师的主观创造性。

当然，通过上述方法归纳总结问题的结果如何，还要取决于设计师个人的设计思想、设计理念、设计经验和设计修养。如图3-2是问题的发现模式和问题的分析模式图例，可以看出问题的发现是一项归纳与分类的过程，而问题的分析则是梳理及细化的过程。图3-3为问题的分析模式。当一个设计问题提出后，应首先将其划分成若干部分，然后根据相互关系，将它们分解开来，逐一详细分析。

2. 确定目标展开设计

通过对构成问题的各种因素的分析整理、归类，设计的目标点就逐步明朗化了，这就为下一步设计的推进打好了基础。设计目标的确定一般是根据前述产品设计策划中对产品的定位，从“人与产品、人与环境、产品与环境”等三个方面的关系来考虑的，如果我们将这三者之间的相互联系、相互作用、相互影响

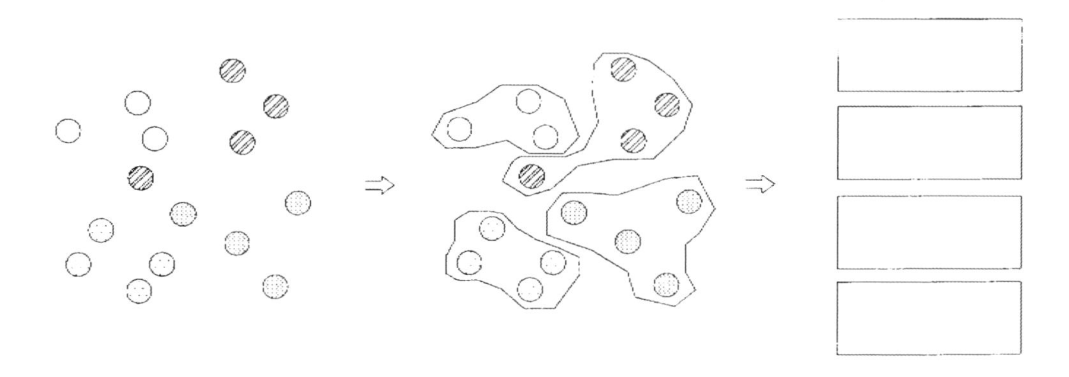

图3-2　设计问题的发现模式示意图

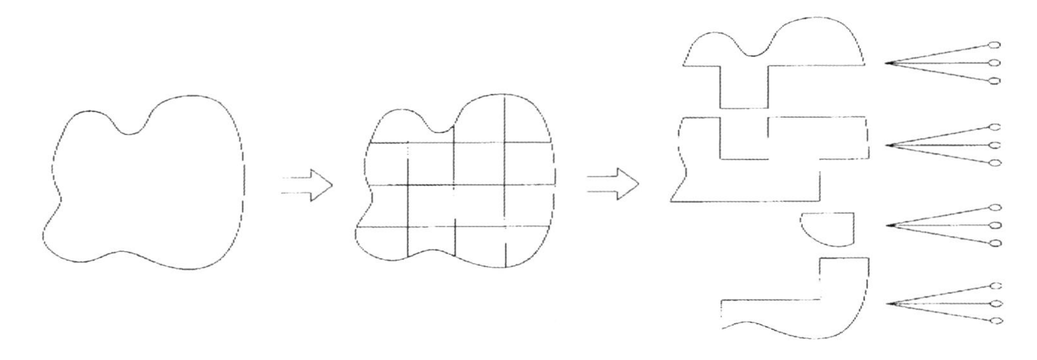

图3-3　设计问题的分析模式示意图

的关系绘制成表格，就可以很明确地找到各要素之间的问题点。这些问题点可以帮助我们在设计的分析阶段和设计的目标阶段准确地把握解决问题的关键（如图3-4）。

在产品的展开设计中，面对构成产品的方方面面多层次、多方位、错综复杂的因素，必须通过科学的方法，将众多的相关因素进行组织、协调，寻找一个最佳的解决问题的切入点。根据L. B·阿切尔的观点，对产品的使用性作如下描述：“设计起源于需要，并以满足这种需要为目的，创造出产品；产品产生出某种效果，这种效果作用于环境，环境又反过来作用于人。”因此，设计既不能仅考虑技术上的问题，也不能只考虑个别局部的问题。设计应该是将综合因素加以通盘考虑，然后找出最适宜的、最协调的完整解决方案。当掌握了设计的一般程序之后，设计师的

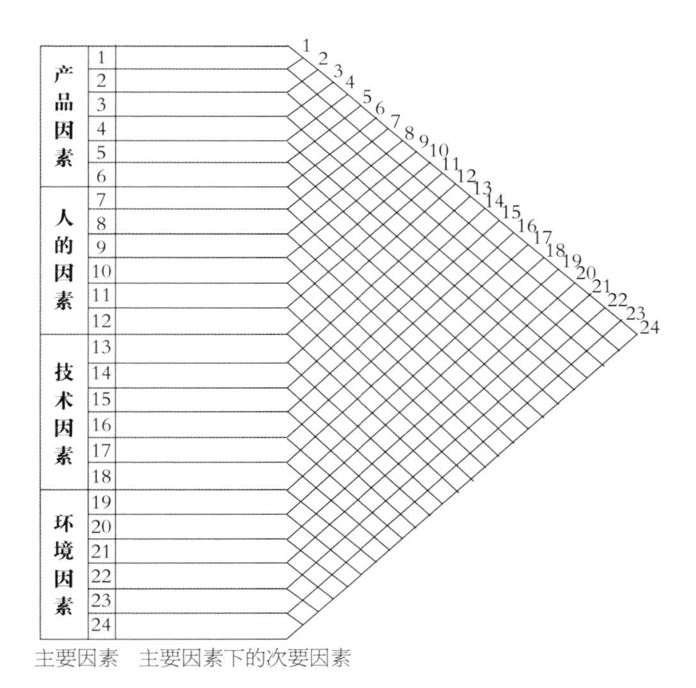

图3-4　设计问题因素分析示意图

思考方法和思维习惯就成了决定设计优劣的关键。要寻求一个最佳、最合适的解决问题的方法，设计师就必须要充分发挥自己的想象力，广开设计思路，尽可能更多、更好地提出不同的创新性设计方案。在设计构思中，也可运用一些创新技法，充分利用一切可以利用的内外因素，从多种角度、多种思路去探索各种设计的可能性，将设计构思不断引向深入。

3. 设计构思的记录手段

设计构思是不分时间与场所的，随时随地都可以围绕设计任务进行构思。构思的结果必须及时记录下来，记录的方式就是草图。草图又分概念草图、形态草图、结构草图等。概念草图仅仅是一个大体的形态；形态草图是从概念草图而来，不但有大体的形态还有概略的细部处理或色彩表达；结构草图则是内部结构细节的构思。三种草图在构思过程中完成从外到内、从粗至细的全部构想。

另外，按草图的功能不同可分为记录草图和思考类草图。记录草图作为设计师收集资料和进行构思整理用的，一般十分清楚翔实，而且往往画一些局部的放大图，以记录一些比较特殊和复杂的结构形态；对拓宽设计师的思路和积累设计经验有着很大的作用。思考类草图更加偏重于思考过程，一个形态的过渡和一个小小的结构往往都要经过一系列的构思和推敲，而这种推敲靠抽象的思维往往是不够的，要通过一系列的可视画面辅助思考。

由于设计草图还是设计师体现最初设计概念的视觉表达形式，在构思草图期间，设计师的重点在于根据设计的目的与要求，从大处着眼，提出各种解决问题的思路与设想，因此，这种草图形式有许多是不完善和不成熟的，需要进一步发展与完善。另外，设计的最终方案只能是一个，这就需要设计师通过对各种设计概念的反复评估与修改，去探求最为理想的设计结果。

四、设计评估与实施阶段

这一阶段的内容，主要包括设计概念的评估和修改，生产前的准备及批量生产，也是整个设计中最关键的阶段。

1. 方案评估、确定范围

当方案草图进行到一定程度后，必须对所有的设计方案进行筛选。初步筛选的目的是去掉一些明显没有发展前途的设计方案，较宽地保留一些有意义的设计方向。这样可以使设计师集中精力对一些有价值的设计概念作进一步的深入设计。

对设计概念的评估是一个连续的过程，它始终贯穿在整个设计过程中。因此，首先应确立评估的原则。在评估过程中主要围绕功能要素、结构要素、形态关系、人机关系、环境要素五个方面的原则来进行。如图3-5是某系列家具设计方案评估结果坐标示意图。

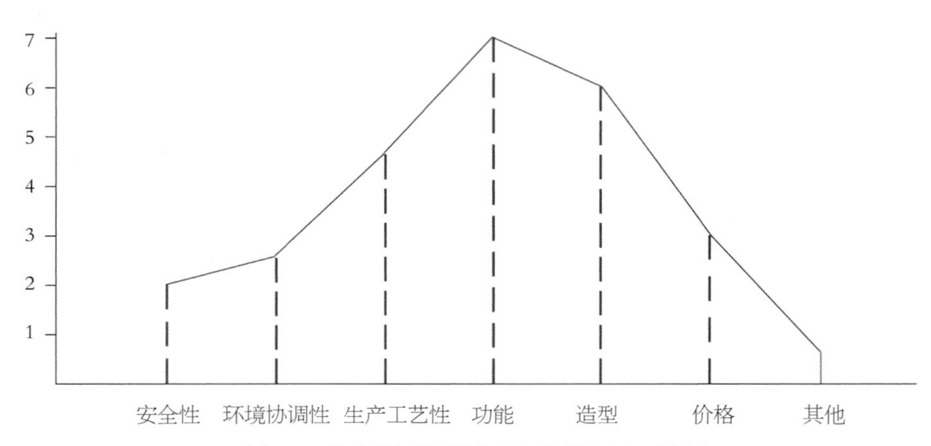

图3-5 某系列家具设计方案评估结果坐标示意图

2. 效果图

效果图是速度快、表达程度近乎真实和完善的一种方法，被称为设计师的语言。一般在上述初步评估的基础上，设计范围和方案明确以后，用较为正式的设计效果图给予表达，直观地表现设计结果。效果图可分为方案效果图、展示效果图和三视效果图。

（1）方案效果图

这种效果图是以启发、诱导设计，提供交流，研讨方案为目的。这种效果图主要用于设计方案尚未成熟，还处于有待进一步推敲的阶段。往往需要画较多的图来进行比较、综合、选优。

（2）展示效果图

这类效果图表现的设计方案已较为成熟、完善。作图的目的大多是供决策者审定，实施生产时作为依据，同时也可用于新产品的宣传、介绍、推广。这类图对表现技巧要求最高，对设计的内容要做较为全面、细致的表现。色彩方面不仅要对环境色、条件色做进一步的表现，有时还需描绘出特定的环境，以加强真实性和感染力。

（3）三视效果图

这类效果图是直接利用三视图来制作的。此类效果图特点是不需要另外作透视图，简便快捷，立面的视觉效果表现最直接，尺寸、比例没有任何透视误差和变形。不足之处是表现面较窄，难以显示前几类效果图所表现的立体效果和空间视觉形态。

3. 绘制施工图

施工图是家具设计的重要文件，应根据制图标准和生产要求，严格地绘出每件产品的施工细节。施工图包括装配结构图、零部件图、大样图、拆装示意图、线条效果图等构成完整的产品图纸系列。特别是对于曲线等不宜标注具体尺寸的零部件必须画出大样图，以保证设计方案的准确性。

4. 优化、确定方案

任何一件家具产品的造型均与其功能与结构有着密切的关系，因此设计过程就不能无视产品的生产方法、生产工艺、生产成本等因素的存在，而要在技术上反复思考，寻求最合理的生产条件，有针对性地进行设计，优化设计方案。在讨论某一设计方案的技术可能性时，要注意以下几个方面。

❶ 设计方案对产品的功能和结构产生多大程度的影响；

❷ 设计上提出的功能与结构在工艺技术上是否能够解决；

❸ 有无制造上的问题；

❹ 制造成本如何；

❺ 工艺技术与生产设备对外观设计提出的要求；

❻ 回收、再利用问题等。

5. 模型（样品）制作

模型的作用不同于效果图，通过平面到立体之间的转化可更直观地展示所设计的产品，便于设计师更有效地在产品细部方面进一步推敲与修改，完善设计对象。模型既可作为一个完整的设计概念提供给设计师或生产厂家进行评估和选择，也可用于陈列或展示，向外界传达设计概念或征求用户的意见。在家具设计过程中，可根据需要制作不同用途的模型（样品）。

（1）设计模型

设计模型用于产品造型设计的初期，在产品设计方案完成后，为了使形态的构思立体化，以设计草图为依据而制作的一种简单的模型，可用来进一步探讨、完善和改进造型构思方案。在制作设计模型时，主要是表现出产品形态结构的基本布局、比例关系和大体的线型风格，表达形式力求简单、概括，一般不需要加任何涂饰，选用易制作且成本低的材料，比例和大小要求也不严格。

（2）展示模型

在设计构思成熟、造型方案确定之后，为了使设计表现更形象、更具有真实感而制作的在形态、色彩、质感等方面与真正产品有着相同效果的模型。它为研究产品的人机关系、结构处理、制造工艺等提供实体参考形象。通过它可以得到产品形象的完整概念，为设计者、决策者提供评价和审定产品的实物依据。外观模型的比例主要有1∶1，1∶5，1∶10等，制作材料可根据需要而定。

（3）样品模型

样品模型是严格按照设计要求单独制造出来的实际产品样品，完全地、真实地体现产品的物理力学性能、使用功能、结构关系和功能关系等。通过样品模型也可做一些必要的试验和检测，以进一步分析和完善产品的功能要求，提高产品的质量。设计者应密切关注样品模型的制作过程，及时发现问题后进行修正。制作完成后还应进行试制小结，主要内容包括：零部件加工情况、材料使用情况、尺寸更改记录、工艺审查、性能检测等方面。

6. 编写产品说明书

产品说明书的设计也属于设计内容的一部分。国家标准“消费品使用说明——第六部分：家具”（GB5296.6—2004）于2004年10月1日起开始实施。这是我国为完善和规范家具产品的市场流通形式、保护消费者权益所颁布的又一重要“法典”。“标准”既承传了消费者所熟知的其他日常用品说明书的内容与形式，又充分考虑了家具产品的特殊性；全面详细，可操作性强；并对“使用说明的主要内容”给出纲领性的参考模板——“规范性附录”，在编写家具使用说明时可参考执行。

7. 产品测试、评价

当产品样品制作完成后，需要对它进行测试。测试包括三方面的内容：一是与设计目标进行比较，检查样品与设计目标之间的差别是否在可以接受的范围内；二是对早期确定的设计概念进行测试，看是否反映出最初的设计概念；三是对产品的使用进行测试，这也是产品测试的主要目的，通过测试，可以了解到：第一，是否履行了设计目标，若有不符则要找出原因，查出各种存在的问题；第二，获得对产品改进的设想；第三，揭示产品的弱点。

根据产品的测试结果，再综合其他方面的因素对产品进行评价（详见第十章家具产品评价）。

五、试销与反馈阶段

在完成各项生产准备工作之后，即可以按图纸小批量试生产，试生产出来的产品即送往商场或专卖店与消费者见面，即为试销。在试销过程前要制订合理的价格和进行适当的广告宣传，如参加大型家具专业展览会、自办展销订货会等形式，要求以最快的速度将产品推向市场。

产品投放市场以后，设计工作并没有至此结束。因为任何一项产品设计方案必定会受设计师、企业决策者等个人知识、能力、审美等诸方面因素的影响，而这些因素也会因时因地产生变化。而产品本身进入市场以后，还可能在某些方面存在着与市场、消费者需求不相适应的地方。因此，要使新产品在市场上真正具有较强的竞争能力及较长的生命周期，进入市场后还要有一个进一步完善和提高的过程。市场是验证产品的终极裁判，设计师要通过各种渠道了解产品在市场上的销售情况，了解消费者对该产品的反馈意见，为下一轮的设计改良开始做准备。

第二节　家具创新设计的方法

家具产品的创新设计就是对产品提出具有新颖性、实用性、艺术性和创造性的具体方案。尽管各种成文的创新设计方法仅是前人进行创造时思维方法的经验性总结，不像其他工程技术方法那样，可以得到必然的、精确的结果，但是，它仍然可以使我们的创新设计少走弯路。事实上，也不应该期望有什么严谨的、精确的按照固定程序展开的创新设计方法。因为在市场与审美的双重作用下，创新设计的最大特点与魅力之一就是其结果产生的不确定性。在此简要介绍几种简单实用的、通用于设计工作的创新设计方法，这些方法多用于群体和个体解决问题或创新设计产品选题和解题活动。一般而言，家具设计工作中，只要掌握了这几种常用的创新设计方法，就可以进入实际的创新设计工作了[3]。

一、列举法

列举法在创新设计的各种方法中，属于较为直接的方法。按照所列举的对象不同可以分为特性列举法、缺点列举法、希望点列举法和列举配对法。

1. 特性列举法

特性列举法通过对研究对象进行分析，逐一列举出其特性，并以此为起点探讨对研究对象进行改进的可能性与方法。在使用这一方法的过程中，所界定的问题越小越好。因为如果问题界定得过于宽泛将难以对创新点进行必要的集中思考和解决，结果将很难产生具有创意的解决方案。

运用特性列举法的一般过程如下。

第一步，界定一个明确的需要进行创新的问题。如果问题较大，就要对它进行必要的细分，把它分成几个较小的问题后，再分别列举它们的特性，并进行后续步骤。创新对象的特性按照所用描述性词语的词性一般可分为三个方面：一是名词特性，如材料、整体、组成部分、制造工艺等。二是形容词特性，如色泽、大小、形状、厚薄、轻重等。三是动词特性，如有关创新对象的机能、作用等方面的特性。如要对一厅柜进行创新设计，初看起来，现在使用的厅柜款式多、功能全，已经相当完备，很难一下子就想出什么创新的地方，那么我们可以应用特性列举法来分析（如图3-6）。

第二步，从上面所列举的各个特征出发，通过提问的方式来诱发创新思想。如厅柜的基本功能是视听基座，那么能否给其增加一些其他功能？如饰品陈放或分割隔断功能等。又怎样来实现这两种功能呢？能否增加两个侧立柜，或是否用背板把两侧立柜连在一起？结合现在电视机尺寸偏大的现实，主柜体的高度为多高合适？如果采用液晶壁挂式电视机是否方便使用？DVD设备是收纳入主柜体，还是放在主柜体台面上？两侧柜体是否采用玻璃门，或是否可以根据室内空间的大小进行组合变换？现代中式风格采用什么元素或图案来体现？等等。

通过上面的特性列举可以发现，看似满意的产品实际上存在有大量的可改进的地方，也为下一步的创新设计提供了思路。

2. 缺点列举法

缺点列举法则是把对事物认识的焦点集中在发现它们的缺陷上。通过对它们缺点的一一列举，提出具有针对性的改进方案，或者是创造出新的事物来实现现有事物的功能。这种方法可以独立进行，也可以召开5～10人参加的缺点列举会，围绕需要改革的设计对象，尽量列举各种缺点，越多越好。将列举的缺点记录在小卡片上，并且编上号码，然后从中挑出主要的缺点，再围绕主要的缺点进行研究，制订出切实可行的设计解决方案，从而达到创新设计的目的。

针对家具设计，仍以上面的厅柜为例来说明，我们了解到现有厅柜的缺点有：款式陈旧、老化；功能单一、不能满足现代家庭的使用要求；风格的民族性、地域性特征不明显；产品文化内涵少，附加值低等缺点。实际上，我们日常生活中的每一件家具产品都可以找到一些缺陷，只要对这些缺陷加以充分重视，并以此作为创新设计的起点，一定会为企业带来良好的经济效益。

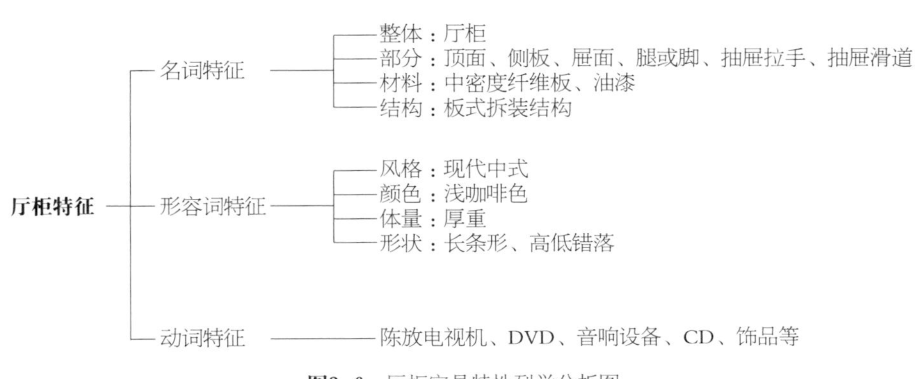

图3-6　厅柜家具特性列举分析图

缺点列举法能够直接从消费者需要的功能、审美、经济等角度出发，针对具体的创新设计对象的缺陷，提出改进方案。它的优点在于，以具体的实物为参照，比较容易寻找介入点。缺点在于，创新设计者往往会受到已经存在事物的某些特征束缚，限制其思维空间。在对原有产品性能的完善上，缺点列举法是一种很具有针对性的方法，但是如果开发全新的产品，单纯依靠缺点列举法是难以做到的。

3. 希望点列举法

希望点列举法与缺点列举法相比，在开发具有某些特定功能的全新产品上，它不受已经存在的实物的约束，能够在更大程度上开阔思考问题的空间，在思维、做法上更加主动。

仍以厅柜设计为例，如果依靠缺点列举法来改进产品，无论如何得到的仍然是一件创新度不太高的厅柜。但是，如果采用希望点列举法，所列的希望点是：现代中式风格，多功能组合变换，具有智能化报时、过度视听警告、电路与输入信号传输过程中遇到雷电或其他有破坏性外力作用时自动中断保护等装置；或者与电视机、音响设备生产厂家合作生产组合式家用视听柜；那么结果可能会开发出一系列新的厅柜。由此可见，对希望点的追求，可以在一定程度上突破已有资源和条件的限制，实现产品和管理等众多领域的重大突破，并有希望在市场上取得巨大成功。

4. 列举配对法

把某些领域的不同实物任意组合起来，往往也能产生很好的创意。在我们日常生活中，可以看到许多创造发明往往是由若干现有事物的功能巧妙组合而成的。如带日历或计算器的手表，可坐可卧的两用沙发，可录放可收音的录音笔等。列举配对法利用列举法务求全面的特性，又吸取了后面将要介绍的强制组合法易于产生新颖想法的优点，更容易产生独特的创意。

以现代简约组合家具为例来说明这种方法。对一个家庭来说，可以利用的空间总是有限的，如何才能既实现某些必要的功能，又节省空间呢。那就是把可以组合的功能结合在一起。具体过程如下。

❶ 列举

把某一范围内的所有物品都列举出来。列举所需的家具用品：床、床头柜、桌子、沙发、茶几、台灯、大衣柜、小衣柜、梳妆台、衣架、花几、电视机、电视机柜、书柜、写字台、椅子等。

❷ 配对

把其中任意的物品进行两两组合。床和桌子、床和沙发、床和台灯、床和床头柜、床和衣架等，桌子和沙发、桌子和台灯、桌子和衣架、花架和茶几、书柜和写字台、桌子和茶几等。

❸ 筛选方案

通过上面的列举和配对产生了大量的组合，当然组合不一定要在两两之间进行，也可以是更多的物品组合在一起。对所产生的组合进行分析，筛选出实用、新颖的方案，将它们付诸实施。

二、设问法

企业进行创新设计的过程就是一个不断提出问题、并寻求新的解决方法的过程。在创新设计的具体过程中，提出问题的深度在一定程度上决定了创新结果的新颖程度，所提问题涉及的不同领域引导着创新者的思路，提出问题的方式决定了创新者想象力发挥的程度。在人们工作学习的过程中，如果说兴趣是最好的老师，那么问题则称得上是最好的服务员。设问法正是紧紧抓住了这一点，以提问的形式来启发创新设计的思路。设问法主要包括检核表法、5W2H法、信息交合法、逆向追问法等。

1. 检核表法

检核表法是根据需要解决的问题，或者围绕一个设计对象，列出有关的设计问题，逐一进行分析讨论，从而获得启迪，激发创新的设想，找到解决问题的方法。检核表法提问的方法很多，其中最著名的是美国专家奥斯本创造的检核表。奥斯本的检核表适用范围宽，容易掌握，主要从九个方面对现有事物的特性进行检核。

❶ 现有的产品能否应用到其他方面，即扩展产品

的应用范围。

❷ 现有产品中能否引入其他领域的创造性设想，或者直接引入其他领域具有相同或类似用途的创新。

❸ 能否扩大现有产品的适用范围，延长产品的寿命，增加产品的特性。

❹ 能否对现有产品进行简单改变。如改变它们的颜色、形状，把产品的颜色从单调变得丰富多彩，把古板的形状变得更具时代性等都是有效的手段。

❺ 是否可以找到能够部分或全部代替现有产品及其组成部分功能的产品或零部件。

❻ 现有的产品可否缩小体积、减轻重量或者分割化小等。

❼ 能否对现有产品在材料的应用、零部件的搭配、使用功能等方面进行组合。

❽ 是否可以进行一些替换。如产品的结构替代，元器件或零部件的位置、搭配的更替以及前后顺序的变换等。

❾ 能否改变一些产品各部分的组合关系。如使产品组成部分的上下位置颠倒，产品的内外成分互换等。

使用检核表法进行产品设计，往往能够对产品的设计进行多方面的改进，产生出效果较好的具有综合性的方案。但在使用该方法时应该注意以下几点。

❶ 应该对照检核表逐条进行检核，防止产生遗漏。

❷ 要按照检核表进行多次检核，最好能够在第一次检核后隔一段时间再进行后续检核，以便能够产生更多、更好的创意。

❸ 对照检核表的每条内容进行检核时，要尽最大可能来发挥创新者的想象力和创造精神。

❹ 在使用检核表时，可以由单人进行检核，也可以有多人一起进行。在由多人组成的小组进行检核时，应该注意借鉴后面将要介绍的头脑风暴法的一些原则，先产生创意，再进行评价，把评价放在创意的产生过程结束后再进行，这样效果将会更为明显。

2. 5W2H法

提出问题的方式除了奥斯本检核表法之外，另一种应用十分广泛的方法就是5W2H法。5W2H法应用的具体过程如下。

❶ Why（为什么）

使用“为什么”来追问事物的本质、根本目的，可以帮助创新者消除思维中固有的接受事物现状的倾向性，开阔思维空间。仍以厅柜来说，我们为什么要生产厅柜？为什么厅柜要做成现在这个形式？厅柜为什么设计成现代中式风格？等等。

❷ What（是什么或做什么）

现有的厅柜产品的优点是什么？缺点是什么？厅柜的功能有哪些？最主要的功能是什么？产品的生产标准是什么？生产工艺是什么样的？主要原料是什么？产品是使用什么样的运输工具运输的？

❸ Who或Whom（谁）

厅柜产品现在的使用对象是谁？潜在的客户是谁？谁是厅柜购买的决策者？谁是决策的影响者？谁从产品中获得了利益？谁可以为我们提供渠道？谁在行使生产的决策权？生产环节中谁是产品质量的关键影响者？

❹ When（什么时间）

厅柜生产周期需要多长时间？什么时间是销售旺季？从客户提出购买此产品到最终完成安装使用过程总共要多长时间？产品可使用的寿命是多长时间？产品需要多长时间进行一次维护？

❺ Where（什么地方）

我们的主要客户分布在什么地方？顾客喜欢从什么地方购买该类产品？新市场位于什么地方？我们的原料来源在什么地方？产品在什么地方生产最为合适？

❻ How to（怎样）

怎样可以减少产品在生产过程中停留的时间？怎样可以节约木材资源？怎样可以保持产品的绿色生产过程？怎样做可以增加本公司产品的特色？

❼ How Much（多少）

产品的售价是多少？产品的成本是多少？产品运输成本占总成本的比重是多少？产品利润率是多少？产品的长度、宽度、深度规格各是多少，什么样的比例尺度最为合适？

在上述的5W2H中，七种要素的作用并不是完全等同的。就“Why”之外的另六个要素而言，它们只是在各自所代表的方面上对提示考虑问题的思路有一定的帮助作用，而“Why”这一要素则在所有的领域都会以它本身固有的“怀疑一切”的特质，引发新的思考。除“Why”要素本身外，它还可以被用来对每一要素领域内所提出问题的回答提一个“Why”，从而抓住每一个答案背后所隐含的假设与证据，深化了对问题的把握程度。

3. 信息交合法

信息交合法是我国创造学家许国泰先生在1983年提出的一种用来生成创意的方法。使用信息交合法时，首先把有关物体本身的构成信息分解为若干种不同的要素，并将它们标在直角坐标系的横轴上；然后，把可能或能够与该物体相联系的人们的活动特征要素进行列举，并把它们标在直角坐标系的纵轴上；最后，在坐标系第一象限的“信息场”内，把两轴上信息逐个进行结合，以产生创意。

信息交合法的运用过程应该遵循三条基本原则。

❶ 整体分解原则，即把对象本身分解，得出要素信息；

❷ 信息交合原则，即将横轴上的每一信息要素与纵轴上的每一要素进行交合，进行联想，以形成新构思；

❸ 结果筛选原则，即对于直角坐标系两轴上的信息交合所产生的结果，并不是要全部接受，而是要有选择地保留，并做进一步论证。

三、联想法

联想法依靠创新设计者从某一事物联想到另一事物的心理现象来产生创意。按照进行联想时的思维自由程度，可以把联想划分为结构化自由联想和非结构化自由联想。但这种简单的划分方法并不具有指导创新实践所必需的可操作性。可按照联想对象及其在时间、空间、逻辑上所受到的限制的不同，把联想思维进一步具体化为各种不同的、具有可操作性的具体技法，以指导创新设计者的创新设计活动。

1. 非结构化自由联想

非结构化自由联想是在人们的思维活动过程中，对思考的时间、空间、逻辑方向等方面不加任何限制的联想方法。这种方法在需要解决针对性很强、时间紧迫的问题时，很难发挥作用。但是，这种联想方法在解决疑难问题时，新颖独特的解决方法往往出其不意地翩然而至，当然这也许是长期思考所累积的知识，受到了触媒的引燃之后，才产生灵感的。

2. 相似联想

相似联想循着事物之间在原理、结构、形状等方面的相似性进行想象，期望从现有的事物中寻找发明创造的灵感。如很多建筑形式与结构在家具上的应用即是如此。

3. 接近联想

这是指发明者以现有事物为思考依据，对与其在时间上、空间上较为接近的事物进行联想来激发创意。如相似造型采用不同的材料，从而形成产品的变换。

4. 对比联想

对比联想根据现有事物在不同方面已经具有的特性，向着与之相反的方向进行联想，以此来改善原有的事物，或创造出新事物。运用对比联想法时，最好首先列举现有事物在某方面的属性，而后再向着相反的方向进行联想。对比联想按照思考问题时的出发点不同，可有许多具体形式，但一般常用的是优缺点转换法和结构对比法两种。

总之，联想是在一切创意激发的使用过程中都可能应用到的。它是其他方法能够有效地发挥作用的重要基础，也是创新设计人员必须具备的基本素质。

四、组合法

通过组合产生新的创新设计方法，已被实践证明是行之有效的方法之一。组合的过程就是把原来互不相关的，或者是相关性不强的，或者是相关关系没有被人们认识到的产品、原理、技术、工艺、材料、方法、功能等整合一起的过程。经过组合以后，可能会创造出全新的产品、工艺、方法、材料、功能等；或者是使原有产品的功能更加全面等。

1. 组合对象

按照被用来进行组合对象的不同，组合可以分为以下几种。

❶ 产品组合

产品组合是最为简单的一种组合方式。这种组合过程只是简单地把通常要配套使用的产品放在一起，进行销售或使用。如把一般的椅子与海绵垫子一起销售，把餐桌与餐椅配套销售等。

❷ 不同材料、零部件组合

现代材料的发展，为人类生活带来巨大的、不可思议的变化。如现代家具把人造板基材与薄木组合、木质材料和金属五金件组合、皮革材料和海绵组合、不同材质与肌理的组合后，形成了千姿百态、丰富多彩的家具形式。

❸ 不同的技术手段之间的组合

这里的技术手段不仅是指生产制造过程中的技术手段，也指管理上的技术手段。由于在管理上用于相同或类似目的技术手段存在相当程度上的互补性，因此如果恰当地把它们结合在一起，那么这对于提高管理过程的有效性将是非常有益的。譬如说，在现代企业中，员工的薪酬就是由很多方面构成的，有固定的薪资，也有季度和年度奖金等。一种好的薪酬组合，从企业管理方面来讲，就是一种非常有益的管理创新。此外，在企业营销方面，一种恰当的营销技术的组合，对于帮助企业的产品打开销路是非常有效的。但就销售渠道来讲，自有渠道与中间商渠道的恰当选择和组合，对于维护企业在市场上的持续竞争优势也是至关重要的。

2. 组合对象法

❶ 正交组合法

正交组合法与前述的设问创新法中的信息交合法相类似，不同点在于，在信息交合法中，两轴上的要素分别是形成产品整体的构成要素和与人的行为、认识等实践活动相联系的要素。在正交组合法的两个方向上的要素是进行组合关系对等的组合对象。通常条件下，正交组合法是通过构建正交组合矩阵来实现组合过程的。而且组合不必是两两组合，因此如果把组合用图形来表示，它可能是立体的，甚至更复杂。

❷ 随意组合法

随意组合法是从任意一组事物中挑选几种进行组合。这类方法随意性强，针对性小，但是这种随意性并不是毫无选择的。如一件茶几可以由木质材料、皮、金属、玻璃组合构成，但这几种材料的大小、色彩关系是按照一定的美学法则和习惯用法来进行的，如果几面是全金属的，而脚是木质或玻璃材料，就会有一种怪异的感觉。

3. 形态分析法

形态分析法又称形态方格法、棋盘格法或形态综合法，它最早于1942年由美籍瑞士科学家茨维基提出来的。其原理是，将创新课题分解为若干相互独立的基本因素，找出实现每个因素的所有可能手段，再将每个因素的各种手段进行组合，得出所有可能的总体方案，最后通过评价进行选择。形态分析法对于激发大量具有探索性的创新是十分理想的。应用形态分析法的详细过程如下。

❶ 明确创新设计对象的目的与全方位要求。这些要求包括功能、形式外观要求、风格特征要求、性能要求，可靠性要求，寿命周期要求，制造与运行成本要求，体积大小要求，生产能力要求，作业条件要求。

❷ 创新设计对象组成因素的全方位分析。这些因素包括过程、能量、标度、材料状态、介质、能源、组成部分等。要素分析过程应该注意：第一，所列出的要素包括了创新设计对象的所有方面；第二，这些因素之间具有相互独立性，即仅改变其中某一要素时，仍会产生一个具有可行性的独立方案。

❸ 形态分析。形态分析过程是正确有效地应用形态分析法的关键所在。在这一步骤中，根据研究对象整体上对它的各种组成要素所提出的各方面的要求，详细具体地列出能满足这些要求的所有方法、手段、

工具等。其中每一种方法、手段或工具就构成了因素的第二个形态。因此，进行形态分析时，要求分析者对所分析的领域有丰富的知识、经验，并具有较强的思维创造能力。也就是说，分析者不但要把所有已知的方法、手段或工具列举出来，而且还要发挥自身的想象力，提出更多新的方法、手段或工具。为了使形态组合步骤顺利地进行，可把必要因素与形态分列在正交表的纵横两个栏目内。每种组成要素的一个形态以P_n^i表示，其中n表示第n种因素，i表示该因素的第i种形态。

❹ 按照步骤❶中所列出的各种要求，对各要素的各种组成形态进行排列组合，获得所有可能的方案。每种方案的组成为$P_1^iP_2^jP_3^kP_4^l\cdots\cdots P_n^m$。

❺ 方案评价。对照所产生的方案，按照一定的标准进行评价。当然评价的过程可以分几步进行，先进行初评，再进行最后的评估，确定最终方案。

五、类比法

类比法的共同特点是，由于两个或两类事物在某一或某些方面具有相同或相似的特点，因此期望通过类比把某一或某类事物的特点复现在另一或另类事物上，从而实现创新。类比法中所包含的类比的具体方法很多。

1. 综摄法

综摄法是通过召开会议的形式，利用非推理因素来激发群体创造力的一种方法。综摄法的使用过程，是通过各类方法的综合运用来实现对研究对象所有方面的深入把握，再使用各种类比方法，对研究对象进行创新的过程。综摄法的运用过程，从总体上可以分为两个阶段，即变陌生为熟悉阶段和变熟悉为陌生阶段。综摄法操作的全过程如下：给定问题→分析问题→对问题进行重新表述→对上一步骤中的重新表述、子问题或子目标进行简单的分析和排列→远离问题→强行结合→方案的确定与改进。

上述即是由变陌生为熟悉，再变熟悉为陌生的过程，直至进入创意的生成、评价与改进阶段。

2. 因果类比法

因果类比法，是根据已经掌握的事物的因果关系与正在接受研究改进事物的因果关系之间的相同或相似之处，去寻求创新思路的一种类比方法。如一名日本人根据发泡剂使合成树脂布满无数小孔，从而使这种泡沫塑料具有良好的隔热和隔音性能的特点，于是他尝试在水泥中加入发泡剂，结果形成了具有隔热与隔音性能的气泡混凝土。

3. 相似类比法

相似类比法，是根据类比对象之间在一些属性方面的相似性，推出它们在综合属性上应该是相似，或者相反，依据它们在综合属性上的相似，推出它们在个别属性上的相似。相似类比法对于改进家具产品的综合或具体的个别性能提供了参考。

4. 模拟类比法

模拟类比法就是模拟法。它是指对某一对象进行实验研究时，对实验模型进行改进，最后再把结果推广到现实的产品或经营决策中去的一种类比法。模拟法在现代计算机技术的迅速发展之后，应用范围大大扩展，甚至在许多重要决策过程中需要进行全过程模拟。模拟类比法，使得我们在问题没有出现之前就能准确地预见到它们，并把它们排除掉。

5. 仿生法

仿生法要模仿的对象是生物界中神奇的生物，创新者试图使人造产品具有自然界生物的独特功能。但是仅就仿生法本身来讲，这种方法是一种具有很强的综合性的类比法。在仿生的过程中，将会需要不同的类比方法的参与。

6. 剩余类比法

所谓剩余类比，是指把两个类比对象在各方面的属性进行对比研究，如果发现它们在某些属性上具有相同的特点，那么可以推定它们在剩余的那些属性上也应该是相同的，从而可以在一事物上推定另一事物的这些属性。

六、头脑风暴法及其变式

1. 头脑风暴法

头脑风暴法也称为智力激励法或畅谈会法，它作为一项激发新思想的技术的历史要追溯到20世纪以前。头脑风暴法是一种会议技术。它是一种通过大家的努力来寻求特定问题的解答方法的过程，在这个过程中，小组成员即兴的想法受到重视，而会议过程本身就是收集所有即兴创意的过程。要判断一次会议是不是应用头脑风暴法的，就是要看在会议过程中创意的产生与评价阶段是不是分开进行的。也就是说，头脑风暴法的本质特征是，推迟评价阶段的进行。

在头脑风暴法背后隐含着这样一个假设：在大量的创意中，好的、可以付诸应用的只是少数。而同时只有在有一定数量的前提下，才能保证在一次头脑风暴法的应用中产生好的创意，即创意的质量要由一定的数量来保证。

头脑风暴法的理论基础来源于群体动力学方面。群体动力学认为，在群体活动中，群体成员的行为具有自我激发和互相激发的特性。当群体中的一员提出一种设想时，激发的不只是这个成员本身的想象力，其他成员的想象力同时也会受到激发，这是一个连锁反应的过程。在群体活动中，群体中的成员为了获取群体成员的尊敬而进行的竞争如果得到很好的利用，将会激发更多、更好的创意。

为了使头脑风暴法取得良好的效果，在应用过程中小组的每一位成员应当遵循如下几条原则。

❶ 严格禁止在头脑风暴法的应用过程中对任何观点表示任何形式的异议或提出批评。任何形式的异议或评论不但会伤害被评论者构思新创意的积极性，同时也会中断创意之间互相激发的连锁反应过程。

❷ 鼓励成员毫无保留地抒发自己的想法。不但应当鼓励所有的小组成员的积极参与，而且每当成员提出新的想法时，都应该受到群体成员的积极响应。

❸ 保证创意有相当的数量。创意的数量越多，产生好想法的可能性就越大。

❹ 努力寻求观点的组合与改进。小组的成员除了不断提出自己的想法并寻求改进之外，还应提出对已有的创意进行组合改进的办法。但应注意，绝对禁止任何可能伤害群体成员的自尊心和积极性的行为。

虽然头脑风暴法也适合个体思考问题的过程，但它最为普遍的应用形式是小组活动。而恰当的小组成员数量和成员构成对于头脑风暴法的成功也是非常重要的。如果小组成员之间能够保持充分沟通，必须对成员的数量加以必要的限制。一般认为，小组成员的数量应该限制在5～12人比较有效。在小组成员的构成上，头脑风暴法的组织者有必要挑选不同专业领域的成员参加。

2. 经典头脑风暴法及其变式

在介绍了头脑风暴法的基本知识之后，接下来我们介绍经典头脑风暴法及其两种变式：戈登—李特变式和触发器变式的进行过程。

❶ 热身阶段。此阶段的作用是向小组成员介绍有关头脑风暴法的基本知识，使他们熟悉头脑风暴法的基本规则，并调动其小组成员的思维，使他们活跃起来。在介绍了有关基本规则之后，提出一个问题预演头脑风暴法的基本过程。譬如说，提出这样一个问题："请大家考虑一下回形针可以有多少种用途"。在正式进行头脑风暴法之前预演这一过程的必要性表现在两个方面：第一是在通常状态下，人们的思维处于不活跃状态，有必要通过热身调动小组成员思考问题的积极性。第二是小组作为一个由人组成的组织有它自身的生命周期。在正式活动之前，有必要让小组成员进行必要的磨合。

❷ 观念生成阶段。虽然前面我们讲过头脑风暴法可以运用在问题界定的过程中，但这里观念的生成是在对问题有了恰当的界定之后的观念生成阶段。在这一阶段，小组成员针对界定清晰的问题提出自己的解决思路、解决办法。由一位记录员把小组成员的全部想法记在大家都可以看得见的黑板或白板上，供大家随时据此引发新思想，或对自己及他人的思想进行修改。有一位组织者在大家思维僵结的时候进行必要的引导，提醒和监督小组成员避免对别人的思想进行评价，鼓励不活跃的成员积极参与到"智力激荡"的过程中去，并对活动的节奏进行必要的控制。

❸ 观念评价阶段。在头脑风暴过程的创意阶段结束之后，对所产生的创意进行整理，对小组每一位成员的积极参与鼓励。接下来进行的评价阶段仍然可用头脑风暴法进行。

3. 戈登—李特变式

在经典头脑风暴法中，小组成员提出的创意，要么太理想，要么过于简单。这减弱了小组成员参与创意激发过程的积极性。为了解决这一问题，威廉·戈登和阿瑟·李特对经典头脑风暴法进行了一些改进，提出了这种变式。戈登—李特变式也称教诲式头脑风暴法。

戈登—李特变式在操作过程中，尽量避免在一开始就将要解决的问题呈现出来。它把小组成员的注意力集中在问题的基本概念或基本原理上。在这种变式中，组织者的作用就在于把小组成员的注意力引导到这些抽象的形式上去，随着观念的产生，逐渐揭示越来越多的信息。它的具体操作步骤如下。

❶ 组织者以抽象的形式引入问题的有关信息，并要求小组成员寻找解决抽象问题的办法。

❷ 在观念形成过程中，组织者逐步引入一些关键信息，对问题进行重新界定，直到问题比较具体为止。

❸ 组织者揭示最初的问题。

❹ 小组以揭示问题前的想法为参考，激发对解决初始问题有帮助的创意。在戈登—李特变式中，小组的组织者所发挥的作用更大，因此在一定程度上，组织者的水平决定了创意的数量和质量。如果组织者对问题缺乏深入理解，不能正确地对小组活动进行引导，往往会使该变式的应用过程误入歧途。

4. 触发器变式

触发器变式与经典头脑风暴法相比，变化不大。它只是更多地把个人思考（或者是对整个小组进一步划分形成的较小的小组）与小组思考结合起来进行。它的操作过程如下。

❶ 组织者向全体小组宣布问题。

❷ 把整个小组进行划分，或者是每人一组各自记录下他们的想法。

❸ 各小组的代表或个人向全体成员宣布他们的想法，有记录员记录在大家都可以看得见的黑板或白板上。

❹ 各小组对所产生的想法分别进行讨论，并提出受别的成员想法的激励而产生的新创意，记在自己的记录册上。

❺ 重复上述过程，直到再也提不出新的想法。

在此介绍了列举法、设问法、联想法、组合法、类比法、头脑风暴法及其变式六大类方法，在具体家具设计中，由创新设计者根据情况参考选用。

本章思考要点

1．常见典型的设计程序模式及其内容。

2．家具设计过程的阶段如何划分及各自的主要内容。

3．理解家具新产品设计规划的内容与格式，拟定某新产品设计的规划书。

4．理解家具新产品的评估内容与步骤，拟定某产品评估方案。

5．家具新产品开发的方法主要有哪些？应用其中的一至两方法虚拟某家具产品的开发设计。

参考文献

[1] 陈震邦．工业产品造型设计[M]．北京：机械工业出版社，2004，1：204～216

[2] 张展，王虹．产品设计[M]．上海：上海人民出版社，2002，1：21～25

[3] 陈文安．创新工程学[M]．上海：立信会计出版社，2000，11：61～84

第四章

家具功能尺寸设计

家具的功能包括家具的使用功能和审美功能，是家具构成的中心环节，也是家具设计过程中考虑的首要因素。而家具功能尺寸设计就是为了实现家具功能而对其外形或零部件尺寸进行的设计，功能尺寸由使用者即人体尺寸、收纳对象即物品尺寸、所处的环境即室内空间尺寸、审美法则即美观性、力学强度即使用安全性等方面的要素构成。

本章节内容主要围绕国家标准GB/T332×1997（×为6、7、8）中规定的家具主要功能尺寸进行叙述，以便初学者提前建立起家具部分尺寸概念，而具体设计过程中的其他细部尺寸可参考“第九章家具专题设计”中的相应内容。

第一节　家具功能尺寸的设计原则

现代家具设计的过程也就是运用科学技术的成果和美的造型法则，创造出人们在生活、工作和社会活动中所处环境内需要的一种特殊产品的过程。家具既与室内空间及其他物品构成了人类生存的室内环境；又与建筑物、庭院、园林等构成了人类生存的室外环境；最终，人与人、物与物、人与环境、物与环境构成了社会环境的总体。由此可见，家具的本质就是服务于人类的基本器具，以满足既具有生物特性、又属于社会范畴的人的生理和心理需求。作为生物的人，就要求家具在使用功能上适合人的生理和不断发展的工作方式以及生活方式的需要；作为社会的人，对家具和由家具构成的环境要求则是具备审美功能。此外，家具还是一种工业产品和商品，在满足使用者使用功能和审美功能的同时，还必须具备工业化产品——商品的生产规律和市场规律。

这些要求反映于家具功能尺寸的设计，应遵循以下的原则。

一、人体工程学原则

人体工程学（Human Engineering）也称为人机工程学、人因工程学、工效学等，它是20世纪初在西方设计界形成并发展起来的一门学科，是研究人与物（泛指产品）以及工作环境之间的相互作用、互相协调的关系，其目的是通过揭示人、物、环境三个要素之间的相互关系和规律，最终构建“人——机——环境”整体配合的最优化。基于此目的，人体工程学主要是由“人体科学”“技术科学”和“环境科学”相互交叉渗透构成的学科体系。由于人体工程学研究的是人与物与环境的关系问题。因此，它广泛地应用于工业、农业、商业、卫生、建筑业、交通业、服务业和军工业等领域。对家具设计而言，人体工程学的研究，为产品设计的形式和功能尺寸提供了相应的科学依据。

1. 以人体尺度参数值为设计依据

人体工程学应用人体测量学、人体力学、劳动

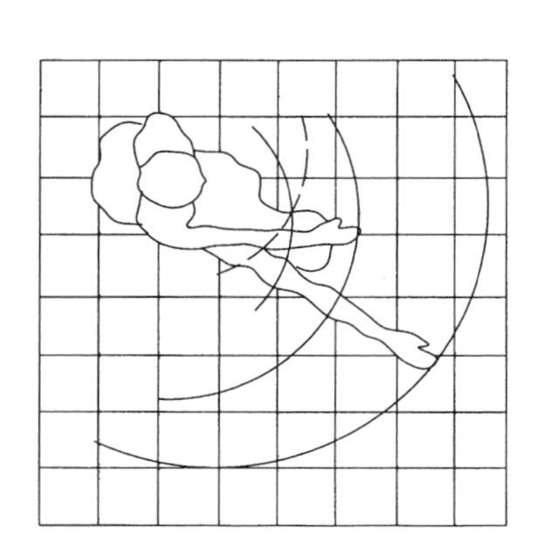
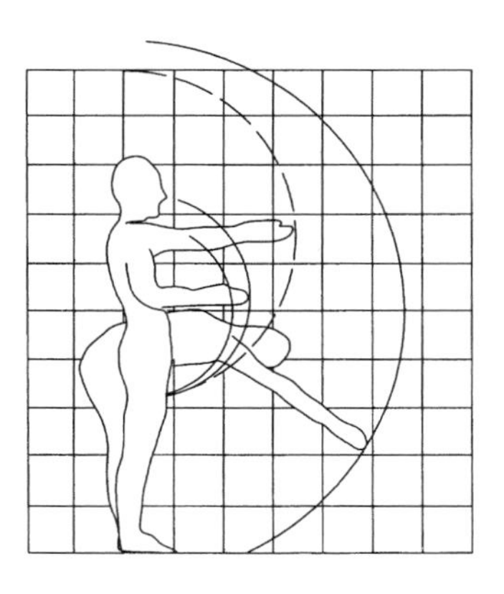
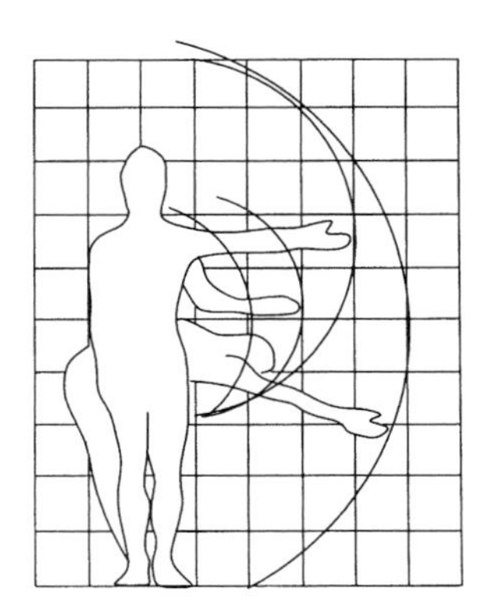

图4-1 人体站立时基本生理尺寸示意图

生理学、劳动心理学等学科的研究，提供了人体各部分的尺寸、体重、体表面积、比重、重心以及人体各部分在活动时的相互关系和可及范围等人体结构特征参数，还提供了人体各部分的出力范围、活动范围、动作速度、动作频率、重心变化以及动作时的习惯等人体机能特征参数，分析人的视觉、听觉、触觉以及肤觉等感受器官的机能特性，分析了人在各种劳动时的生理变化、能量消耗、疲劳机理以及人对各种劳动负荷的适应能力，探求人在工作中影响心理状态的因素以及心理因素对工作效率的影响等[1]。设计时应综合考虑和应用以上各方面的人体尺度参数值，解决好家具与人相关的各种功能的最优化，创造出与人的生理、心理机能相协调的家具。（如图4-1）

2. 以其“人物环境”系统为设计理论

人体工程学的显著特点是在认真研究人、物、环境三个要素本身特性的基础上，将使用“物”的人和所设计的“物”以及人与“物”所共处的环境作为一个系统来研究。在这个系统中人、物、环境三个要素之间相互作用、相互依存的关系决定着系统总体的性能。系统设计的一般方法，通常是在明确系统总体要求的前提下，着重分析和研究人、物、环境三个要素对系统总体性能的影响，应具备的各自功能及其相互关系，经过不断修正和完善三要素的结构方式，最终确保系统最优组合方案的实现。因此，在进行家具设计中应以人为主线，将人体工程学理论贯穿于设计的全过程，以保证产品使用功能得以充分发挥。

3. 为家具的“环境因素”提供设计准则

人体工程学通过研究人体对环境中各种物理、化学因素的反应及适应能力，分析声、光、热、振动、粉尘和有毒气体等环境因素对人体的生理、心理以及工作效率的影响程度，确定了人在生产和生活活动中所处的各种环境的舒适范围和安全限度，从保证人体的健康、安全、舒适和高效出发。为家具设计中考虑“环境因素”提供了分析评价方法和设计准则。

4. 人体计测值

在家具功能尺寸设计中，人体尺寸与尺度是最基本和核心的要素。人体计测值的内容包括，骨骼测量和活体测量两部分。活体测量以静态观测为主，而以人体动作、姿势、生理、心理计测为辅。为了得到人体测量的正确数据，必须按照统一的测定方法和测定点进行测量。目前世界各国人体计测点最少为205项。表4-1是中国18～25岁青年体质调查测量数据的平均值。

二、标准化原则

现代家具的设计生产已是完全建立在先进的技术、严密的分工与广泛的协作基础上的高效率工业化体系，各企业、各部门之间的生产联系十分密切，每一件产品的生产过程往往都要涉及许多企业，涉及企业内部的多个部门和生产环节，是在各个部门的密切配合下完成的。为了从技术上把有关方面组织起来，形成一个相互适应密切配合的有机整体，保证生产过

表4-1　中国18～25岁青年体质调查测量数据的平均值示例表

地区 / 性别 / 调查人数 / 平均值 / 测量项目	全国		南方地区		北方地区	
性别	男性	女性	男性	女性	男性	女性
调查人数	19519	18387	9844	9287	9675	9100
身高（cm）	170.3	159.0	169.3	158.1	171.4	159.8
坐高（cm）	92.1	86.3	91.7	85.5	92.5	86.8
体重（kg）	58.5	51.5	57.3	50.6	59.8	52.5
肩宽（cm）	38.6	35.0	38.5	34.8	38.7	35.2
骨盆宽（cm）	27.5	27.3	27.3	26.9	27.7	27.6
手长（cm）	18.5	17.1	18.4	17.0	18.7	17.2
上肢长（cm）	73.5	67.7	73.2	67.4	73.8	67.9
上腿长＋足高（cm）	44.1	41.2	43.6	41.0	44.6	41.3
小腿长（cm）	37.2	34.8	36.8	34.7	37.6	35.0
足长（cm）	24.8	22.9	24.6	22.8	25.1	23.1
胸围（cm）	85.7	78.9	85.2	78.5	86.2	79.2
大腿围（cm）	50.2	51.4	49.8	51.0	50.5	51.8
小腿围（cm）	35.0	34.4	34.7	34.0	35.3	34.8
上臂最大围（cm）	28.6	25.9	28.6	25.9	28.7	25.9
上臂围（cm）	25.6	24.0	25.6	24.0	25.6	24.0
脉搏（次/分）	75.2	77.5	76.2	78.2	74.3	76.7
收缩压（mmHg）	118.3	107.8	117.4	107.3	119.3	108.4
舒张压（mmHg）	74.1	69.2	72.9	68.2	75.4	70.2
肺活量（ml）	4124.0	2871.0	4076.0	2846.0	4172.0	2896.0

程有条不紊地进行，节约自然资源，提高生产效率，降低生产成本，保证产品质量，就需要根据我国的技术现状和经济水准及自然条件出发，对各种产品在质量、性能、品种、规格等方面制定出恰当的、相互适应的技术规范，并在生产活动中及产品流通领域贯彻执行，这就是标准化工作的主要内容。

到目前为止，家具产品从原辅材料、产生过程到产品功能尺寸设计、质量检测、使用过程中的有害物释放量等从“产品消费”这一链条中各环节均有相应的标准进行监控。标准化在家具产业中的积极作用，早已凸显出来，主要体现在以下几个方面。

1. 保证零件规格化和生产专业化，提高生产效率

只有实行标准化才能尽量减少产品品种、规格，保证同一产品在规格、用料、装饰、造型等各个方面的一致性，做到以较少的产品规格来满足广泛的社会需求，节约社会整体的生产成本；同时也可为生产过程机械化、自动化打下了基础，极大地提高产品的生产效率和零部件生产精度，提高产品的质量。

2. 节约材料，充分利用自然资源

由于世界人口的增多及对消费品档次要求的提高，导致了对自然资源的过度消耗而引发了大量的环境问题，所以各国政府均采取了一系列措施来保护日趋匮乏的自然资源。产品的标准化可以提高原材料的利用率，减少浪费，同时在微观经济上也增强了企业的生存能力。

3. 简化生产管理和设计工作

实现技术标准后，一线生产工人对加工对象应有的质量、性能、规格等都心中有数，生产各部门也有了共同的技术依据，这些既有利于减少生产过程中的差错和废品率，又简化了技术管理工作。另外，还可以标准作为设计依据，使设计人员把主要精力集中到关键问题的处理上来，从而加快设计进度和质量。

4. 便于产品的协调与配套

从生产供应方面而言，便于与家具生产中所用的人造板材、胶黏剂、饰面材料、涂饰材料、五金配件等原辅材料提出相应的要求。另外，消费者在使用时也可以很方便地与床上用品、日常生活用品、家用饰品等配套。

总之，标准化有力地推动了家具生产高速发展，并将继续发挥巨大的促进作用。

三、审美比例原则

比例就是尺寸与尺寸之间的数比关系。家具的比例包括两方面的内容：一方面是家具外形的宽、深、高之间的关系或某一局部的长、宽、高之间的尺寸关系；另一方面是家具整体与部件或各部件间的尺寸关系。科学的比例关系不仅能够优化家具的使用功能，而且，还能使家具外观造型更符合人的生理和心理的需求，从而产生和谐之美的视觉感受。纵观古今中外优秀的家具设计大都具有良好的比例关系[2]。因此，在设计家具的功能尺寸时，不仅要充分考虑家具的整体比例关系，还应特别关注其各部件间的比例关系。

四、力学强度原则

家具的力学强度是家具使用过程中安全性方面的一个衡量指标，是指家具整体或局部构件抵抗可能引起破裂、凹陷和倾斜的任何外力的性能；另外还有家具在使用过程中一直保持它所处位置的性能即稳定性。所以在确定家具的功能尺寸时，还应分析不同家具使用过程中恒载荷和活载荷情况，不能为了追求美的比例关系或使用功能方面的要求而损害了其强度要求，更不能为了节省材料和降低成本而减小各零部件的规格，使家具的安全性没有保证。一般而言，应对新开发的产品由质量检测机构进行严格的理化、力学性能检测合格之后，才能推向市场。

第二节 坐具类家具功能尺寸设计

坐具是人使用频率最高、最广泛的家具类型之一。功能特征良好的座具能让人在使用中感到身体舒适，得到全面的放松和休息；而设计不合理的坐具反而会让人很快产生疲劳感。所以坐具的设计不仅要考虑形式、耐用、经济等方面的因素，同时还要考虑人体的生理结构方面的因素，这些都需要通过尺寸设计来达到。

一、人体坐姿的生理特征

坐下来是人的自然姿势之一，从体能消耗上来看，当站立时，关节、膝部和臀部都是依靠静态的肌肉活动保持姿态的，血和体液趋于积聚在腿中；而坐下时，肌肉施力停止，能耗降低，腿的血管的静压力降低，对血液回流至心脏的阻力减少，因此，坐比站更有利于血液循环。可让人得到放松、休息。

坐姿大体可分为三种：向前坐、笔直端坐、向后靠。向前坐的姿势主要是工作的姿势，向后靠坐是休息和放松的姿势。当人向前坐时，人体骨盆旋转成倾斜状态，骶骨也做相应移动，并趋向水平，使骶骨和腰椎变平，引起脊椎在腰部以上成为脊后凸，看起来像驼背；当笔直端坐时，骨盆呈竖直状态，骶骨的位置也较垂直，并在腰椎处形成脊椎的前凸[3]。以上分析了人类在坐姿时的生理特征，可利用这些结论和实验结果推导出影响座具舒适程度的各类功能尺寸。

二、座高

座高是指座面至地面的垂直距离，如果座面存在后倾或呈凹面弧形，座高则指座前沿中心点至地面的垂直距离（如图4-2）。座高直接影响座具本身的性能及功能。一般情况下，工作用椅的座高设计得较高，休息用椅则稍低。但无论是什么用途，座高均应设计适宜，座高过高，两脚悬空碰不到地面，则体重会压迫大腿血管，妨碍血液循环，容易产生疲劳；若座高过低，小腿则需支撑大腿的重量，稍久会引起上体酸软不适，而且座高过低还会造成起身时的不便，特别是对于老人，影响尤为突出。实践证明，合适的座高应为小腿窝至足底高度加上25～35mm的鞋跟厚，再减去10～20mm的活动余量，即：

H_1（座高）=小腿窝高度＋鞋跟厚度－适当间隙。

国家标准GB/T3326—1997[4]规定H_1（座高）为400～440mm，尺寸级差ΔS为10mm。软座面的最大高度为460mm（包括座面下沉量）。沙发座高可以低一些，使腿向前伸，靠背后倾，有利于脊椎处于自然状态。沙发的座高一般为360～420mm。

三、座倾角与背斜角

座面与水平面之间的夹角称座面倾角（α），靠背与水平面之间的夹角称靠背斜角（β）（如图4-3）。对于椅类坐具，如果把座面设计呈水平状、靠背呈垂直状，在使用过程中会很不舒服，所以椅类座具的座面应有一定的倾斜度，以便能使身体略向后倾，将体重移至背的下半部与大腿部分，从而把身体全部托住，避免因身体向前滑动而致使背的下半部失去稳定和支撑，造成背部肌肉紧张，产生疲劳。

国家标准GB/T3326—1997规定α（座面倾角）为1°～4°（靠背椅和扶手椅），或3°～6°（折椅）；角度级差ΔA为1°。β（靠背斜角）为95°～100°（靠背椅和扶手椅），或100°～110°（折椅）；角度级差ΔA为1°（如图4-4）。对于沙发，α为3°～6°，β为98°～112°。躺椅则更大。

四、座深

座深是指座面前沿至后沿的距离。实践表明，座深以略小于坐姿时大腿的水平长度为宜。深度过大，会使得小腿窝受压，使小腿产生麻木感，同时令腰

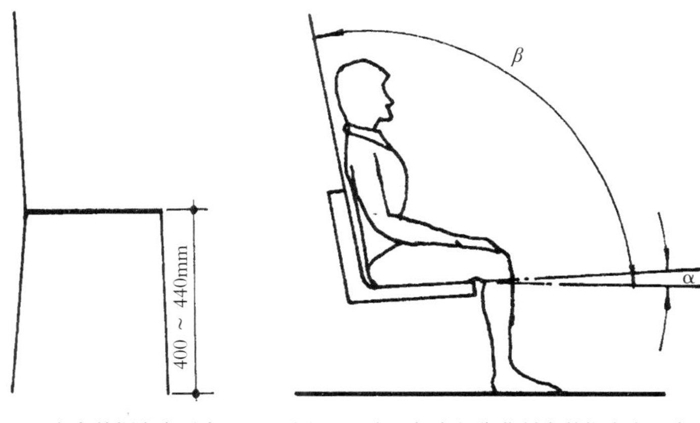

图4-2 座高数据参考示意图　**图4-3** 座面倾角与靠背斜角数据参考示意图

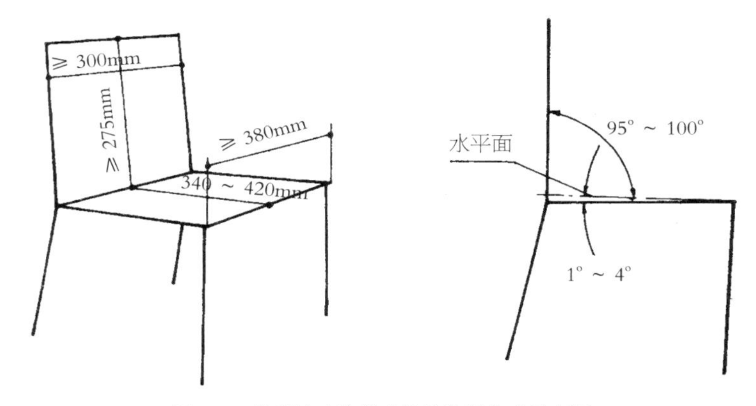

图4-4 靠背椅功能尺寸设计数据参考示意图

背失去有效支持而产生疲劳感；座深过浅，大腿前部悬空，将重量全部压在小腿上，使小腿很快疲劳。即：

T_1（座深）=坐姿大腿水平长度－60mm（间隙）

国家标准GB/T3326—1997规定T_1（座深）为340～420mm（靠背椅）、400～440mm（扶手椅）、340～400mm（折椅）；尺寸级差ΔS为10mm。（如图4-5、图4-6）沙发及其他休闲类座具因靠背倾斜较大，故座深可以稍大一些，一般为480～560mm。

五、座宽

座面的宽度应能使臀部完全得到支撑并适当留有余地为宜，对于扶手椅而言，扶手内宽即座宽，一般以人的平均肩宽尺寸加上适当余量而定。即：

B_1（扶手前沿内宽）=人体肩宽＋冬衣厚度＋活动余量

国家标准GB/T3326—1997规定扶手椅或折椅座前沿宽B_2≥380mm；尺寸级差ΔS为10mm。扶手前沿内宽B_1≥460mm；尺寸级差ΔS为10mm。（如图4-4至图4-6）

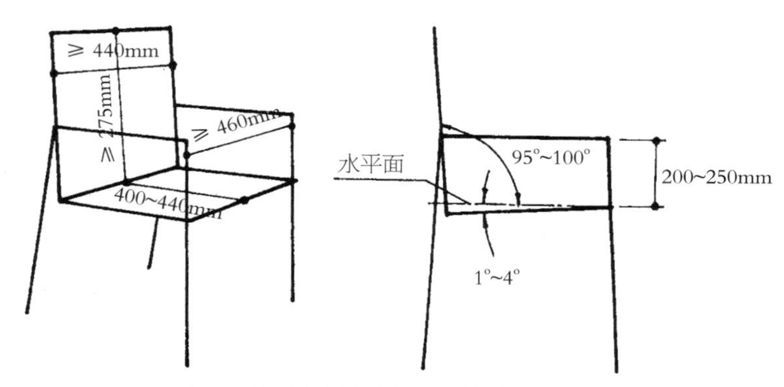

图4-5 扶手椅功能尺寸设计数据参考示意图

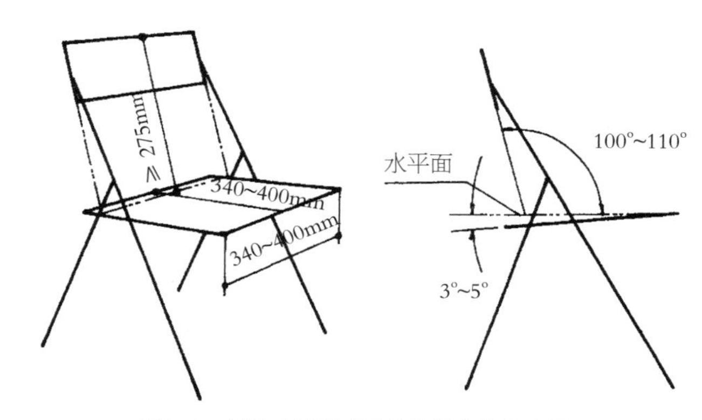

图4-6 折椅功能尺寸设计数据参考示意图

六、靠背长度

靠背的长度应根据座椅功能而定，一般是随着人体动态活动范围的减弱而逐渐加长，并与座面的高度、深度、倾斜度互相关联；若动态活动范围较大，也可不设靠背；静态工作和动态休息以获得相应的支撑且不妨碍工作和活动为宜；靠背高度最低可定在第一、二腰椎处，并可逐渐增加长度，最高可达到肩胛骨、颈部，而静态休息则可以要求靠背的长度能够支撑头部。总体而言，对于工作用椅，为了便于上肢前后左右活动，靠背以低于腰椎骨上沿为宜，对于休闲用椅，靠背应高至颈部或头部，以供人躺靠。设计实践表明，靠背的最佳支撑点以250mm左右为宜。

国家标准GB/T3326—1997规定靠背长度L_1≥275mm，尺寸级差ΔS为10mm。

七、扶手高度

扶手椅中设的扶手是为了在使用过程中减轻两臂和臀部的疲劳，也有助于上肢肌肉的休息。扶手的高度应与人体坐骨结节点到自然下垂时肘下端的垂直距离相近。扶手过高时，两肘不能自然下垂，若过低，则两肘不能自然落在扶手上。根据人体尺寸测量值，扶手上表面至座面的垂直距离以200～250mm为宜。同时扶手前端还应略高一些，随着座面倾角与靠背斜角的变化，扶手倾斜度一般为±10° ～20° ，而扶手在水平面左右偏角侧±10° 范围内为宜。

八、长方凳

凳类家具座面呈水平状，属于轻便简易型座具。国家标准GB/T3326—1997规定长方凳座面长320～380mm，宽240～280mm；长宽比为1.3～1.4；尺寸级差ΔS为20mm。（如图4-7）

九、方凳或圆凳

国家标准GB/T3326—1997规定方或圆凳座面长（或直径）260～300mm；尺寸级差ΔS为20mm。（如图4-8）

十、长条凳

国家标准GB/T3326—1997规定长条凳座面长（L）900～1050mm，宽（B）120～150mm；尺寸级差ΔL为50mm，ΔB为10mm。（如图4-9）

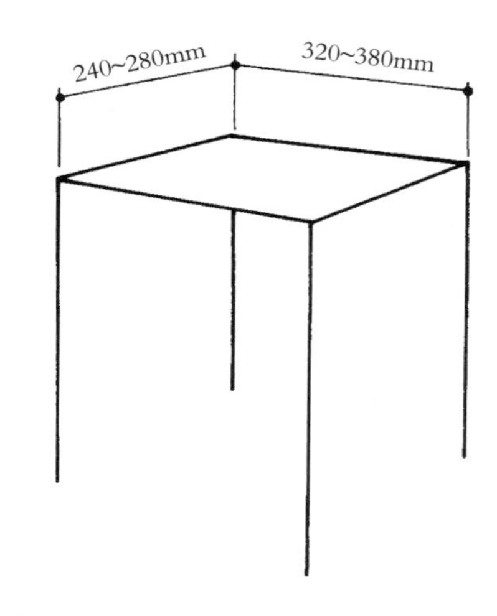

图4-7 长方凳功能尺寸设计数据参考示意图

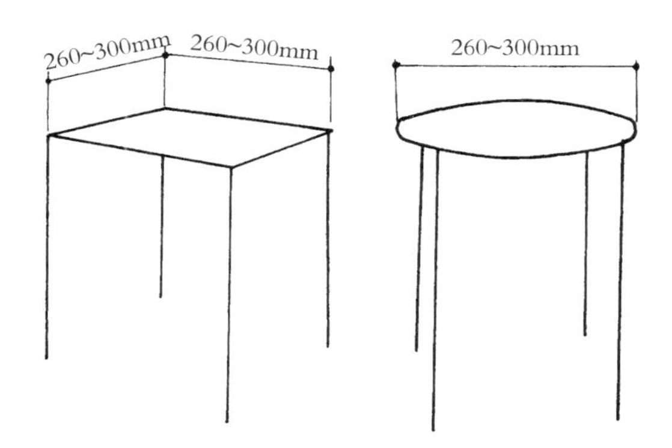

图4-8 方凳、圆凳功能尺寸设计数据参考示意图

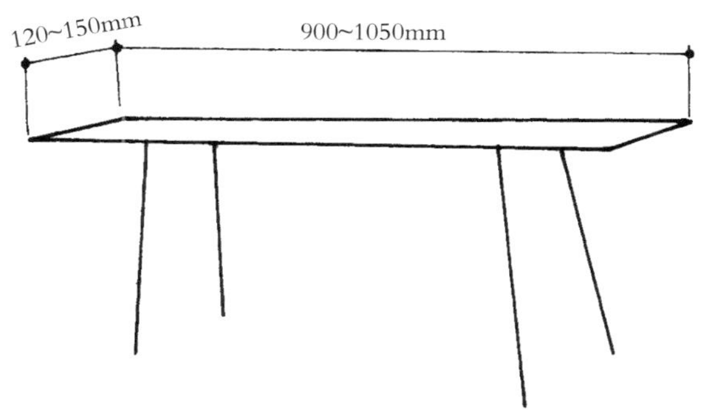

图4-9 长条凳功能尺寸设计数据参考示意图

第三节 桌类家具功能尺寸设计

对于从事桌面作业的人来说，桌类家具功能尺寸设计的是否合理，直接关系到使用者的舒适、健康及工作效率。不良的桌类家具功能尺寸设计会影响使用者的脊椎形态和增大椎间盘压力，导致常见的腰痛病，还会造成人体颈肩腕综合征，引起视觉疲劳，导致近视等。因此，设计出舒适健康的桌类家具，对于人们的日常生活和工作是十分重要的。

一、桌面高度

桌子的高度与人体动作时肌肉的形状及疲劳度有密切关系。经测试，过高的桌子容易造成脊柱的侧弯和眼睛近视，从而降低工作效率；桌面过低也会使脊柱弯曲扩大，造成驼背，腹部受压，妨碍呼吸和血液循环，背肌的紧张收缩，引起疲劳。因此，工作桌面的高度是影响使用者工作时身姿和效率的重要因素。而正确的桌面高度也应该与椅子的座高保持一定的尺度关系。

桌面高度=椅子高度＋桌椅高差（坐姿态时高度的1/3）。

由此确定桌面高度尺寸为680～760mm，桌椅高差为250～320mm。由于桌子的定型化、批量化生产，桌高不可能适应每一个人，这时可以通过调节椅子座面的高度来弥补。国家标准GB/T3326—1997规定桌高为700～760mm，高度尺寸级差为20mm。

二、柜体桌尺寸

柜体桌多用于工作或学习中的书写等方面的作业，桌面的宽度、深度尺寸应以人坐姿态时可以达到的水平工作范围为参照以及桌面可能放置的物品的类型、尺寸为依据来确定。双柜写字台通常桌面宽度、深度尺寸较大，最大时超出了人体坐姿态时的可及范围，主要是考虑家具的整体尺度及桌面放置大量物品而设计的。

国家标准GB/T3326—1997规定双柜写字台的台面宽为1200～2400mm，深为600～1200mm，尺寸级差ΔB为100mm，ΔT为50mm；日常所见的大班台或称老板台其台面尺寸均较大。单柜写字台的台面宽为900～1500mm，深为500～750mm，尺寸级差ΔB为100mm，ΔT为50mm，宽深比B/T为1.8～2.0，多见于民用书房的写字台。

三、桌面下净空尺寸

为了保证人体处于坐姿时下肢能在桌下自由活动，桌面下必须有一定的容膝空间，并使漆部有上下活动的余地。国家标准GB/T3326—1997规定桌的容膝空间净高度大于为580mm，宽度大于为520mm。写字台其他功能尺寸如图4-10、图4-11所示。

四、单层桌

单层桌的桌面设计尺寸参见图4-12，宽度一般为900～1200mm，深度为450～600mm，宽度尺寸级差为100mm，深度尺寸级差为50mm，尺寸级差为50mm。如果所选用桌面尺寸超出上述范围，可按

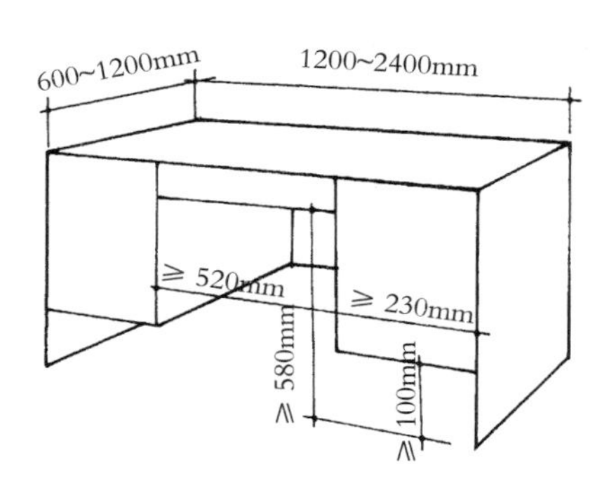

图4-10 双柜写字台功能尺寸设计数据参考示意图

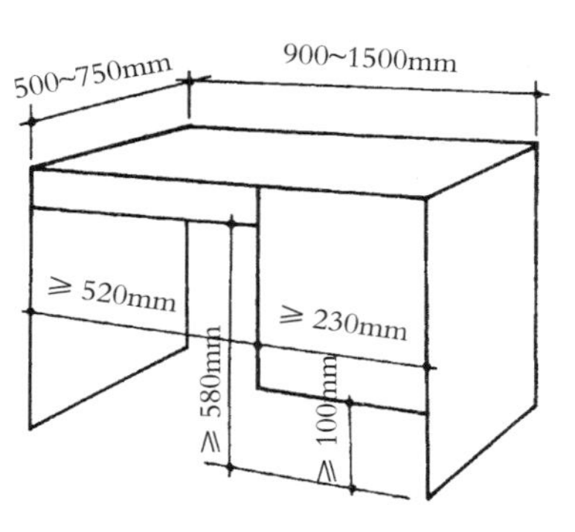

图4-11 单柜写字台功能尺寸设计数据参考示意图

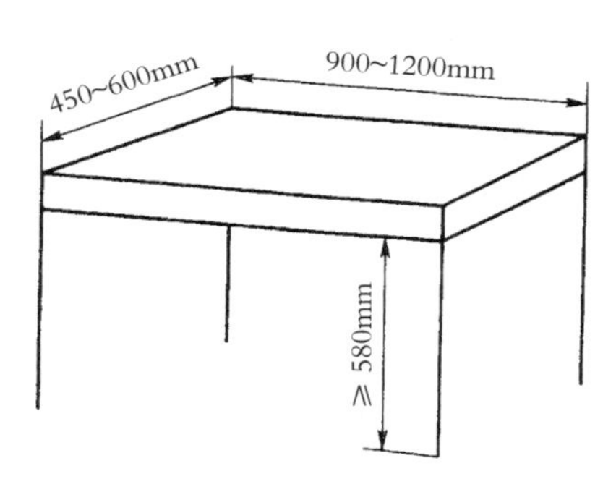

图4-12 单层桌功能尺寸设计数据参考示意图

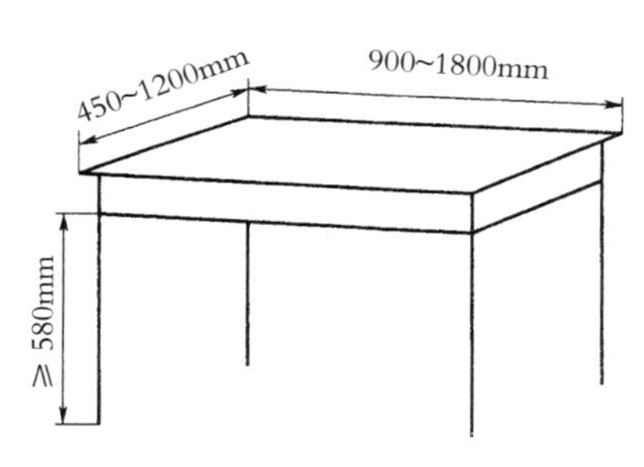

图4-13 长方桌功能尺寸设计数据参考示意图

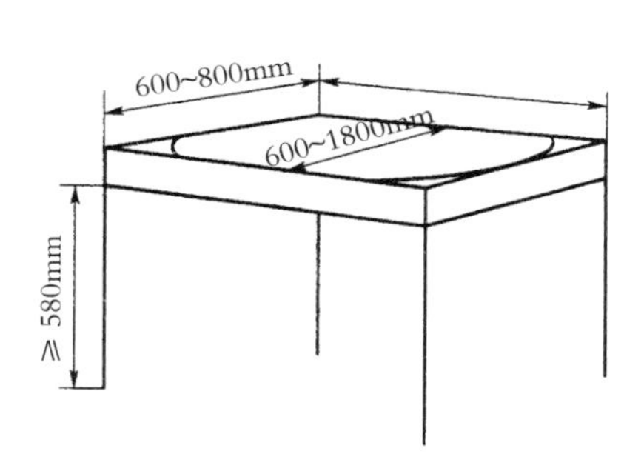

图4-14 方、圆桌功能尺寸设计数据参考示意图

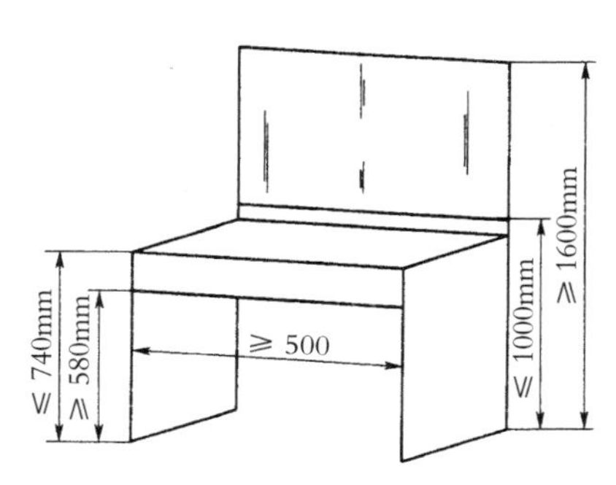

图4-15 梳妆台功能尺寸设计数据参考示意图

尺寸级差要求和宽深比为1.8～2.0的原则扩大桌面规格，以满足不同场合使用的需求。

五、餐桌

餐桌有长方桌、方桌和圆（椭圆）桌之分。长方桌的功能尺寸参考图4-13，宽度一般为900～1800mm，深度为450～1200mm，长和宽的尺寸级差都约为50mm；方桌或圆桌如图4-14，边长或直径值根据需要可取为600mm、700mm、750mm、800mm、850mm、900mm、1000mm、1200mm、1350mm、1500mm、1800mm。

六、梳妆台

梳妆台的桌面高度要求小于或等于740mm，多在640mm～740mm取值；梳妆镜上沿不应过低，大于或等于1600mm；下沿不应过高，小于或等于1000mm；容膝空间同写字台。（如图4-15）

第四节 床类家具功能尺寸设计

床分为单层床和双层床（或称架子床），前者比较常见，有单人宽和双人宽两种；后者多见于集体宿舍等特殊场所，一般为单人宽，也有双人宽规格。床是供人们睡眠用的，是人一生中必不可少的家具之一，其长度和宽度尺寸是否合理直接影响人的健康状况。

一、床宽

一个人醒着时，躺下休息所需的宽度约为500mm，但酣睡时因有20～30次活动幅度大的翻身，再加上手脚的小动作，身体一晚上要活动数十次，所以床无论是软还是硬，比较容易入睡并可使心理上感到安全的翻身宽度大约是肩宽的2.5～3倍。国家标准GB/T3328—1997[5]规定床宽度B_1如下：单层单人床宽度为720mm、800mm、900mm、1000mm、1100mm、

1200mm，单层双人床宽度为1350mm、1500mm、1800mm，而双层床宽度为720mm、800mm、900mm、1000mm。如果是嵌垫式床，其床面宽度应在上面各档尺寸基础上增加20mm（如图4-16~图4-18）。

二、床长

床的长度是指两床头板内侧或床架内侧的距离。为了保证床能适应大部分人的身长需要，床的长度应以较高的人体作为标准进行设计。床的长度为人的身高加上身长的5%，再加上头部放枕头的余量和脚端折被余量共计150mm左右，即：

$$L_1=1.05H+150\text{mm}$$

国家标准GB/T3328—1997规定床的长度L_1如下：双屏床的床面长为1920mm、1970mm、2020mm、2120mm，单屏床的床面长为1900mm、1950mm、2000mm、2100mm。

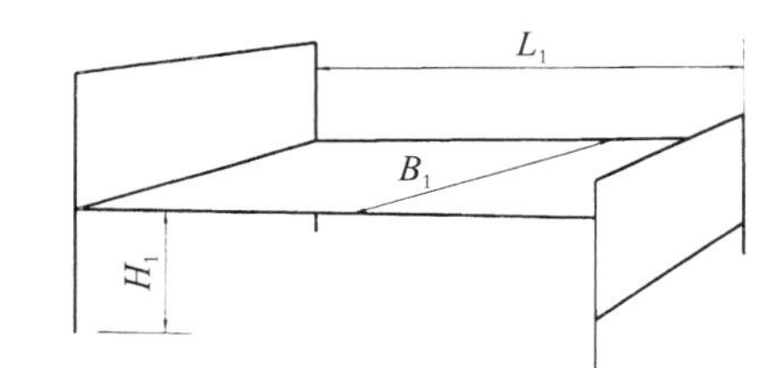

图4-16　单层床功能尺寸设计数据参考示意图

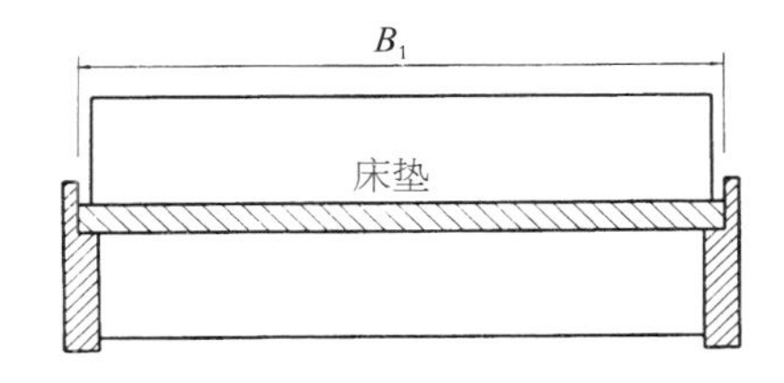

图4-17　嵌垫式床床面设计数据参考示意图

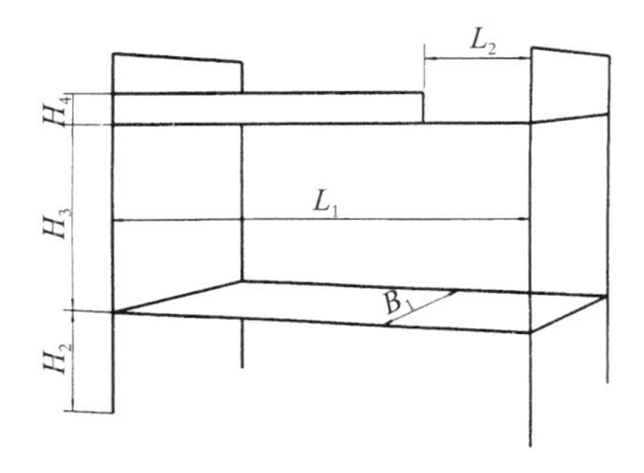

图4-18　双层床功能尺寸设计数据参考示意图

三、床高

床高即床表面至地面的高度，一般床高与椅高一致，使之具有坐卧功能，同时也要考虑就寝起床时穿衣、穿鞋等动作的方便。一般，民用卧室的床宜略低一点，以减少室内的拥挤感，增加开阔感；医院的床宜高一点，以方便病人使用，减少动作难度；宾馆的床也宜高一点，以方便服务员清扫和整理卧具。总之，一般床高为400~500mm。国家标准GB/T3328—1997规定床高H_1如下：如果放置床垫，床面高为240~280mm；如果不放床垫，床面高为400~440mm。另外，对于双层床层间净高（H_3），放置床垫时$H_3 \geq 1150$mm，不放床垫时$H_3 \geq 980$mm；安全栏板缺口长度（L_2）为500~600mm；安全栏板高度（H_4），放置床垫时$H_4 \geq 380$mm，不放床垫时$H_4 \geq 200$mm。（如图4-18）

第五节　收纳类家具功能尺寸设计

收纳类家具是用来收藏、整理日常生活中的衣物、器物、书籍等物品的家具，并具有一定的展示功能。收纳类家具包括各式衣柜、床头柜、书柜、文件柜、陈列柜、音响柜、食品柜、餐柜等。在此主要介绍与使用者身体尺寸关系较为密切的大衣柜、床头柜、书柜（架）、文件柜。

一、衣柜

根据国家标准GB/T3327—1997[6]规定，衣柜的功能尺寸见图4-19。挂衣棒下沿至柜底板高（H_4）≥900mm（挂短衣）或1400mm（挂长衣）；衣柜深度分两种：当衣物挂放时$T_2 \geq 530$mm，而当衣物折叠放置时$T_3 \geq 450$mm，挂衣柜上沿至顶板高40~60mm，衣柜底板距地面高$H_7 \geq 60$mm，顶层抽屉上沿距地面距离$H_8 \leq 1250$mm，底层抽屉下沿距地面距离$H_9 \geq 60$mm，抽屉深T_4为400~550mm，柜宽$B \geq 500$mm，加上底座后柜挂衣空间部分高度为1800~1900mm。（如图4-20）

二、床头柜

国家标准GB/T3327—1997规定床头柜的功能

尺寸为：深度300～450mm，宽400～600mm，高度500～700mm。

三、书柜的功能尺寸

国家标准GB/T3326—1997规定书柜的功能尺寸：宽度*B*为600～900mm，尺寸级差为50mm；深度300～400mm，级差为20；总高度*H*为1200～2200mm，第一级差为200mm，第二级差为50mm；搁板间层高为大于等于230mm或大于等于310mm。（如图4-21）

四、文件柜的功能尺寸

国家标准GB/T3327—1997规定文件柜的功能尺寸：宽度*B*为450～1050mm，尺寸级差为50mm；深度400～450mm，级差为10mm；总高度*H*为370～4000mm。（如图4-22）

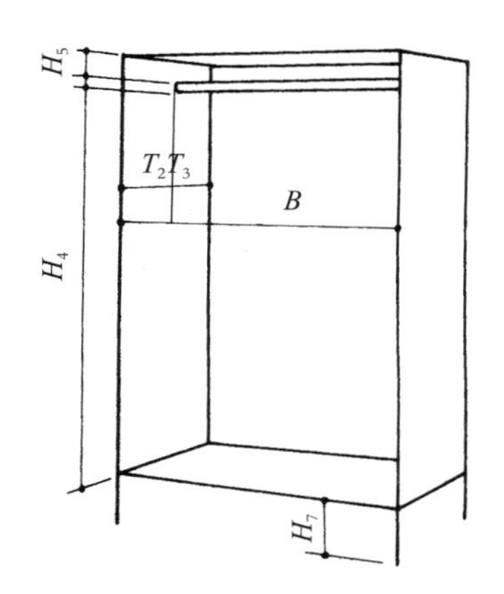

图4-19 衣柜功能尺寸设计数据参考示意图

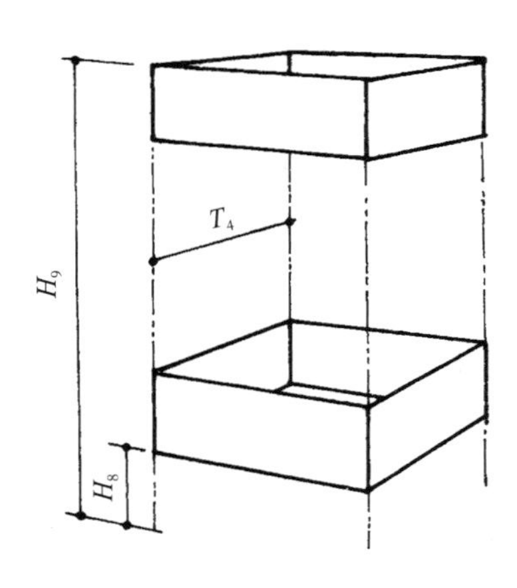

图4-20 抽屉功能尺寸设计数据参考示意图

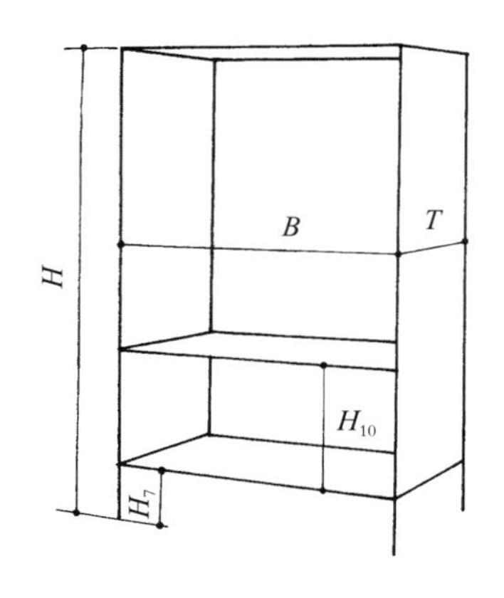

图4-21 书柜功能尺寸设计数据参考示意图

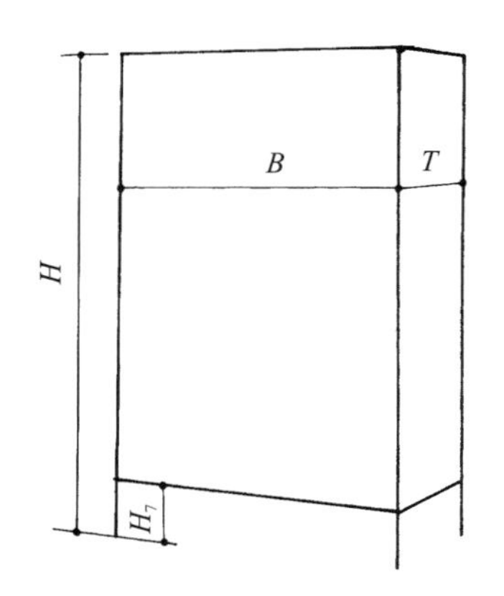

图4-22 文件柜功能尺寸设计数据参考示意图

本章思考要点

1. 家具功能尺寸的设计原则。
2. 座具类各功能尺寸的理解与练习。
3. 桌类各功能尺寸的理解与练习。
4. 床类各功能尺寸的理解与练习。
5. 柜类各功能尺寸的理解与练习。

参考文献

[1] 张福昌，张寒凝，陆剑雄．人类工程学在家具设计上的应用[J]．家具，2005，143（1）：23～29

[2] 冯敏，尹航．家具造型的比例研究[J]．沈阳大学学报，2004，16（6）：107～110

[3] 杨志敏，张亚池，张双保．险期限人机工效学在椅类设计中的应用[J]．木机加工机械，2002，4：15～18

[4] 国家技术监督局．GB/T3326—1997，家具——桌、椅、凳类主要尺寸

[5] 国家技术监督局．GB/T3328—1997，家具——床类主要尺寸

[6] 国家技术监督局．GB/T3327—1997，家具——柜类主要尺寸

第五章

家具形态构成设计要素

家具的形态构成设计就是指把不同的形态要素，通过某种原则和方法合理地组合在一起，以构成家具良好外观形式的过程。家具的形态构成不同于绘画等纯艺术门类，它必须在不损害家具的使用功能与大众化审美功能的同时，还要受到材料、结构以及工业化大批量生产过程中的工艺、设备、管理等方面的制约。因此，在进行家具形态构成设计时，应结合家具的使用功能和审美功能，充分理解点、线、面、体、色彩、肌理六大形态构成要素的特性，运用形式美构图法则进行综合构思，最终完成家具形态的整体设计。

第一节　形态要素概述

物体形态包含了“形”和“态”两方面的内容。“形”是指物体的形状或形体，有固态液态、二维三维等多种分类方法，针对造型，有圆形、方形、锥体、立方体等，或者单体、复合体等；“态”是指蕴涵在物体“形”内的“神态”，也指造型语义。综合而言，形态就是指物体的“外形”与“神态”的结合。“形”是固有的、物理的、客观的、自然的，“态”是联想的、心理的、主观的、社会的[1]。

一、形态的分类

现实世界中的形态是包罗万象的，从宇宙天体到分子、原子；同时也是处于无穷无尽的变化与发展过程中的，也正是这种变化和发展为形态的设计构成提供了无穷无尽的素材。

形态是设计师的设计理念及其设计作品所具有的实用功能与审美价值的具体物化体现。形态在纵向层次上包括材料层、形式层和意蕴层。

❶ 材料层是产品形态设计的物质基础，通过视觉和触觉进入人的意识领域。一切产品都必须由一定的材料完成，而材料的物理属性又制约着产品形态的功能及审美属性。如大理石材料制作的家具较之木质家具更坚固，给人的心理感受更稳重，同时也显得有些冷漠。

❷ 形式层是针对意蕴层而言的，专指形态的外在呈现形式，也就是人们的视觉和触觉感知到的物象。它包括外观形式和内在形式。外观形式是产品的外部结构，由于它不直接接受功能限制，因此有相对较大的独立性和审美价值；内在形式则由产品的内部结构组成，更多地服从于产品的效用功能，在很大程度上决定了产品效用功能的发挥。

❸ 意蕴层深藏于形态内，是整个形态内容的核心层，是造型设计的终结点，以材料层与形式层为

基础，是内在的、精神的、主观的、社会的，不是靠视觉、触觉去感知，而是通过人的联想。它是人在长期的社会文化发展进程中产生并积淀的对事物感知到的相对稳定的、社会性的意义和特殊的观念[2]。

根据形态的成因，可从多个方面把形态分类，如表5-1。

表5-1 形态分类示意表

<table>
<tr><td rowspan="13">形态</td><td rowspan="3">按形态与知觉关系</td><td colspan="2">现实形态</td></tr>
<tr><td colspan="2">理念形态</td></tr>
<tr><td colspan="2">纯粹形态</td></tr>
<tr><td rowspan="3">按形态的空间形式</td><td colspan="2">平面形态</td></tr>
<tr><td rowspan="2">立体形态</td><td>三维形态</td></tr>
<tr><td>四维形态</td></tr>
<tr><td rowspan="4">按形态的来源</td><td colspan="2">自然形态</td></tr>
<tr><td rowspan="3">人为形态</td><td>模拟的自然形态</td></tr>
<tr><td>概括的自然形态</td></tr>
<tr><td>抽象形态</td></tr>
<tr><td rowspan="3">按形态的构成方式</td><td colspan="2">构筑形态</td></tr>
<tr><td rowspan="2">塑造形态</td><td>构筑形态</td></tr>
<tr><td>塑造形态</td></tr>
</table>

❶ 现实形态：直接作用于人们视觉和触觉的实际存在的形态。

❷ 理念形态：在现实形态的基础上抽象提炼出来的形态。如点、线、面等。

❸ 纯粹形态：是理念形态的粗略体现，其近似于理念形态但又不能完全表达理念形态的内涵。

❹ 平面形态：二维空间中作平面延伸的形态。

❺ 立体形态：三维空间中作平面或曲面延伸的形态。

❻ 自然形态：自然界中客观存在的各种形态，包括生物的和非生物的以及自然现象。

❼ 人为形态：人类利用一定的材料，通过各种加工工具（机械）制造出来的形态，主要来自于对自然形态的照实模仿或受自然形态的启发概括而成。所有的工业产品都属于人为形态，都是为了满足人们的特定需要而创造出来的形态。如IT产品、家用电器产品、设备、家具等。

二、形态的构成

通过对自然形态的分解、变化、抽象、组合、提炼、升华等创造性处理方式可以形成许多新的人为形态，也是设计时对形态处理的基本方法，概括起来主要有以下三个方面的处理方法[3]。

❶ 感性构成：建立在设计者主观感觉的基础上，依靠对感性知识的经验积累而进行的一种从意到形的构成方式。它不受社会、工艺、经济等因素的束缚，能最大限度发挥设计者的形象想象力和形态创造力；但它受到设计者的审美爱好、艺术修养、观察自然的敏锐程度、鉴赏能力和理解能力以及学习能力等方面因素的限制。

❷ 理性构成：是在综合考虑功能、结构、材料、工艺等方面要求的基础上，探索符合时代审美要求和风格特征的创造性活动。包括在感性构成基础上考虑社会性、时代性、经济性的再构成，也包括从功能出发的构成，从内部结构出发的构成，以及从材料或工艺出发的构成等。

❸ 模仿构成：是以自然形态为构成的基本要素，并进行必要的抽象、提炼、升华，使形态既脱离了纯自然形，又保留了其形态意蕴、实质的构成方式。这种构成一般分为对生物形态原形研究、对生物模型进行抽象化处理、通过物质化手段对抽象化模型进行具体应用三个阶段。

总之，形态及其构成就是围绕点、线、面、体、质感与肌理及色彩等形态构成设计要素所进行的千变万化的组合。

第二节 点

点是基本的形态要素之一，也是造型设计中的重要内容，其出现往往会起到画龙点睛的作用，会特别引人注目。可见，点虽小，却具有很强的美学表现力。

一、点的概念与形状

点有概念上的点和实际存在的点之分。概念上的点，也即几何学中的点，只有位置，没有大小和形状，存在于意识之中；实际存在的点，亦即设计中的点，是相对存在、只有空间位置的视觉单位，没有上、下、左、右的连接性与方向性，其大小不能超过作为视觉单位“点”的限度，即设计中的点是由感觉产生的，其大小具有相对性。另外，点的形状没有严格的限制，可以为圆形、三角形、菱形、星形、正方形、长方形、椭圆形、半圆形、半球形、几何线形、不规则形等。

二、点的视觉效果（如图5-1）

根据点的概念，点的视觉效果概括如下。

❶ 聚集性：聚集性是点的基本特性。任何一个点都可以成为视觉的中心，令人产生紧张感。因此，点在画面中具有张力作用，在心理上有一种扩张感（如图5-1中a～d）。

❷ 线性效果：同一平面上两个或两个以上的大小相等的点排列时，具有点之间成线的联想；且点之间的距离越近，被暗示的、视觉感知到的线越粗（如图5-1中e、f）。

❸ 相对性：造型中的点是把设计元素在设计观念和手法上排除掉固定大小和界限后的存在。点在同一空间中所处的位置不同，所产生的视觉效果也是不同的，产生错视（如图5-1中g～m）：同样大小的点由于所处的位置不同，会产生视觉上的大小差异，图5-1中就会感受到g点比h点小，而i点比j点大，k点比l

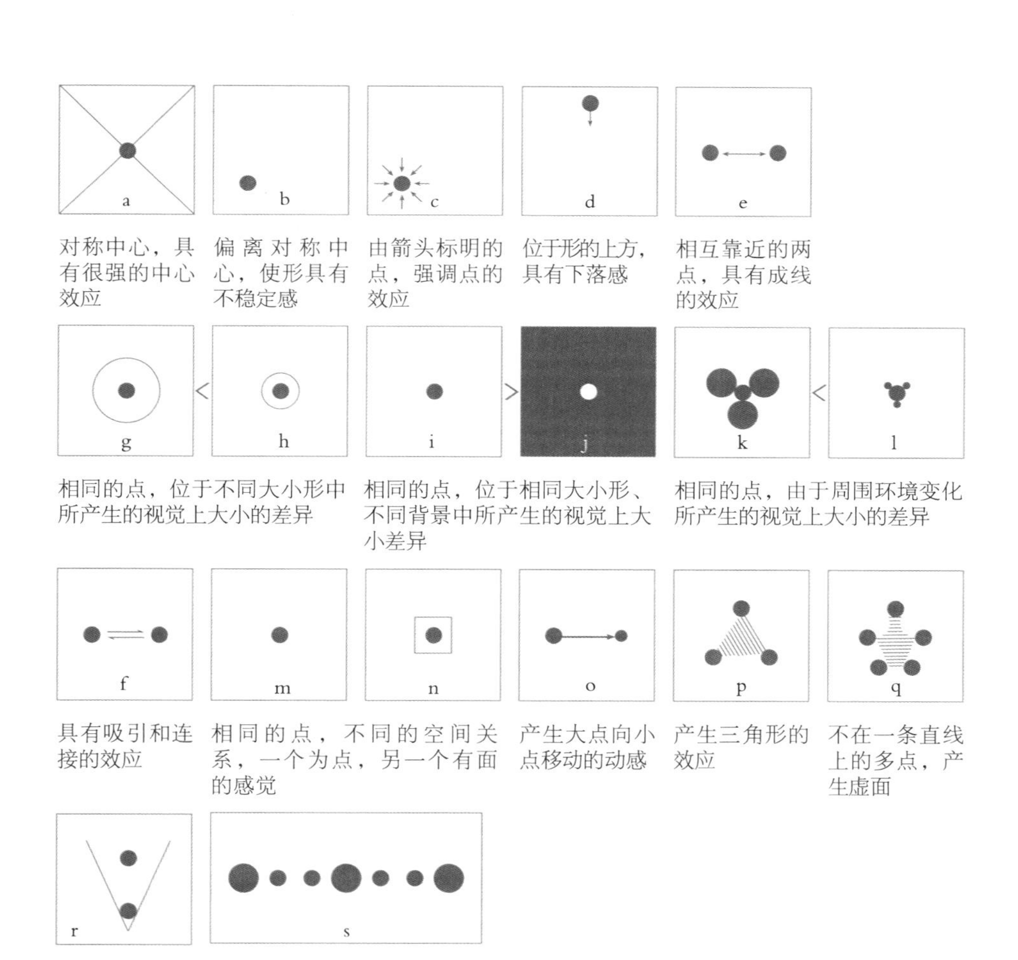

图5-1　点表现出的各种造型语义[4, 5]

点小，r中上面的点比下面的小；点是相对存在的，由其所处的空间环境所决定——设计元素大了即成面，小了即为点，图5-1中g具有点的特征，h中相同的点由于局限在一个更小的圆形内就有面的感觉，n与o两图之间的关系也是如此。

❹ 如果平面上两个点大小不等，会诱导人们的视线由大点向小点移动，从而产生强烈的运动感（如图5-1中o）。

❺ 多点排列：若相同大小的点不在一条直线上时，往往可以产生面的视觉效果；不同大小的点排列在一条直线上，数量为奇数时，能形成视觉停歇点，在心理上产生稳定感，但点不宜太多，否则不易捕捉到视觉停歇点（如图5-1中s）。

三、点在家具设计中的应用

在家具设计中，点的应用分为功能性应用与装饰性应用，功能性与装饰性在家具设计中有时是相互统一的。功能性应用常见于门与抽屉的拉手上。拉手在家具中既是必不可少的功能构件，又是能在整体上起着画龙点睛作用的设计要素，是古今中外家具中不可缺少的一个组成部分。另外在家具装饰中，现代家具多通过精心设计来达到点缀装饰效果；而传统家具则通过小面积的雕刻及镶嵌装饰以取得较好的点缀装饰效果。纵观整个家具的历史，中国明式家具是应用点最成功的典范，除偶尔在局部施用很小的精致浮雕或镂雕图案装饰外，最具特色的是其铜质拉手和合页所起到的点缀装饰（如图5-2）。而在现代风格家具、后现代风格的家具设计中，点不仅局限于功能性、装饰性的附加的、二维的设计元素，更是三维的、主体的（如图5-3）。点在家具中的应用应考虑以下三个方面的因素。

❶ 点的大小配列应有节奏感，即大点与小点之间应间隔配置，一般按同等大小或大—小—大—小的关系配置；

❷ 点的距离应排列得当，应处理好点的疏密和聚散关系；

❸ 在点的配列关系上，既要有集中的点，又要有分散的单点、双点或多点。

图5-2 点在中国传统家具中以功能性为主的应用

图5-3 现代家具中以点为主体设计元素的产品

第三节 线

线也是构成可视形象的基本要素之一，是一切形体的基本构成单位，也是造型中的重要构成要素。

一、线的概念与分类

在几何学的定义中，线是点移动的轨迹，具有长度、方向和位置，而没有宽度和厚度，也是一个抽象的空间概念。而作为造型要素的线，在造型实践中，在平面上它具有宽度，在空间上也具有粗细，也是相对存在的，存在于造型观念和手法中。在造型中，通常把长与宽之比悬殊者称为线，即线在人们的视觉中，有一定的基本比例，超越了这个范围就不视其为线而应为面了。另外，一连串的虚点亦可构成消极的虚线。若从形态上对线进行分类，如表5-2。

表5-2　线型分类示意表

线	分类	类型	细分
线	直线	水平线	
		垂直线	
		倾斜线	
	曲线	几何曲线	螺旋线
			圆锥曲线（圆、椭圆、抛物线、双曲线）
			渐开线
			摆线
			弧线
		自由曲线	有规律曲线
			无规律曲线
			手绘曲线

二、线的视觉效果

在造型设计中，线比点具有较强的感情特征，主要表现在其长度、流畅性、方向三个方面。下面进行具体的阐述。

1. 直线

直线具有简单、严谨、坚硬、明快、正直、刚毅的造型意蕴特性。分类如下：

❶ 水平线：具有安详、静止、稳定、永久、松弛等视觉效果。

❷ 垂直线：具有严肃、庄重、硬直、高尚、雄伟、单纯等视觉效果。

❸ 倾斜线：具有不稳定、运动、飞跃、向上、前冲、倾倒等视觉效果。

2. 曲线

曲线具有温和、柔软、圆润、流动、优雅、轻松、愉快、弹力、运动等造型意蕴特性，多用于表现某种幽雅、丰满、运动的美感。分类如下：

❶ 几何曲线：指具有某种特定规律的曲线。给人以柔软、圆润、活泼、丰满、明快、高尚、理智、流畅、对称、含蓄的视觉效果。

❷ 自由曲线：不依照一定的规律自由绘制曲线。具有自然伸展、圆润、弹性、柔软流畅，奔放丰富的视觉效果。

3. 线的错觉

❶ 长度相等的横线和竖线，在感觉上竖线比横线长一些。这种横短竖长的感觉还与其相对位置有关。如图5-4，由a到c竖线长度感逐渐增强。

❷ 附加物对线段长度感觉的影响。如图5-5，在a中，x=y，由于附加物占据空间产生视错觉，但感觉x＞y；在b中，A=B=C，但感觉A＞B＞C。

❸ 一条斜向直线，被两条平行线断开为两部分，会产生这两部分不在一条直线上的错觉。如图5-6，在a中，两条平行线与直线的交角越小，错视感越强烈；在b中，平行线之间的距离越大，错视感越强烈。

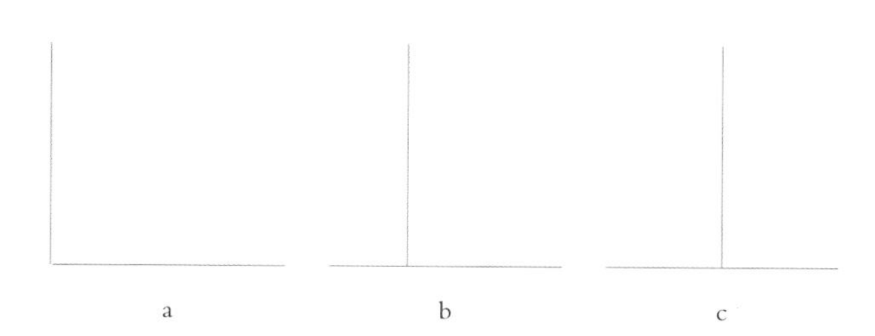

图5-4　横竖线因位置不同在视觉上表现出的长度错觉

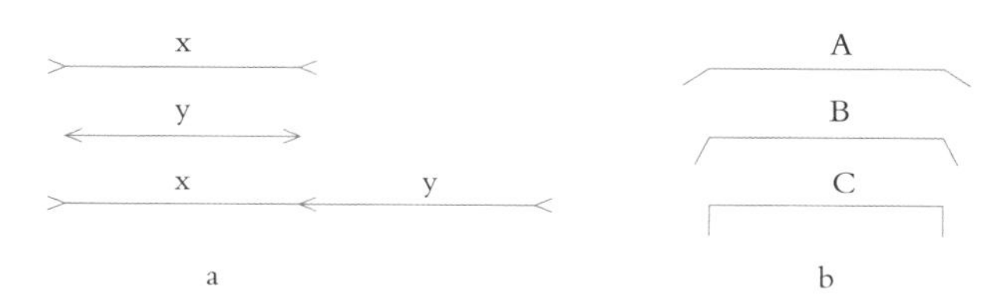

图5-5　线段因附加物的不同在视觉上表现出的长度错觉

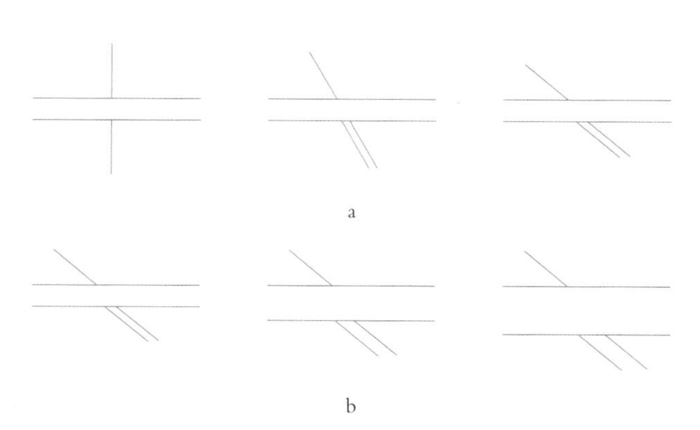

图5-6　一条斜线被两条平行线断开因位置关系不同产生的视错觉

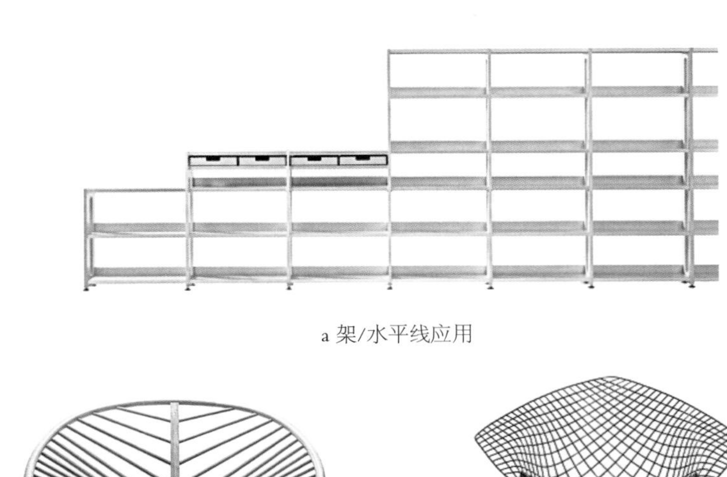

a 架/水平线应用

b 架/垂直线应用

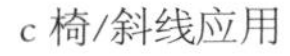

c 椅/斜线应用

d 椅/自由曲线应用

e 玫瑰椅/以线为主的明式家具

图5-7 线在家具设计中的应用

三、线在家具设计中的应用

线在家具设计中的应用十分广泛，不仅常见于支撑架类，也可见于平面或立面的板式构件部位上，既有实体形的线状功能性构件，也有装饰线或分割线。（如图5-7）

第四节 面（形）

面体现了充实、厚重、稳定的视觉效果，是造型活动的最重要的基本构成要素之一。

一、面（形）的概念与分类

在几何学中，面的概念是指线以某种规律运动后的轨迹，不同的线以不同的规律运动，如平移、回转、波动而形成如平面、回转面、曲面等既无厚度、又无界限的不同的面。而在造型学中，面不仅有厚度，而且还有大小；由轮廓线包围且比“点”感觉更大，比“线”感觉更宽的形象称为“面”。由此可见，点、线、面之间没有绝对的界线，点扩大即为面，线加宽也可成为面，线旋转、移动、摆动等均可成为面。造型设计中的面可分为平面和曲面两类，所有的面在造型中均表现为不同的“形”。形的分类见表5-3。

表5-3 面在造型中均表现的形的分类

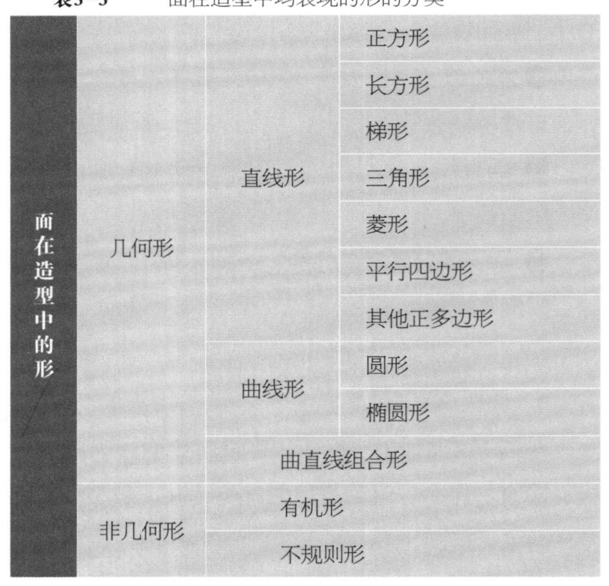

面在造型中的形			
	几何形	直线形	正方形
			长方形
			梯形
			三角形
			菱形
			平行四边形
			其他正多边形
		曲线形	圆形
			椭圆形
		曲直线组合形	
	非几何形	有机形	
		不规则形	

二、面（形）的视觉效果

形的特征是由构成形的主要轮廓线的特征所决定的，不同的线组合而成的具有各种特色的形赋予产品不同的外观特色。

1. **几何形**

几何形是由直线或曲线构成或两者组合构成的图形。直线所构成的几何形具有明朗、秩序、端正、简洁、醒目、信号感强等视觉特征，往往也具有呆板、单调之感；曲线所构成的几何形具有柔软、理性与秩序感等视觉特征。

❶ 正方形：具有稳健大方、明确、严肃、单纯、安定、庄重、静止、规矩、朴实、端正、整齐的视觉效果。

❷ 矩形：水平方向的矩形稳定、规矩、庄重；垂直方向的矩形挺拔、崇高、庄严。

❸ 三角形：正三角形具有扎实、稳定、坚定、锐利之感；倒三角形具有不稳定、运动之感。

❹ 梯形：正梯形具有生动、含蓄的稳定感；倒梯形具有上大下小的轻巧的运动感。

❺ 菱形：具有大方、明确、活跃、轻盈感。

❻ 正多边形：具有生动、明确、安定、规矩、稳定感。

❼ 圆形：具有圆润、饱满、肯定、统一感，但缺少变化、显得呆板。

❽ 椭圆：有长短轴的对比变化，更具有安详、明快、圆润、柔和、单纯、亲切感。

2. **非几何形**

非几何形可产生幽雅、柔和、亲切、温暖的视觉感受，能充分突出使用者的个性特征。

❶ 有机形：具活泼、奔放的视觉感受，但也会引起散漫、无序、繁杂的视觉效果。

❷ 不规则形：具朴实、自然感。

3. **形的错觉**

❶ 明度影响面积的大小感：同样大小的形，明度高，则显得大（如图5-8）。

❷ 附加线影响面积的大小感：同样大小的形，附加线越少则量显得越小（如图5-9）。

❸ 方向或位置影响面积的大小感，如图5-10中b显得比a大。

❹ 形状影响面积的大小感，如图5-11中三角形面积最大，圆面积最小。

三、面（形）在家具设计中的应用

面（形）在家具设计中的应用均以几何形或非几何形的形式出现，分四个方面：一是以板面或其他板状实体的形式出现；二是由条块零件排列构成；三是由形面包围构成；四是由线面混合构成。（如图5-12）

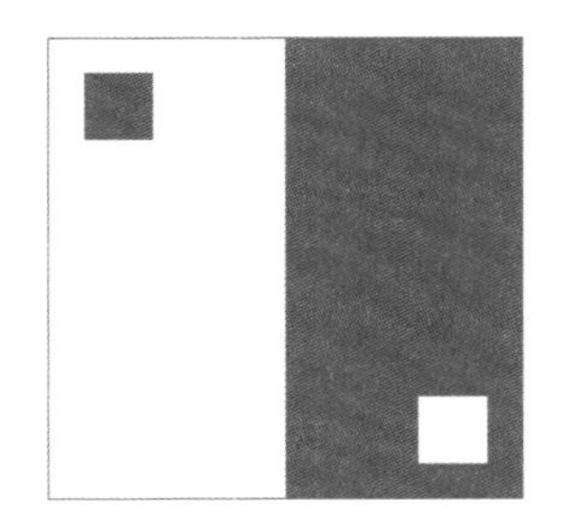

图5-8 明度对面积的影响

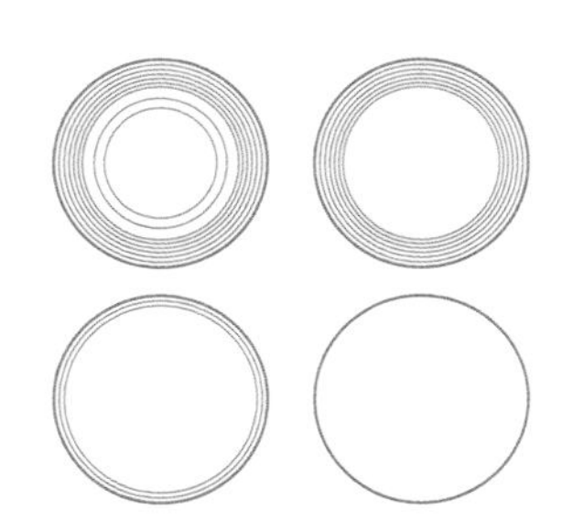

图5-9 附加线对面积的影响

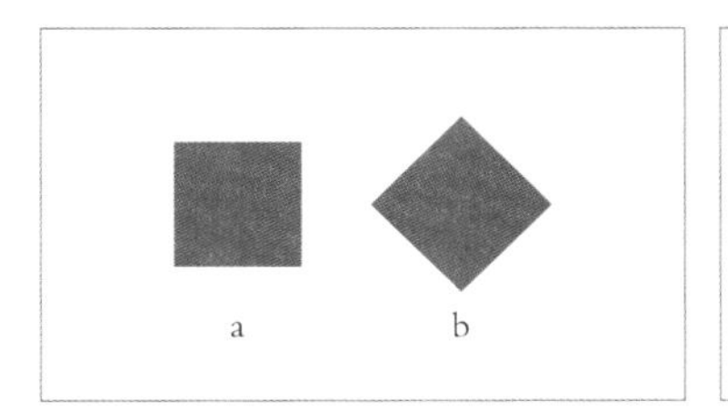

a和b的方向不同

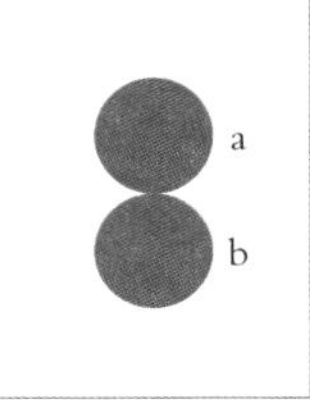

a和b的位置不同

图5-10 方向或位置对面积的影响

图5-11 方向或位置对面积的影响

a办公家具/水平面+垂直面　e休闲椅/线+曲面

b凳/曲面构成　c椅/线+面　d书刊架/斜面构成　f椅/曲面+平面

图5-12　现代家具设计中面（形）作为设计元素的应用

下一节中介绍的体是面在三维空间的延伸，起占据空间的作用，无论什么样的体，都可以分解为简单的基本几何形体，即基本几何形体是形态构成的基本单元。

第五节　体

体不同于点线面，它不仅是抽象的几何概念，也是现实生活中真实客观的存在，需要占据一定的三维空间。而无论多复杂的体，都可以被分解为简单的基本几何形体，如立方体、锥体等，即基本几何形体是形态设计构成的基本单元。

一、体的概念与分类

在几何学中，体是指通过面的移动、堆积、旋转而构成的三维空间内的抽象概念。而造型设计中的体，有实体与虚体之分，实体可以理解为面具有了一个厚度、空间被某种材质填充、有一定体量的实形体；而虚体则是相对实体而言，它是指通过点、线、面的合围而形成一定独立空间的虚形体。体可分为几何体和非几何体两大类：几何体有正方体、锥体、柱体、球体等；非几何体是指一切自由构成的不规则形体。其中长方体按其三维尺度的比例关系不同又可分为块状体、线状体和板状体。这三种形式的长方体通过自身的叠加或递减可以相互转换[6]（如图5-13）。家具设计中涉及的几何体多为长方体。

二、体的视觉效果

体的视觉效果除了与其轮廓线的形态特征有关外，还与其体量有关联。

❶ 细高的体量：具有纤柔、轻盈、崇高、向上的视觉感受。

❷ 水平的体量：具有平衡、舒展的视觉感受。

❸ 矮小的体量：具有沉稳，给人小巧、轻盈的视觉感受。

❹ 厚实的体量：具有敦厚、结实的视觉感受。

❺ 高大的体量：具有雄伟、庄重的视觉感受，也使人产生压抑感。

❻ 虚体：具有开放、方便、轻巧的视觉感受。

三、体在家具设计中的应用

在现代家具设计中，几乎所有的几何形体均得到广泛应用，特别是长方体。体在家具设计中常常以组合造型的方式出现，其组合方式主要有六种，见表5-4[3: 42]。

表5-4　家具设计中形体的主要组合方式

关系	示例	简述	关系	示例	简述
并列		仅形体相互间表面接触组合，没有互为依存的进一步关系	**嵌入**		一个形体的一部分嵌入另一个的形体内部，具有交叉组合的性质
堆叠		一个形体垂直方向置于另一个形体之上，具有承受的性质	**覆盖**		一个形体围束在另一个形体的外层，具有约束的性质
附加		一个从属形体悬挂于另一个形体之上，具有主从依附的性质	**贯穿**		一个形体从另一个形体内部穿过，具有穿透的性质

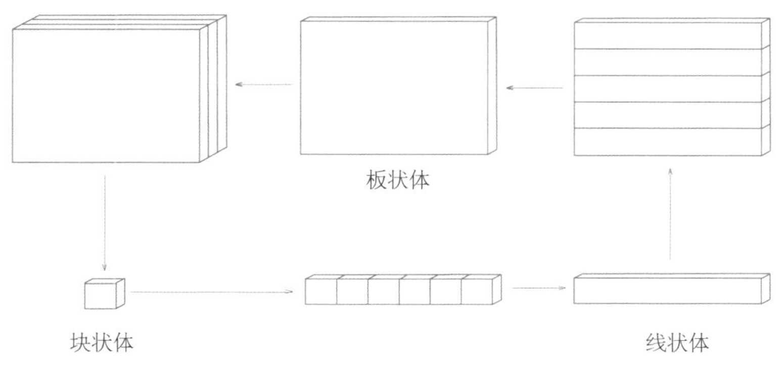

图5-13　长方体中块状体、线状体、板状体的转换

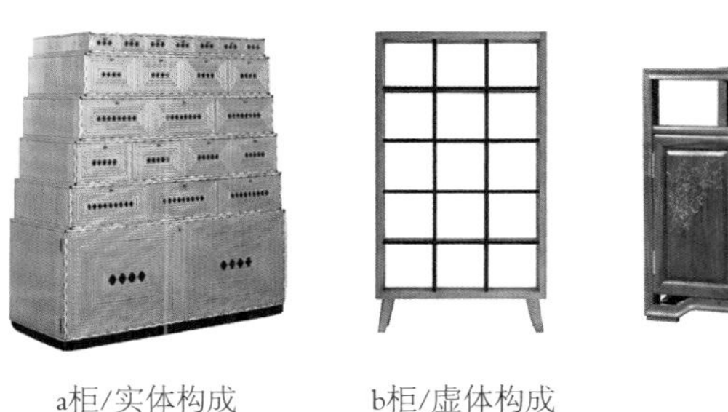

a柜/实体构成　b柜/虚体构成

c餐边柜/实体+虚体

d衣架/线+体

e柜/实体+虚体

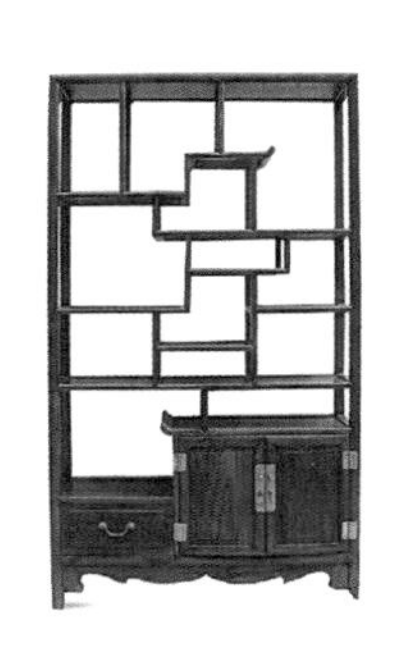

f博古架/线+面+体

图5-14　体在家具设计中的应用

除了表5-4中所述的形体的组合构成之外，还有切割构成，扭变构成等形式。图5-14为体在家具设计中的应用实例。

第六节　质感与肌理

前面的章节主要介绍了家具形态设计中形的相关内容，而在五彩缤纷的现实世界中，每种形都需要材料来加以实现，而各种材料都有其独特的物理、视觉特征，并成为形态设计中必须充分考虑和应用的重要元素之一。

一、肌理与质感的概念与分类

肌理是指物质材料因物理属性而表现出的表面组织构造；而材料的质地特征作用于人眼所产生的感觉即为质感。肌理是材料的客观物质属性，而质感是人的主观心理感受。由于材料的物理属性不同，表面的组织、排列、构造各不相同，因而产生不同的粗糙感、光滑感、软硬感等。一般而言，人们对肌理的感受是以触觉为基础的，但由于人们触觉对物体的长期体验，产生感知记忆，以至于不必触

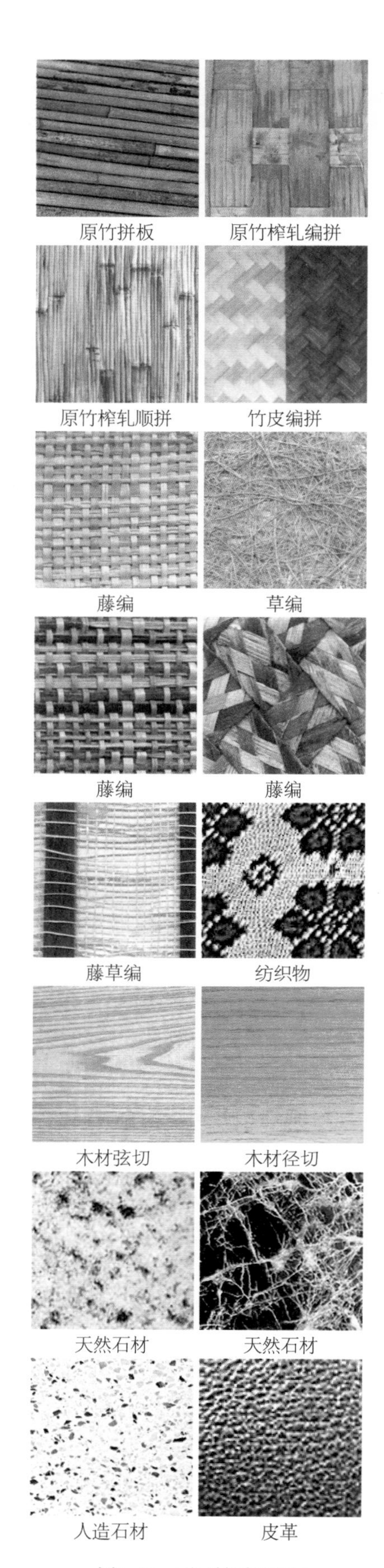

图5-15 不同材质的肌理

a椅/织物与金属材质

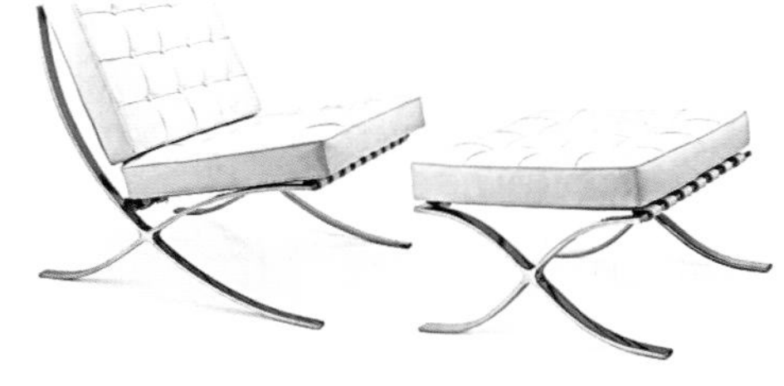

b巴塞罗那椅/皮革与金属

图5-16 质感与肌理在家具设计中的应用

摸，便会在视觉上感到质地的不同，可称它为视觉质感。因此，肌理有视觉肌理和触觉肌理之分。

❶ 触觉肌理：包括物体的粗与细、凸与凹、软与硬、冷与热等。

❷ 视觉肌理：包括物体的细腻与粗糙、有光与无光、有纹理与无纹理等。

二、质感与肌理的视觉效果

在设计实践中，对材料的选择应用不仅考虑其强度、耐磨性等物理指标，而且还要充分考虑材料与人之间情感关系的远近。不同的肌理具有不同的质感，能给人不同的心理感受，如玻璃、钢材等工业材料可以赋予产品理性器质，而木材、竹藤、石材、皮革、织物等天然材料可以赋予产品自然、古朴、人情味等感性器质。材料质感和肌理的感知属性将直接影响到材料用于所制产品最终的视觉效果。图5-15为不同材质的肌理示例。所以，设计师应当熟悉不同材料的性能特征，对材质、肌理与形态、结构等方面的关系进行深入地分析和研究，以便科学合理地选用，使之符合所设计产品的需要。

三、质感与肌理在家具设计中的应用

家具产品应是所有工业产品中使用材料范围最广泛的，涉及现实世界中各种有机和无机材料。一般认为家具用材以木质材料为主，而天然的和人造的木质材料种类数不胜数，再通过表面的涂饰加工处理，可以获得更多不同的质感。同时，金属、皮革、玻璃、织物、藤草、石材等既可单独作为家具用材，也可以进行相互间搭配组合使用，得到不同的产品质感，更加丰富了家具产品的设计内容与内涵。图5-16为不同材质的家具。

第七节 色彩

一般而言，物体给人的第一印象首先是色彩，其次才是形态，最后才是质感。色彩是造型的基本要素之一。在造型设计中常通过运用色彩以取得赏心悦目的效果，甚至出现色彩设计战略的说法，家具设计也不例

外。在此仅对色彩的基本特性做简单介绍，不进行深入研究。

一、色彩的概念与分类

对于人，色彩是物理、生理、心理的综合体现，是物质与精神的混合体。大千世界万紫千红，人往往是通过色彩来辨认自然界的万事万物。色彩除识别功能外，合理的色彩安排又可以引起人们的审美愉悦，获得美的享受。色彩如何形成，人们如何感知色彩，色彩又如何引起人们的情感反映，色彩如何设计等，都是色彩科学的相关研究问题。而产品的色彩设计，包含家具色彩设计，不仅是一个美学问题，也是一个综合性的科学问题，它还涉及光学、化学、生理学、心理学、材料学、社会学等相关学科，它渗透于人类生活的各个领域，对于此，需要设计师投入更多的关注与实践。

现实生活中，人们通过视觉接触到的色彩可分为色光和色料两大类。

❶ 色光。色的本质是光，人们日常见到的色是物体对于各种色光反射或吸收的选择能力的表现，而并非物体本身具有的颜色。艾萨克·牛顿（Isaac Newton，1642~1727年）在1666年研究了光与色的关系，他在暗室中将一束太阳光通过三棱镜投射到屏幕上，结果看到了红、橙、黄、绿、青、蓝、紫的光谱。他又将各种颜色的光线通过三棱镜聚合在一起，结果又复原成接近太阳光的白光，从而奠定了现代色彩学的理论基础，说明了色彩的物理现象是受光制约的，其光波与各种物体接触，被折射、吸收、反射，从而反映出各种物体的色彩，即我们见到的物体的色彩是当光照到物体表面时除该物所呈现的色被反射外，其他色大部分被吸收的一种现象。

❷ 色料。色料是以自然界各种有机物或无机物为原料研磨而成的染色剂，可大致分为天然色料和人造色料两大类。天然色料的原料主要取自自然界，绝大部分是自然界本身存在的色彩，色料种类相对较少，如有的红色取自胭脂虫等。在人工染色剂发展之前，天然色料稀有并珍贵，一度是财富与地位的象征，随着社会文明的发展，被人赋予宗教、艺术、政治等意义。人工色料是指通过人工加工所得到的色彩，广泛用于现代社会中的颜料、染料、油漆、水彩、水粉、油画等染色剂。色料的三原色为红、黄、蓝。

在家具色彩设计中，设计师还有必要了解光源色、物体色和固有色的概念。所有物体呈现出的色彩总是在某种光源的照射下产生的，同时随着光源色以及环境色的变化而有区别，如白色家具在正午的自然光照射下呈白色，在红色灯光照射下会呈红色，而在蓝色灯光照射下呈蓝色，这种现象又被称为光的演色性。所以，在设计实践中，我们期待家具呈现何种色彩效果，以达到理想的设计意图，需要充分考虑光源色、环境色的作用，同时理解物体色、固有色的概念，以及它们之间相互作用的结果。

❶ 光源色。能自己发光的物体称之为光源。光源可分为自然光和人造光。光源呈现出的色彩就称为光源色。

❷ 固有色。固有色通常是指物体在正常的白色日光照射下所呈现的色彩，具有普遍性、稳定性，形成人的知觉中对某一物体的色彩形象的概念化固定认识。日常情况下，固有色只能是一个概念，因为物体既受到光源色变化的影响，同时受到环境色的影响。

❸ 物体色。物体色是物体在光源色、环境色、固有色的作用下最终呈现的色彩。固有色是处于变化中的，如绿色菠菜在红色灯光照射下呈黑灰色。

民用家具多处于室内灯光照射环境下，光源色多为有色光，设计师在对家具的色彩进行设计时，应在充分考虑家具固有色给消费者传达出的设计理念、形态语义的同时，要预想在多种环境中家具产品最终表现出的环境物体色。

二、色彩的基本特性

作为职业设计师，色彩设计是必要的基础技能。对于色彩的基础知识，从便于研究的角度出发，按色彩的基本特性，总结出了三个要素。

1. 色相

色相又称色别、色性，是指各种颜色的相貌和彼此间的区别，或者说色相就是色彩的名称。由于颜色千变万化，种类繁多，因此有必要在众多的颜色中挑选出有限的几种基本色彩进行组织排序，便于应用。常见的，代表色彩的六个色相一般为光谱中的红、橙、黄、绿、蓝、紫六种分光色。光谱的色有一个起点，一个终点，不形成闭合环，而在两端的红、紫间插入紫红，就能形成闭合环。如此形成的色环如同音乐中的音阶一样，具有完全合理的顺序，尽可能平均地分割色相距离，构成7色环、8色环、10色环、11色环、12色环、24色环等色彩顺序，并加命名。

2. 明度

明度又称色度，是色彩的深浅程度或明暗程度。它有两方面的意义，一是指不同色彩相比较的明暗程度，二是指各种色彩其本身的明暗程度。如红、橙、黄、绿、蓝、紫中，黄色明度最高，红、绿次之、蓝、紫色更低。而各种彩色本身则受光的部分颜色浅，明度高；光的照度弱，则色彩深，明度低。就绘画颜料而言，在同一种颜料中，加入白色则变浅，明度变高；加入黑色则变深，明度变低。

3. 纯度

纯度也叫色度，彩度或饱和度，纯度是指色彩的鲜艳程度，即某一色彩中所含彩色成分的多少。鲜艳的色彩纯度高，发暗的色彩纯度低；不加黑、白、灰的纯度高，反之纯度低；距离光谱色越近的色，纯度越高，反之纯度低。

三、原色、间色、补色和复色

1. 原色

原色亦称第一次色，即能混合调和出其他一切色的原料，色料中以红、黄、蓝为原色。

2. 间色

间色也称为第二次色，即由两原色混合而成，间色是橙、绿、紫三种色彩。

红＋黄=橙色

黄＋蓝=绿色

红＋蓝=紫色

3. 复色

复色也称第三次色，两间色相加即成复色，或是原色与灰色混合，也是复色。

橙＋绿=橙绿

橙＋紫=橙紫

紫＋绿=紫绿

补色也称互补色、余色，三原色中的原色与其他两原色混合成的间色即互为补色，如红色与黄、蓝混合成的间色——“绿色”即互为补色，也就是说红是绿的补色，绿也是红的补色，黄与紫、蓝与橙也互为补色关系。一般来说，补色必然是对比色，但对比色不一定是补色，如黑白是明度上的对比关系，但不是补色。

四、色彩的心理效应

人处于色彩的包围之中，人对色彩的情绪性感受，即色彩的心理效应，反映在两个方面：一是由心理效应而联想或需要用到的色彩；二是由现有色彩而产生的心理效应。

1. 心理效应产生的色彩联想

❶ 兴奋与沉静：红、橙、黄都给人以兴奋感，称之为兴奋色；蓝绿的纯色给人以沉静感，称之为沉静色。纯度高的色彩给人以紧张感，有兴奋作用；纯度低的色彩及灰色给人以舒适感，有沉静作用。

❷ 活泼与忧郁：明度高的色彩使人感到活泼轻快，明度低的混浊色使人感到忧郁。白色与其色相配时使人感到活泼，深灰或暗黑色使人感到忧郁。

❸ 华丽与朴素：一般纯度高的色彩使人感到华丽，纯度低的色使人感到朴素；明度高的色华丽，明度低的色朴素；白色和金属色华丽，黑色则朴素。

色彩的功能性感受主要表现为冷暖感、轻重感、软硬感、大小感、远近感等方面。

❶ 温度感觉：红、橙、黄有温暖感，叫暖色；蓝、绿有寒冷感，称冷色。

❷ 重量感觉：明度高的色彩使人感到轻，明度低的色彩使人感到重；明度相同时，纯度高的色彩比纯度低的色彩感到轻。

❸ 柔软与坚硬：中等明度和中间纯度的色柔和，如淡绿、淡蓝、浅黄、粉红、灰色有柔软感，纯度高和明度低的色感到坚硬，黑色、白色均为坚硬色。

❹ 体量感觉：暖色和明度的色彩有扩张感，称为膨胀色；冷色和明度低的色彩有缩小感，称收缩色。

❺ 距离感觉：暖色和明度高的色彩能显示出比实际位置更接近的感觉，称前进色，冷色和明度低的色彩能显示出更远的距离，称为后退色。

2. 色彩的心理效应

色彩给人以丰富的联想，并通过联想产生不同的感受，现逐一介绍如下。

❶ 黄色：色情、稳定、庄严、吉祥、蛋糕、柠檬。

❷ 绿色：森林、田野、草原、绿叶、青春、生机、和平、安定。

❸ 蓝色：天空、海洋、湖泊、凉爽、寂静、诚实。

❹ 红色：太阳、火、红旗、鲜血、活泼、热情、紧张、欢欣、兴奋、危险。

❺ 橙色：火光、橘子、橙汁、秋叶、高兴、活泼、精神、热闹。

❻ 紫色：花朵、高贵、雍容、尊严、神秘、优雅、高贵。

❼ 白色：雪地、浪花、液汁、白纸、纯洁、清楚、神圣。

❽ 灰色：暧昧、沉静、抑郁、哀忧、暗淡。

❾ 黑色：黑夜、深渊、污泥、不洁、罪恶、死亡、阴沉、严厉。

本章思考要点

1．理解形态要素的概念、类型与结构。

2．点在家具设计中的应用草图6例。

3．线在家具设计中的应用草图练习，其中：水平线2例、垂直线2例、斜线2例、几何曲线4例、自由曲线3例、直线+几何曲线2例、直线+自由曲线2例。

4．面在家具设计中的应用草图练习，其中：水平面2例、竖直面2例、斜面+水平面2例、几何形4例、有机形2例、不规则形2例、线+水平面或垂直面4例、线+几何形或非几何形6例。

5．理解体的类型及相互间的转换关系与组合方式。

6．体在家具设计中的应用草图练习，其中：实体构成4例、虚体构成4例、实体+虚体6例、面+体4例、线+体5例。

7．质感与肌理在家具设计中的应用草图6例。

8．理解色彩的基本特征。

参考文献

[1] 刘国余，沈杰．产品基础形态设计[M]．中国轻工业出版社，2001，5：1～2

[2] 唐开军．家具装饰图案与风格[M]．中国建筑工业出版社，2004，4：27～29

[3] 薛澄岐，裴文开等．工业设计基础[M]．东南大学出版社，2004，10：32～33

[4] marina Bucataru．Stiluri Siornamente-Lamobilier[M]．Universitatea Din Brasov．1988

[5] 杨正．工业产品造型设计[M]．武汉大学出版社，2003，9：294～298

[6] 唐开军．家具设计技术[M]．湖北科学技术出版社，2000，1：22～23

第六章

家具产品的形式美法则

一件家具产品的物质功能、设计理念、内涵及价值都是通过一定的形式（Form）来达到并加以表现的。家具实体存在的形式可分为三种：功能形式（Functional form）；结构形式（Structural form）；美学形式（Aesthetic form）。结构形式与美学形式的存在是为使产品实现功能；其中结构形式是承载前后两者的重点设计内容，它应遵循特定的科学技术原理，与良好的材料、工艺性能一致，在达到功能要求的基础上，力求简洁，便于生产，降低消耗，同时应遵循一定的形式审美法则，使产品达到美的形式。在此，形式美与美的形式既有区别，又相互关联。其区别在于：形式美是许多美的形式的综合反映，是各种美的形式所具有的共同特征，既是一种规律，也是指导人们创造美的形式的法则。而美的形式是具有具体内容的，是某个产品实际存在的、各种形式美因素的具体组合。形式美体现的内容是间接的、朦胧的；而美的形式体现的内容是直接的、肯定的、实际存在的。它们之间的联系在于：形式美是对大量事物进行美的形式总结后而得到的，如果没有大量的、客观存在的美的形式，就不可能总结出形式美的规律。由此可见，形式美法则是人们在长期生活实践中，特别是在造型设计实践中通过对大自然美的规律进行概括和提炼，形成一定的审美标准后，又反过来用于指导人们的造型实践活动[1]。

对于家具设计师，工作内容是针对家具产品形式美的设计。产品的形式美不应是消费者简单的审美愉悦，而是要通过自己的工作使工业产品更加符合使用者的生理与心理需求，达到特定的美的形式。而对于使用者，在消费过程中，形式先于内容（功能与结构）作用于视觉并直接引起心理感受，若缺乏基本的形式设计要求，既影响产品功能的表达，也不能使人产生美感。

研究产品造型设计形式美的法则，是为了提高设计师对美的创造能力和对形式变化的敏感度，以便创造出更多美观的产品。由于产品的形式受到功能、材料、结构、设备等具体因素的制约，因而在应用形式美法则时，应遵循不违背材料的特性和结构要求，不影响使用功能的发挥，不违背工艺和设备可行性的原则。下面就从五个方面来进行阐述与分析。

第一节　统一与变化

统一与变化是各种艺术与设计创作的最普遍规律。对于家具设计，任何产品的形式美都必须有赖于设计师的巧妙构思，把繁杂的多样（即变化）转化为最高度的统一。

统一与变化是客观的、辩证的存在。现代科学的探索与发展，更深刻地表明整个繁杂的世界都是一个物质的、和谐的有机整体。统一是结果、是目标，也是静态的、相对的、稳定的，变化是过程、是方法，是动态的、绝对的。在人类生活的空间与时间内，一切事物都在遵循一定的变化规律，不断达到不同层次的统一。宏观世界，宇宙间各种物质都是按照万有引力的规律，互相吸引并沿一定的轨道、以一定的速度有规律地运行着，消亡与诞生不断重复，新的稳定不断产生。微观世界，构成物质基本单位原子的内部结构也是条理分明、井然有序的。日常的自然界中，变化被相对静态化了，因而我们看到的物象总是枝节的、片面的、局部的，生存的本能促使我们去统一、整体的探索问题，以期在意识里对物象有一个静态、稳定的掌握，甚至可以随着人的要求而变化。而自然界中物象统一、和谐的本质属性，反映在人的大脑中，就会形成美的感知，这种感官愉悦无疑会支配着人的一切创造活动，其中也包括家具设计。任何一个好的设计，它的各部分之间应该是既有区别又有其内在联系，都力求把变化和统一完美地结合起来，即统一中有变化，变化中有统一，所以在我们日常生活中一切物象欲成其美，在于其是否具有统一性，或者是经过了人的主观控制进行变化后的统一，因而一种美的造型必须具有统一性，这是美的根本原理的作用。如中国的“太极”式图案，在新石器时代的彩陶纺轮上就已出现，太极阴阳、八卦内在的形式也十分明确地体现了“统一与变化”原理[2]（如图6-1）。

在造型设计中，“统一和变化”是一对矛盾体。统一的要求在于设计方案的简洁、整体把握、易于辨识，而变化的要求是设计细节的丰富、多样。良好的处理“统一和变化”，需要设计过程中理性思维和感性思维的复合运用，以及对“度”的熟练把握，它是很重要的形式美构图法则，是产品设计中处理局部与整体之间的统一、协调、生动、活泼等方面形式特征的重要手段。一般在设计中，应坚持以统一为主，变化为辅，在统一中求变化，变化中有统一的设计原则，以便在最终设计方案中，既能保持整体形态的一致性，又可有适度的变化。否则只有统一而没有变化，易于形成死板、单调感，而且统一的美感也不能持久。变化是刺激的源泉，但必须用某种规律加以限制，否则强调多变，则无主题，视觉效果杂乱无章，陷于认知抵制，所以变化必须在统一中产生[3]。统一与变化在家具形式构图中的应用很广泛，现分述如下。

一、统一

统一是指性质相像或类似的东西并置在一起，造成一种一致的或具有一致趋势的感觉，是有秩序的表现。就家具设计而言，由于功能的要求及材料结构的不同导致了部件形体的多样性，如果不加入有规律的统一化处理，结果常常造成家具没有整体的形态。因此，家具设计的一个重要手段，是有意识地将多种多样的不同范畴的功能、结构和构成的诸要素有机地形成一个完整的整体，这就是通常所称的家具造型设计的统一性。在家具造型设计中，统一主要表现在以下几个方面。

1. 协调

❶ 风格特征的协调：通过某种特定的零部件或造

图6-1 太极图案中表现出变化与统一的理念

图6-2 整体家具风格特征的协调性

图6-3 家具整体设计中线的协调性

图6-4 家具整体设计中形的协调性

图6-5 家具设计中装饰线、木纹线与形 的协调性

型装饰元素，使各家具间产生某种联系。（如图6-2）

❷ 线的协调：家具整体造型中以直线或以曲线为主。（如图6-3）

❸ 形的协调：构成家具的各零部件外形相似或相同。（如图6-4）

❹ 装饰线和木纹线与形的协调：部件装饰线和木纹线与形的长度方向应一致。（如图6-5）

❺ 色彩的协调色：色相与明度应相近、和谐相配。

2. 主从

❶ 位置的主从：任何一件家具均可分为主要部位和从属部位，即使是组合家具中也可分出主体和从属体。其划分一般以使用功能的主从为原则。如椅子的座面与靠背、写字台的立面和橱柜的立面等都是处于主要部位。在设计时应从主要部位入手，力求主从分明，以便达到视觉和知觉上的集中、紧凑，从而取得整体统一的效果[5]。（如图6-6）

❷ 体量的主从：如果将两个同样大小的长方体放在一起，其中一个立放、另一个倒放，那么较高的立放的长方体即具有支配另一个的视觉感知作用。在设计时，如果用低部位来陪衬高部位要比用高部来陪衬低部位容易收效，同时也有助于加强高体量以便取得主从的统一感。（如图6-7）

3. 呼应

家具中的呼应关系主要体现在构件和细部装饰上的呼应。在必要和可能的条件下，可运用相同或相似的构件配置各个不同的局部或形体。使之出现重复，以取得它们之间的呼应。在细部的装饰上，也可采用相似的线型，细部装饰等处理手法，以求得整体的联系与呼应。（如图6-8）

二、变化

变化是指把性质存在差异的东西并置在一起，造成比较后产生对重点与规律的把握。在进行家具的形式构图时，除了统一性之外，还必须要有多样性，即变化。变化是家具形式构图中贯穿一切的重要法则。其在家具形式构图中的具体应用主要体现在对比与韵律两个方面。

1. 对比

❶ 线与线、线与形、形与形的对比：在家具形式构图

图6-6　家具设计中根据位置主从关系对正面重点处理

图6-7　家具设计中根据体量主从关系的安置方式

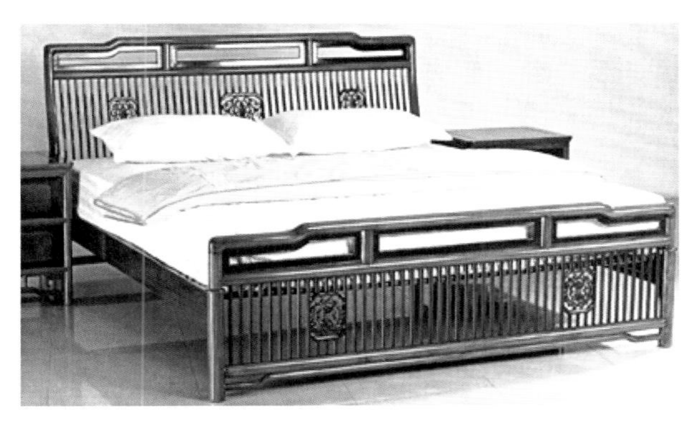

图6-8　家具设计中床头、床尾的呼应关系处理

座椅/直线与曲线的对比/菲利普·斯塔克设计

座椅/形与形的对比

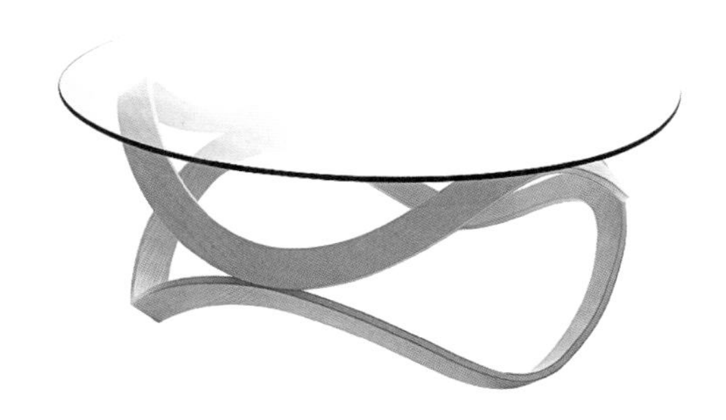

桌/线与形的对比

图6-9　家具设计中根据线、形对比关系对细节的设计处理

设计中，所用的点、线、面、体常具有不同的形态语义。由于工艺、材料等造型因素的作用，直线、平面和长方体是传统家具造型中最常用的基本形态元素；而现代家具，特别是后现代风格家具中，弧线、曲线、圆等在形态中也常常可见，进而对比的应用更加多样。所以线与线的对比主要表现为：曲与直、粗与细、长与短、虚与实的对比等；线与形的对比则表现为曲线与直线的对比或圆形与方形的组合以取得形体上的形态对比；形与形的对比则表现为大与小、方与圆、宽与窄等形状的对比。（如图6-9、图6-10）

a. 厅柜/体量的对比　b. 书柜/虚实的对比　c. 藤沙发/材质的对比　d. 桌、凳/大小的对比　e. 咖啡桌/色彩的对比　f. 书架/方向的对比

图6-10 家具设计中根据体量对比/虚实对比/材质对比/色彩对比关系 对细节的设计处理

❷ 体量的对比：家具形态设计中，对具有明确分界线的各部件之间体积分量可形成大与小、轻与重、稳重与轻巧的对比，使外形变化更丰富，以便突出主要部分的量感，也可使小的部分显得更为细致、精巧，从而形成造型的主次关系，突出特点。

❸ 虚实的对比：家具形态设计中主要表现为凸与凹、实与空、疏与密、粗与细、空间的开敞与半开敞及封闭等关系的对比。虚是指家具产品透明或空透的部位所形成的通透、轻巧感；实是指产品的实体部位所形成的厚实、沉重和封闭感。在设计中，实的部位大多为重点表现的主体，虚的部位起衬托作用。通过虚实形成对比，能使产品的形体表现得更为丰富。

❹ 方向的对比：家具设计中方向的对比主要表现为水平与垂直、端正与倾斜、高与低等。其中水平与垂直方向的对比用得比较多。

❺ 材质的对比：家具设计中材质的对比主要表现为粗糙与细腻、坚硬与柔软、有纹理与无纹理、有光泽与无光泽、天然与人造等。材质的对比一般不会改变产品的形态，但可以加强产品的感染力，丰富人的心理感受。

❻ 大小的对比：家具设计中利用不同部位形面大小的差异形成对比。常采用较小的形体来衬托一个较大的形体，以便突出重点。

❼ 色彩对比：家具设计中不同的色彩（色相）、明度、纯度之间可以形成对比，由此产生出整体或局部的冷暖、明暗、进退、扩张与收缩等对比。

2. 韵律

韵律是一种周期性的律动作用于形体形成的有组织的变化或有规律的重复，且可以被人的知觉器官所感知。在家具设计中，韵律是获得节奏统一的重要设计方法之一，常见的韵律形式主要有连续的韵律、渐变的韵律、起伏的韵律、交错的韵律四种形式。

❶ 连续的韵律：指在造型中由一种或几种造型要素按某种规律连续重复的排列产生的韵律。这种韵律主要是通过其组成部分的重复或它们之间的距离重复而取得的。（如图6-11中a）

❷ 渐变的韵律：造型要素按照一定节奏作有规律的逐渐增加或减少时所产生的韵律。它呈现一种阶段性的、调和的秩序。渐变是多方面的，有大小的渐变、间隔的渐变、方向的渐变、位置的渐变、形象的渐变、色彩的渐变、明暗的渐变等。（如图6-11中b）

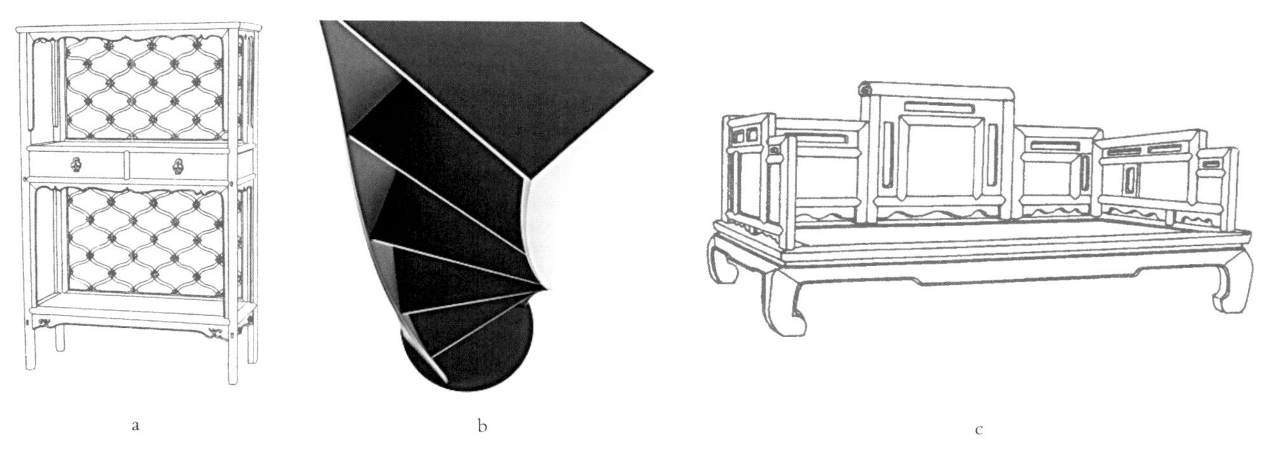

图6-11　家具设计中根据韵律关系对细节的设计处理

❸ 起伏的韵律：指造型中各组成部分作有规律的增加或减少而产生的韵律。它和渐变韵律的区别在于，渐变韵律只是增加或减少其中之一进行，而起伏的韵律则增减同时存在，因而呈波浪起伏状；另外，渐变的韵律无论在增加或减少方面都是缓渐进行的，而起伏的韵律的增减则可大可小，因而起伏明显（如图6-11中c）。

❹ 交错的韵律：指造型中按照一定的规律进行交错组合而产生的韵律。其特点是造型要素间的对比度大，给人以醒目的作用。

第二节　比例与尺度

对于家具设计造型而言，必须要有合适的比例和合理的尺度，这既是其功能的要求，也是形式美最基本、最重要的原则之一。

一、比例

造型设计中的比例是人们在长期的生活实践中所创造的一种审美度量关系，是一种以数比来表现现代生活和技术美学的基本理论。

（1）家具的比例

所有的造型艺术都存在比例的问题，家具造型也是如此。家具的比例是指家具整体或局部构件外形的长、宽、高之间的比例关系及家具与其所处的室内空间之间的比例关系。按比例法则进行的家具外观形式设计，能使家具具有良好的比例，给人以美的感受。

（2）家具比例的形成因素

❶ 功能因素。不同类型的家具有不同的比例关系，同类家具中由于使用对象的不同亦有不同的比例。这种尺度间的关系是千万年来人们在生活和劳动过程中逐渐形成的认知习惯，并转化为自然的美的比例。

❷ 科技水平的变化因素。由于科学技术的不断发展进步，使制作家具所用的材料、结构、设备与工艺条件不断得到改进，随之也会影响到家具的形体比例的变化。

❸ 时代因素。比例是具有时代性的，随着时代的不断发展，人类的审美观也在发生变化，也会产生新的比例关系认知。

❹ 民族习性方面的因素。不同地区不同民族的生活环境和习惯也造成了家具的不同比例。如日本人使用的榻榻米、中国北方的炕桌则保留了古代席地而坐的习惯，在形式上比较低矮，具有十分特殊的比例。

❺ 政教思想方面的因素。在人类社会发展的历史上。由于某时期社会思想和宗教意识的影响，当时的家具工艺师为了把这些思想意识融于家具形体中，有意地采用了艺术夸张的手法，扩大或缩小家具某些零部件的相对比例和尺寸。如哥特式高靠背椅、皇帝的御座等都是存在特殊比例的，以便渲染某种宗教气氛或至高无上的权威。

❻ 人为因素。由于某一特定时期的君王或其他重要人物喜好或处于某种目的的需要，采用了一些特定

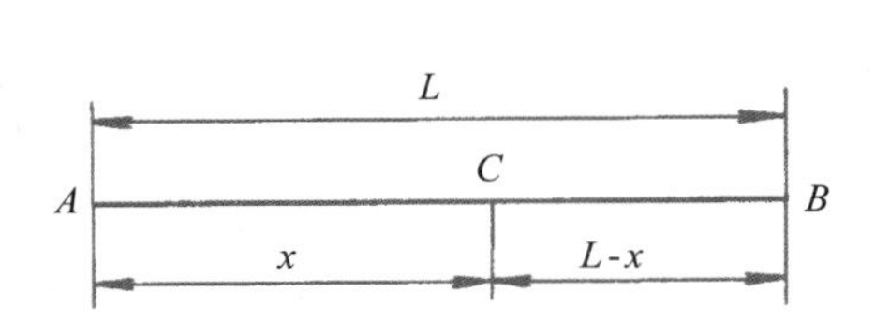

图6-12 线段的黄金分割示意图

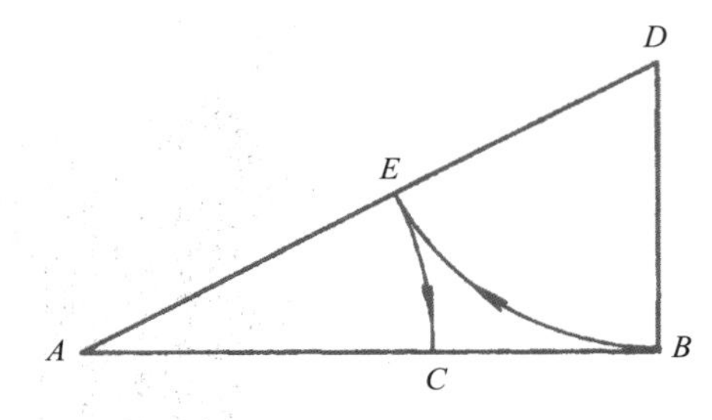

图6-13 线段的黄金分割做法示意图

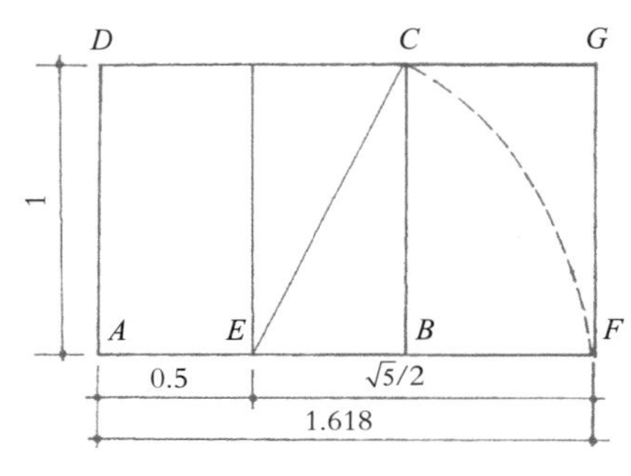

a. 黄金矩形外接作图法

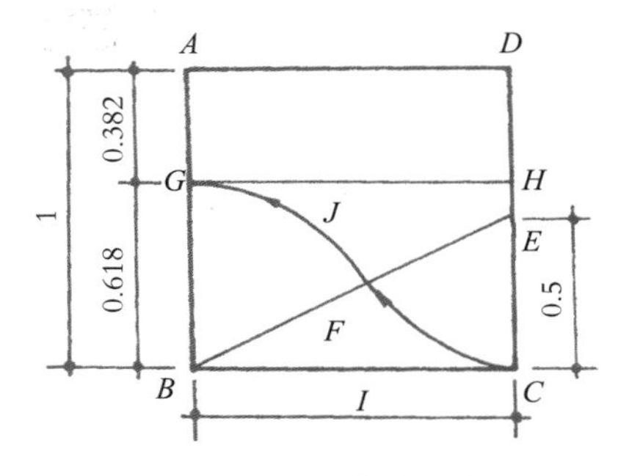

b. 黄金矩形内接作图法

图6-14 黄金比矩作图法

的比例，并为大众所采纳，形成某种风格。如路易十四式、十五式、安妮女王式、齐宾代尔式风格家具等。

（3）比例法则

通过人们在长期的劳动过程中观察，发现有些数比关系具有良好的视觉认知效果，并经过进一步的探索与应用，逐渐形成了一些良好比例的数学法则。这些法则也被设计师刻意运用于家具造型设计。就几何体而言，某些具有肯定外形的几何形，如果应用得当，可以产生良好的比例。这里所指的肯定外形即指周边的比例和位置不能改变，只能按比例缩放，否则就会失去其拓扑特征。如正方形、等边三角形等，这些形状在家具造型设计中得到了广泛的应用。对于较常见的长方形，不同的边长比例仍不失长方形本质的形体特征，所以没有肯定的外形，但人们在长期的实践中已摸索出了若干具有美的比例的长方形，如黄金比矩形、$\sqrt{2}$矩形、$\sqrt{3}$矩形、$\sqrt{4}$矩形、$\sqrt{5}$矩形等；另外，还有比例的数学法则，如等比矩形、等差矩形、整数倍矩形，及比例的模数法则等。

❶ 黄金分割比例与黄金矩形

黄金分割比例是指任一长度*L*的直线段*AB*分成长短两段，使其分割后的长线段*AC*与原直线段长度之比等于分割后的短线段*BC*与长线段*AC*之比，且其比值为一固定值1.618或0.618（如图6-12）。则有：

$x/L=（L-x）/x$

$x^2+Lx-L^2=0$

$x=0.618L$

将直线段分割成黄金比的方法很多，实际工作中常采用几何作图法，如图6-13所示，作直线*DB*与被分割直线*AB*垂直相交于*B*点，取*BD*之长为*AB*/2，构成一个边比为1∶2的直角三角形*ABD*。以*D*点为圆心，*DB*为半径画圆弧交斜边*AD*于*E*点。再以*A*点为圆心，*AE*为半径画圆弧交于*AB*于*C*点，则*BC*∶*AC*=*AC*∶*AB*=0.618。此两线段之比即构成黄金比分割关系。

用具有黄金分割比例关系的两组线段构成的矩形称为黄金比矩形。求取黄金比矩形一般可以在正方形的基础上进行作图。如图6-14所示，a为正方形外接法作图，作一正方形*ABCD*，取*AB*中点*E*并连接*EC*，以点*E*为圆心，*EC*为半径画圆弧交*AB*延长线于*F*，过*F*作*AF*的垂直线与*DC*的延长线相交于*G*，则*AFGD*即

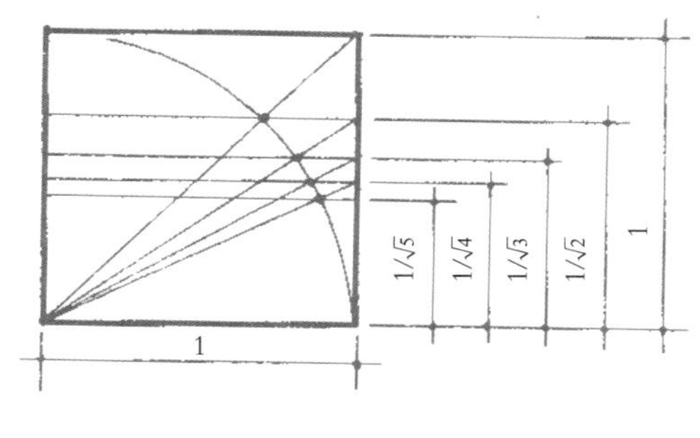

a. 根号矩形内接作图法

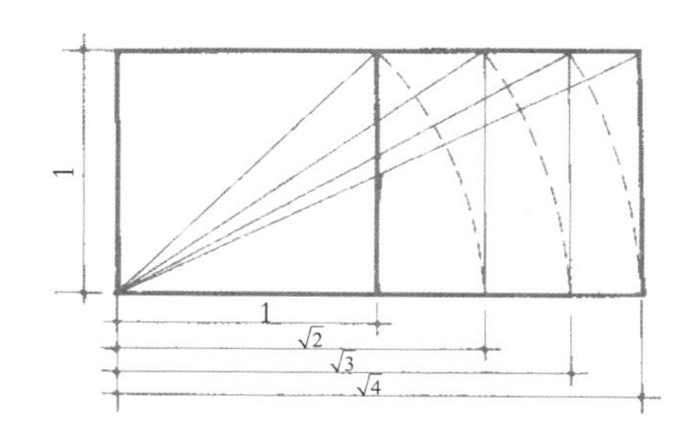

b. 根号矩形外接作图法

图6-15 根号矩形作图法

为黄金比矩形。b为内接法作图。作正方形*ABCD*，取*CD*中点*E*并连接*EB*，以点*E*为圆心，*EC*为半径画圆弧相交于*EB*于*F*，再以*B*为圆心，*BF*为半径画圆弧交*AB*于*G*，过*G*作水平线*GH*，则*CHGB*即为黄金比矩形。

❷ 根号比例分割与根号矩形

根号比例又称平方根比例，其特点是宽与长之比分别为$1/\sqrt{2}$、$1/\sqrt{3}$、$1/\sqrt{5}$等一系列比例形式所构成的系数比例关系。其作图方法常用的有外接法或内接法，如图6-15所示。

在上述正方形外作图法中，正方形的对角线就是$\sqrt{2}$长方形的长边，$\sqrt{2}$长方形的对角线就是$\sqrt{3}$长方形的边长，以此类推可以作出很多平方根长方形。而在正方形内作图法中$1:1/\sqrt{2}$仍为1：1.414，$1:1/\sqrt{3}$仍为1：1.732……，所以是长边为1的平方根长方形，以正方形的边长为半径作圆弧，作为对角线与圆弧相交，过交点所作的水平线所构成的长方形即为$\sqrt{2}$长方形，过$\sqrt{2}$长方形对角线与圆弧的交点作水平线所构成的长方形即为$\sqrt{3}$长方形。以此类推，可作出其他平方根长方形。若从平方根矩形的一角向另外两角的连线（对角线）连续地作垂直线可以将平方根矩形等分。$\sqrt{2}$矩形可以等分为二等份或三等份，$\sqrt{3}$矩形可以等分为四等分或五等分，其余类推（如图6-16）。

❸ 整数比例

整数比例是以正方形为基本单元而组成的不同的矩形比例。按正方形的毗连组合就自然形成一种外形比例为1：2，1：3……1：*n*的长方形。整数比例是平方根比例中的特例，如$1:2=1:\sqrt{4}$，$1:3=1:\sqrt{9}$。这种比例具有明快、规整的特点，适应于现代大工业化生产的要求，也是现代产品造型设计中使用较广泛的比例形式。但是，在造型设计中，大于1：3的比例一般应谨慎采用，因为这种比例关系易产生不稳定感。

❹ 等差数列比例

等差数列比例就是设*M*为一公差值，即相邻的后一个数与前一个数的差值，若将这组数的长度按图6-17的方式进行排列，可以得到一个等差数列比例。如1，3，5，7……其公差为2；1，5，9，13，17……其公差为4。在一组形体中，其长边长度与短边长度之差值均为*M*，那么这组矩形就称为等差矩形，其公差值为*M*。

❺ 等比数列比例

等比数列比例即假设计首项为1，以*N*为公比依次乘下去，可得等比数列，即某项与前一项之比的比值为*n*；若将这组数的长度按图6-18的方式进行排列，可以得到一个等比数列比例。如1，$1\times N$，$N\times N$，$N\times N\times N$，……；当*N*=2时，则构成的数列为：1，2，4，8，16，32，……。在一组形体中，其长边长度与短边长度之比值均为*n*或*n*的整数倍，那么这组矩形就称为等比矩形，其公比值为*N*。

❻ 相加级数比例

相加级数比例是指由中间值比例所得的比例序列，由相加级数构成边比关系的矩形称为相加级数比矩形。相加级数比例的基本特点是前两项之和等于其相邻的后一项（如1，2，3，5，8，13，21）。相邻两项之比为1：1.618的近似值，比例数值越大，相邻两项之比就越接近于黄金比1：1.618（如2：3=1：1.500，

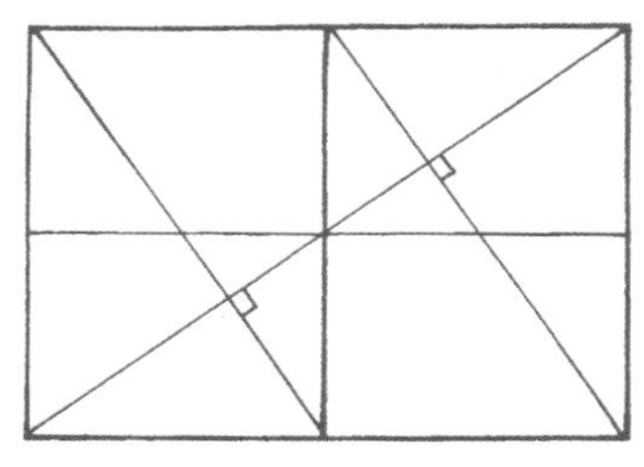

a. $\sqrt{2}$ 矩形二等分分割作图法

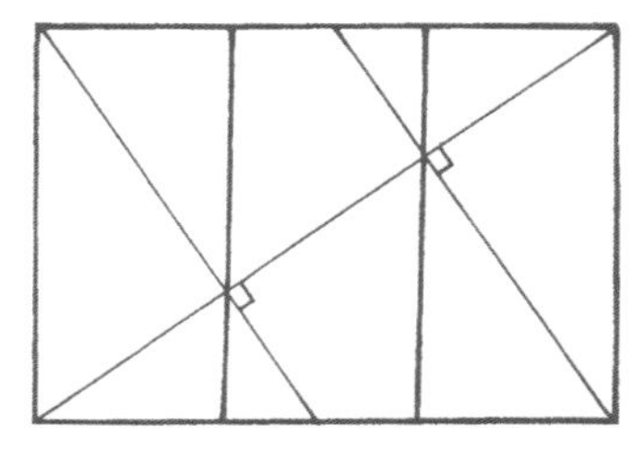

b. $\sqrt{2}$ 矩形三等分分割作图法

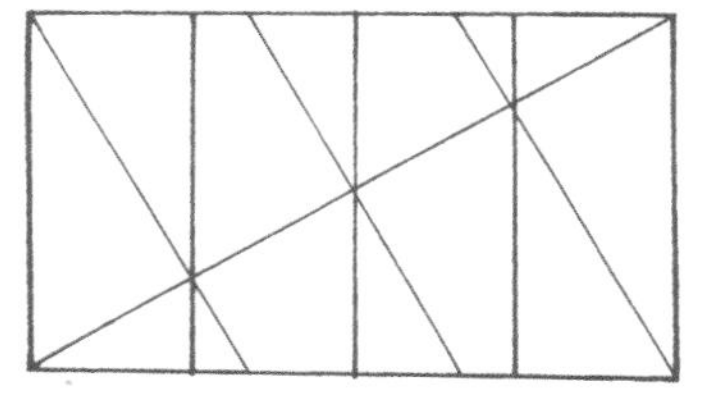

a. $\sqrt{3}$ 矩形四等分分割作图法

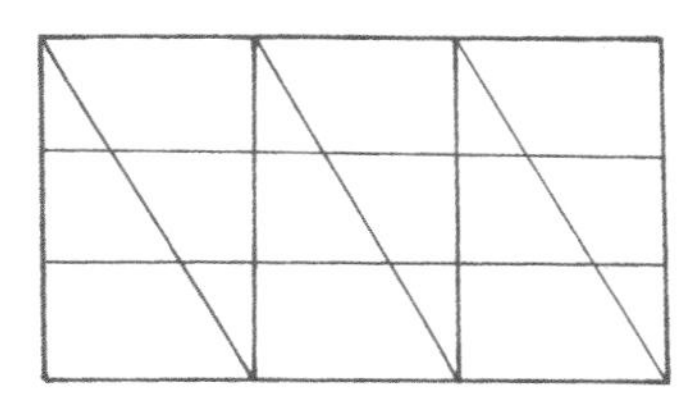

b. $\sqrt{3}$ 矩形三等分分割作图法

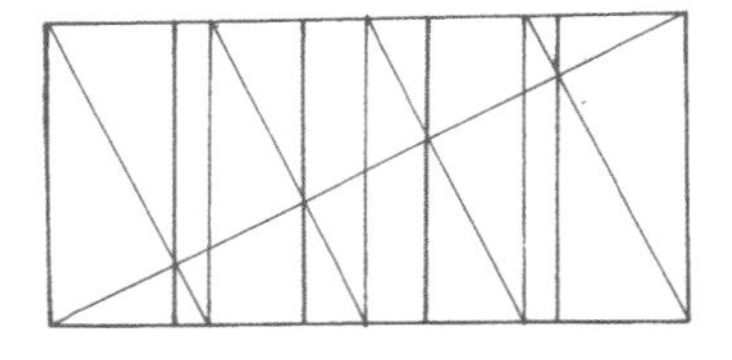

a. $\sqrt{4}$ 矩形五等分分割作图法

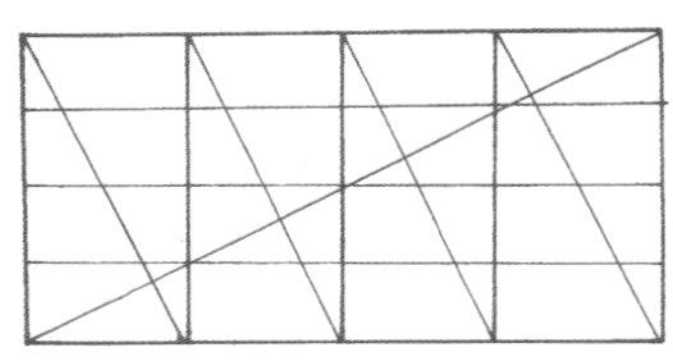

b. $\sqrt{4}$ 矩形四等分分割作图法

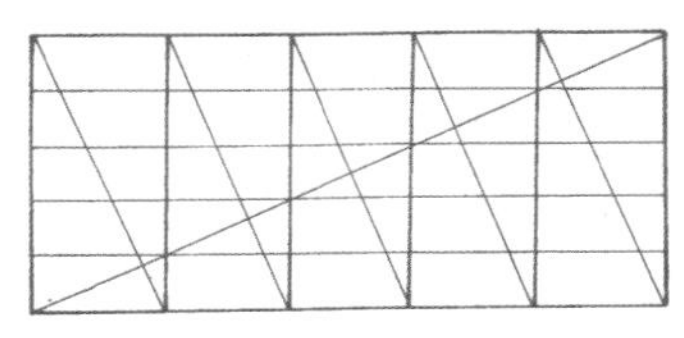

a. $\sqrt{5}$ 矩形五等分分割作图法

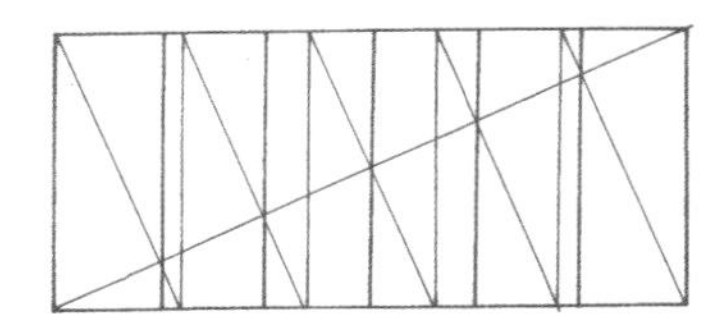

b. $\sqrt{5}$ 矩形六等分分割作图法

图6-16 家具设计中根号矩形等分分割作图法

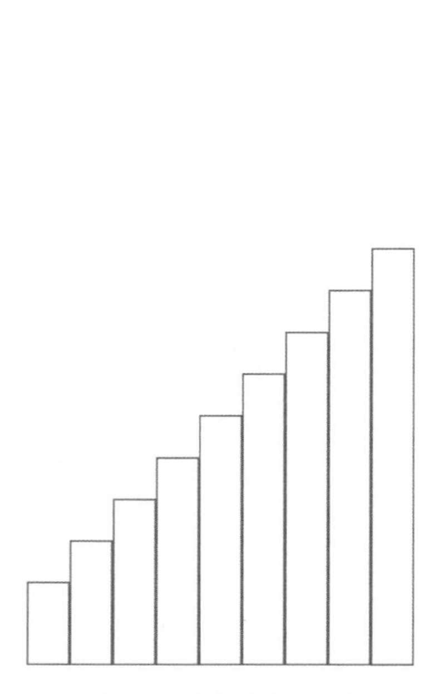

图6-17 等差递增示意图

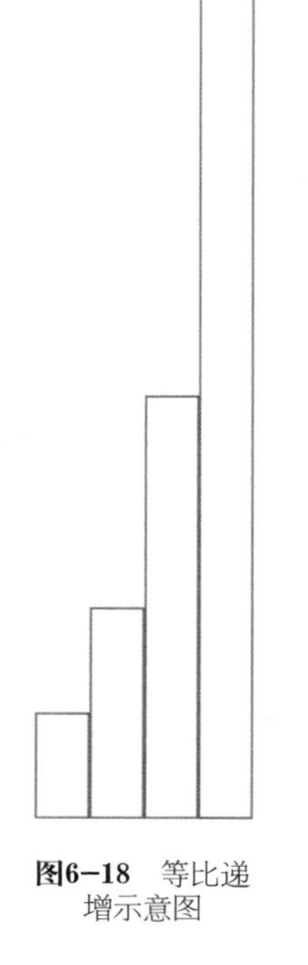

图6-18 等比递增示意图

3：5=1：1.67，5：8=1：1.600，……）。

二、尺度与尺度感

家具设计中的尺度是以人体尺寸作为度量标准而对产品设计尺寸进行的衡量，用以表示设计对象体量的大小及同其自身用途相适应的程度。每件产品整体结构的纯几何形状是产生不了尺度的。如埃及的金字塔为一个四棱锥体，但可以按比例缩小到制图模型。如果要体现设计对象的尺寸大小特征，就要把某个比较单位引到设计对象中来，这个引入单位的作用，就好像一个可见的尺子，用它来度量产品。如果这个单位看起来比较小，则产品形体就显得比较大；若这个单位看起来比较大，则产品形体就显得小。由于产品均具有服务于人的具体功能，所以当我们看到一件产品时，就会本能地认定它与人体有一个恰当的尺寸关系。这样一来，人体就变成设计对象的度量单位。对于家具而言，尺度是指在进行家具造型设计时，根据人体尺度和使用要求所形成的特定的尺寸范围，家具的比例只有通过尺度才能得到具体的体现。同时家具的尺寸还包含了家具整体与局部、局部与局部、家具贮存空间与贮存物品、外形规格与室内空间环境及其他陈设相衬托时所具有的一种大小印象，这种不同的大小印象给人以不同的感觉，即尺度感。为了获得良好的尺度感，除了从功能要求出发确定合理的尺寸外，还要从审美要求出发，调整家具在特定环境中相应的尺度，以获得家具与人、与物以及与室内环境的协调。

三、比例法则的应用

前面所述的各种比例法则是从不同的角度来阐述家具造型比例美的某些客观标准，单一的比例法则多见于理论研究，如勒·柯布西耶（Le Corbusier，1887~1965年）用黄金比分割的各种矩形（如图6-19）。而在实际设计过程中应根据使用功能的需要，有意识地、有选择的加以应用，不能为了外形的美观而拼凑尺寸和比例，从而失去使用价值。这就要求设计者根据具体情况选用新的合适比例。因此，比例与尺度的表现既有主观的作用，也有客观的标准，设计者在处理这些标准时，正确的方式应是以使用功能为前提，通过感性认识和直观表现，直接反映作为客观存在的某些形式美学法则与规律，其反映内容的深浅程度则取决于设计者艺术水平的高低。另外在设计过程中，设计者还要考虑材料、工艺、设备、生产技术等方面的综合因素，要用高度的艺术素养，全面处理好家具造型设计中的比例问题，使其既能满足使用功能的要求，又应符合美学法则。在家具设计过程中，与比例关系比较密切的、应用较多的是分割设计，如柜类产品正面的多样性分割（如图6-20），其他各类产品体量上的分割等。如图6-21为比例与尺度在家具分割设计中的应用示例[5]。

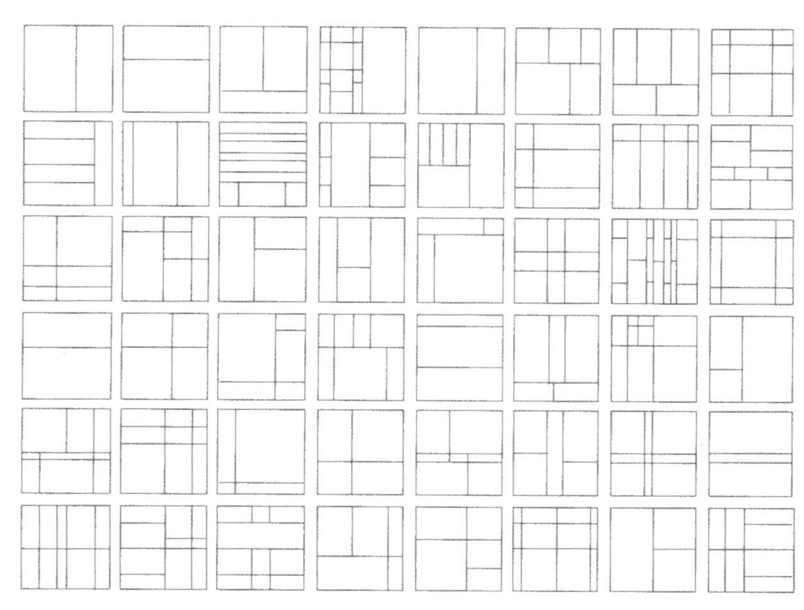

图6-19　家具设计中勒·柯布西耶根据黄金比例关系分割的各种矩形

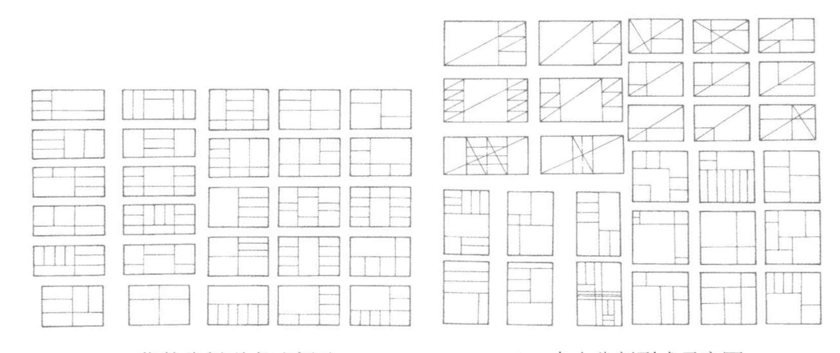

a. 倍数分割形式示意图　　b. 自由分割形式示意图

图6-20　柜类产品正面分割形式示意图

图6-21　比例与尺度在家具分割设计中的应用

第三节　对称与均衡

由于家具是由一定的体量和不同的材料构成的实体，因而具有一定的体量感。在家具造型设计中必须处理好家具体量感方面的对称与稳定关系。

一、对称

对称是指整体中各个部分通过相互对应以达到空间和谐布局的形式表现方法。对称是一种普遍存在的形式美，是保持物体外观量感均衡，达成形式上均等、稳定的一种美学法则。在自然界及人们的日常生活中是常见的，如人体及各种动物的正面，植物的对生叶子等。

对称的表现形式主要有镜面对称、点对称和旋转对称三种。家具设计中常见的是镜面对称，即以铅垂线（面）为对称线（面）的左右对称，或是以水平线（面）为对称线（面）的上下对称。镜面对称容易得到一种静态的力感和安定的效果，但同时也给人一种呆板的感觉（如图6-22）。另外常见的还有旋转对称，就是以一点代替直线作对称中心，将作为原形的主题以一定的角度，如180°、120°、90°、60°等，置于点的周围作回转配列得到的对称图形。一般把180°所得到的图形称为逆对称。旋转达对称具有强烈的运动感，逆对称具有丰富的变化因素（如图6-23）。

二、均衡

所谓均衡是指物体左、右、前、后之间的轻重关系趋于稳定，也即平衡。它是以支点为重心，保持异形双方力平衡的一种形式；是对称形式的发展，是一种不对称形式的视觉认知、心理感知的平衡形式。均衡的形式法则一般是以等形等量（即前述的对称）、等形不等量、等量不等形和不等形不等量四种形式存在（如图6-24）。

保持设计对象外形的均衡，在视觉上使人感到一种内在的、有秩序的动态美，对纯对称形式更富有趣味和变化，具有动中有静、静中寓动、行动感人的艺术效果。均衡不但包括了对称，而且还是对称形式的发展；由于均衡形式支点两边的力矩是相等的，因此，它实质上又是对称的保持，并隐含了对称的形式法则。可见，对称是最简单的均衡形式。

对称与均衡这一形式美法则在实际运用中，往往是对称和均衡同时使用，有的产品可总体布局用对称形式，局部用均衡法则；有的可总体布局用均衡法则，局部采用对称形式，还有的产品由于功能需要决定了造型必须对称，但在色彩配置及装饰布局中可采

图6-22　家具设计中根据左右对称关系进行设计

图6-23　家具设计中根据旋转对称关系进行设计

a. 等量等形　　b. 等形不等量

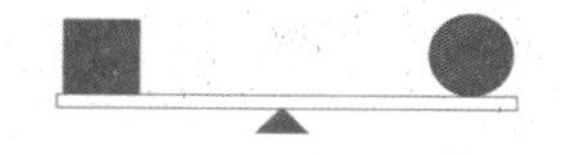

c. 等量不等形

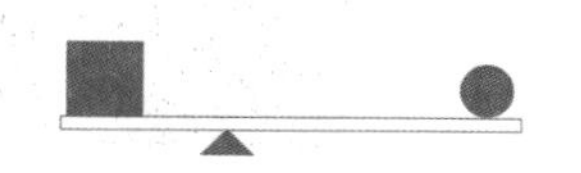

d. 不等形不等量

图6-24　均衡关系示意图

沙发/等量不等形均衡　　沙发/等量等形均衡

图6-25　家具设计中根据均衡关系进行设计

用均衡法则。总之，应综合考虑，灵活运用，以增加产品外观形式上的活泼感（如图6-25）。

第四节　稳定与轻巧

稳定是指物体上下之间的轻重关系在视知觉上达到平衡。稳定的基本条件是指物体重心必须在物的支撑面以内，且重心越低，越靠近支撑面的中心部位，则其稳定性越大。自然界中的一切物体为了维持自身的稳定，靠近地面的部分在体量上往往重而大。人们已从这些现象中得出一个规律，即重心低的物体是稳定的，底面积大的物体也是稳定的。

一、稳定

稳定有“物理稳定”和“视觉稳定”两类，前者是指物体实体的物理重心符合稳定条件所达到的稳定；后者是指以物体的外部体量关系来衡量其是否满足视觉上的稳定感。由于家具是处于人们的生活和工作空间中，出于安全的考虑，两种稳定都是至关重要的。家具设计中只考虑物理稳定，往往造成制造成本和视觉心理上的负担，因而视觉稳定成为设计的方法之一，即在物理稳定的基础上，通过视觉稳定尽量达到形态的轻巧感。任何一件家具，要具备稳定而又轻巧的形式美，就必须采用降低视觉重心，增大落地面，多用直线和下大上小的梯形，下部应用深色等增强物体稳定感的方法。一般情况下，在实际使用中物理稳定的家具在视觉上也是稳定的。具体来讲，在实际使用过程中，家具发生不稳定的情况有两种：一是家具的上部构件超出了支撑范围，若上部构件受到一定的外力作用时可能发生倾倒；二是在侧向推力作用下，当家具的物理重心超出其基础轮廓范围时也将发生翻倒。所以在进行家具设计时，应尽量采取措施加强家具的稳定能力。如在结构上，把家具的脚设计成向外伸展或靠近轮廓范围边缘，底部大一点、体量重一点；上部小一点、体量轻一点。另外，在视觉效果上，一是根据实际使用的经验，使其具有底面积大而重心低的特点；二是在线条的应用上，一般选用具有稳定性的线条；三是在体量的位置处理上，应采用下实上虚的位置配置；四是在颜色的应用上，应在下部施用深色加强视觉稳定性。

二、轻巧

轻巧也是指物体上下之间的大小关系经过配置产生的视觉与心理上的轻松愉悦感，即在满足“物理稳定”的前提下，用设计创造的方法，使造型给人以轻盈、灵巧的视觉美感。在设计上轻巧的实现主要方法有：提高重心、缩小底部支撑面积、作内收或架空处理，适当多用曲线、曲面等；同时还可以在色彩及装饰设计中采用提高色彩的明度，利用材质给人以心理联想，或者采用上置装饰线脚等方法来获得轻巧感。

三、稳定与轻巧在家具设计中的应用

稳定与轻巧是一对矛盾的统一体，所以在设计时既要保持稳定，又要增加设计对象的轻巧感。所以在处理稳定与轻巧的关系时，应结合产品的功能进行综合考虑。具体应用主要考虑以下几个方面的因素。

（1）物体重心

通常重心较高的物体给人以轻巧感，而重心较低

的物体则给人以稳定感。如图6-26所示，同样大小的两个物体，竖放的具有轻巧感，横放的则具有稳定感。

（2）接地面积

接地面积大的形态具有较强的稳定感；而接地面积小的形态则具有轻巧感。所以在设计时，对于重心较高的物体，由于其本身具有较好的轻巧感，综合考虑实际和视觉稳定的需要，接地面积在设计上可略大一些；而重心较低的产品，由于本身具备一定的稳定感，接触面积就不易设计过大而产生视觉上的笨重感，应将接地面积适当缩小或架空才有轻巧感。（如图6-27）

（3）体量关系

尺寸大的、封闭式体量，或是由上而下体量逐渐增加的造型形体，具有稳定的效果；而小的、开放式体量易取得轻巧的效果（如图6-28）。

（4）结构形式

一件产品中，结构较复杂的部分，由于其线型多变，具有较强的视觉吸引力，视觉重心自然偏向这部分。

（5）色彩组合

明度低的色体量感大。因此，低明度的色装饰在产品上部，会增加轻巧感；装饰在下部，会带来稳定感。而明度高的色，其结果刚好相反。

（6）材料质地

不同质地的材料，在体量上能产生不同的心理感受；表面粗糙、无光泽的材料比表面致密、有光泽的

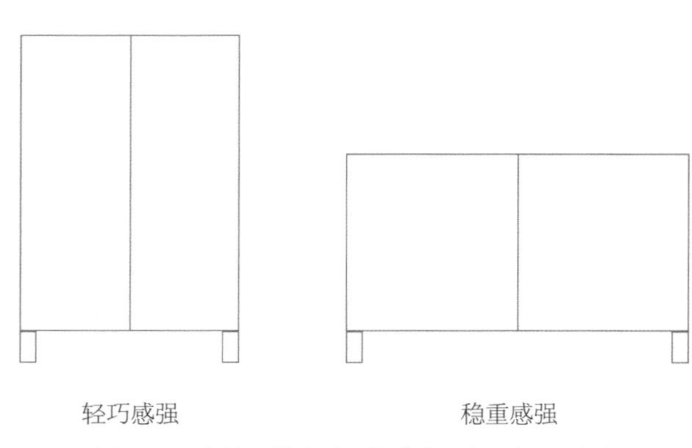

图6-26 家具设计中重心与稳定、轻巧间的关系

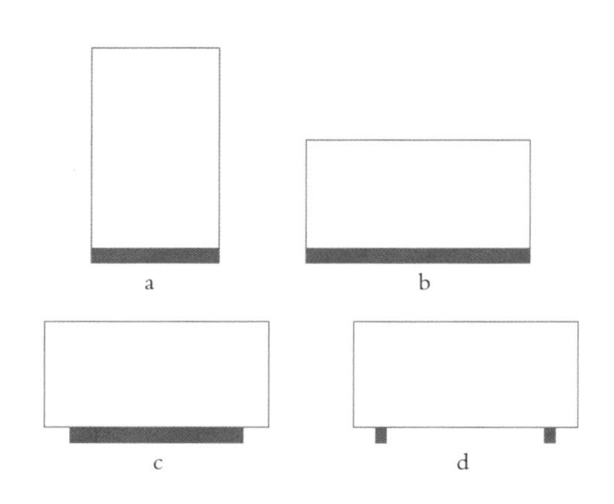

图6-27 家具设计中接地面积与稳定、轻巧间的关系

a. 轻巧感强

b. 稳定感强

图6-28 家具设计中体量与稳定、轻巧间的关系

a. 稳定感强

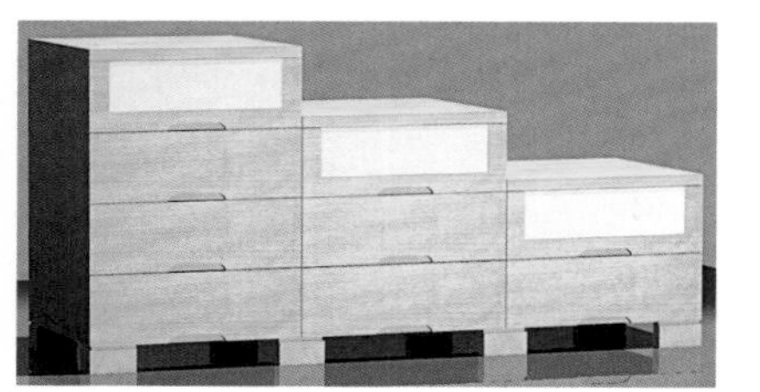

b. 轻巧感强

图6-29 家具设计中材料与稳定、轻巧间的关系

材料具有较大的量感。同时，对于金属等密度较高的材料有着概念上的重体量感，在应用时特别注意形态轻巧感的创造；而对于密度较低的塑料、有机玻璃等材料，造型时应注意稳定感的创造（如图6-29）。

（7）体面分割方式

进行家具设计时，往往要用色彩、材质、线或面等对物体进行分割，有时是根据功能的需要进行分割；也有为了造型的需要将大面积或大体量产品分割成几个部分，使产品产生变化、轻巧和生动的效果（如图6-30）。

a. 稳定感强　　b. 轻巧感强

图6-30　家具设计中体面分割方式与稳定、轻巧间的关系

第五节　比拟与联想

比拟即比喻、模拟，是事物意象相互间的寄寓、暗示，用以折射某种思想感情。联想则是思维的延展，它是由一事物的某种因素，通过思维延展到另外的事物上，即形成由一种事物到另一种事物的思维的推移与呼应。从起源上来看，人类早期的造型活动都来源于对自然形态高度概括和模仿。所以在不违背人类工效学原则的前提下，运用比拟与联想的手法，借助生活中常见的某种形体或仿生物、动物的某些原理与特征，进行创造性的构思，是造型设计的又一重要手法。

一、比拟与联想的特性

比拟与联想是产品造型设计中一种风格独特的造型法则，其具有对象明确、直接、容易理解的优点和联想的范围较窄的缺点。同时，还可以运用含蓄、隐喻的手法，对形态抽象概括，做到隐而不显，使人产生更多的联想。设计过程中比拟与联想的形成主要有以下几种形式[6]。

（1）模仿自然形态的造型

这是一种直接以美的自然形态为“模特”的造型方法，联想与比拟的对象明确、直接、易理解。但在运用这种方法时，应注意物质功能与产品形式的统一性。

（2）概括自然形态的造型

接受自然形态的启示，对其形体进行概括、抽象，使产品造型体现出一种物象美的特征，这种造型方法注重的是神似，要求形象简练、概括、含蓄；而这种概括自然形态的造型也应该是产品物质功能所必需的，如飞机的机翼与飞鸟的翅膀功能相似等。这种概括自然形态的造型方法目前已发展成一门独立的学科——仿生学。

（3）抽象形态的造型

在设计过程中，常见以线、面、体构成抽象的几何形态，并以此作为产品的造型。这种方法所产生的产品形态，并不能直接引起比拟与联想，但由于构成造型的基本要素本身具有一定的感情意义，因而这种以构成方式产生的抽象形态造型也能传递一定的情感信息，如灵巧与粗笨、纤细与臃肿、运动与静止、冷静与热烈等。

二、比拟与联想在家具设计中的应用

在家具造型设计中，常见的比拟与联想的形式与内容如下。

（1）局部构件上的比拟与联想

主要出现在家具的某些功能构件上，古今中外的家具中常见。如支撑构件中的脚架、床头板、椅子扶手等；有时也不一定是功能构件，而是附加的装饰品。其中有对人体的比拟与联想，也有对动物和植物的比拟与联想，以及人造物之间的比拟与联想（如图6-31）。

（2）整体造型上的比拟与联想

运用比拟与联想的设计手法把家具的整体外形在意象上模仿某一客观存在的其他物象。其形式可以是

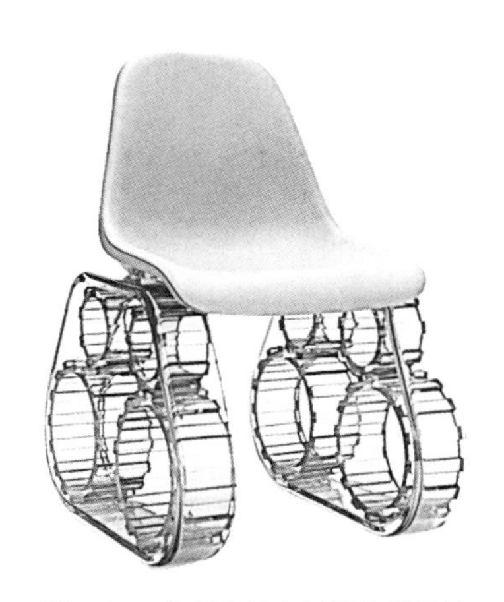

图6-31 家具设计中局部构件设计上的比拟与联想

图6-32 家具设计中整体造型上的比拟与联想

图6-33 家具设计中表面装饰上的比拟与联想

具象的，也可以是抽象的，还可以介于两者之间。比拟与联想的对象可以是人造物，也可以是人体本身，也可以是动植物形象等（如图6-32）。

（3）表面装饰的比拟与联想

在家具的表面装饰过程中，常用比拟与联想的手法将各类动物、植物或其他图案形式描绘在家具板件的面板上，再对家具的表面进行透明装饰或其他简单的裁切加工。这种方式较简单并易于取得较好的模拟装饰效果，并根据民族文化，形态上具有传统风格，内涵上普遍具有良好的寓意（如图6-33）。

本章思考要点

1．理解统一与变化的关系，统一在家具设计中的应用练习，其中：风格特征的协调4例、线的协调3例、形的协调3例、装饰线+木纹线+形的协调3例。

2．主从在家具设计中的应用练习，其中位置的主从4例、体量的主从4例。

3．呼应在家具设计中的应用练习6例。

4．对比在家具设计中的应用练习，其中：体量的对比2例、虚实的对比2例、方向的对比2例、材质的对比2例、大小的对比2例。

5．韵律在家具设计中的应用练习，其中：连续的韵律4例、渐变的韵律3例、起伏的韵律3例、交错的韵律3例。

6．影响家具比例的因素有哪些？

7．常见的比例法则有哪些？

8．比例在家具设计中的应用练习，其中：柜类家具分割6例、其他类家具分割4例。

9．镜面对称练习6例（分：柜、台、支承类等）、旋转对称4例。

10．稳定与轻巧在家具设计中的应用练习4例（以比对的形式出现）。

11．比拟与联想在家具设计中的应用练习，其中:局部构件上的比拟与联想4例、整体造型上的比拟与联想4例、表面装饰上的比拟与联想4例。

参考文献

[1] 陈震帮．工业产品造型设计[M]．机械工业出版社，2004，2：52～80

[2] 马高骧，王兴竹．现代图案教学[M]．湖南美术出版社，1998，4：13～48

[3] 唐开军．家具装饰图案与风格[M]．中国建筑工业出版社，2004，4：46～62

[4] 唐开军．家具设计技术[M]．湖北科学技术出版社，2000，1：31～44

[5] 胡景初，戴向东．家具设计概论[M]．中国林业出版社，1999，2：171～179

[6] 王宝林．海外家具实录[M].《家具商情》编辑部，2003，8：3～6

[7] 杨正．工业产品造型设计[M]．武汉大学出版社，2003，9：190～191

第七章

家具结构设计

第一节　家具结构设计概述

家具结构设计就是按照设计师的造型设计方案，为实现某种使用功能要求，根据材料特征，全面表达零部件各自的形状、相互间的接合方式、装配关系以及必要的工艺技术要求的设计过程。因此，家具结构设计是家具设计的重要组成部分，它包括家具零部件的结构以及整体的装配结构设计。

由于一般的家具是由若干个零部件按照一定的接合方式装配而成，所以家具结构设计的主要内容就是研究其零部件间的接合关系。合理的结构可以提高家具的力学性能，节省材料，提高工艺性，同时不同的结构特性也可以加强家具造型的艺术性。因而，结构设计的任务除了满足家具使用过程中的力学要求外，还必须根据所用材料的特性来寻求力学与美学的统一。如中国明式家具之所以取得成功，其最根本的原因就是结构件本身就起到装饰之美，实现了结构与造型的完美统一。

一、家具结构的类型

家具的结构正像人体的骨骼系统，用以承受外力和自重，并将荷重自上而下合理地传到各结构支点直至地面。家具结构是直接为家具功能要求服务的，因此，木材、木质人造板、石材、竹藤、玻璃、金属型材、皮革、布艺等不同材料，或同一种材料由于不同的使用功能及工艺条件，在满足牢固性和耐久性的要求下，都有着自己不同的结构方式。家具的结构按照所用材料的不同可分为木结构、金属结构、藤竹结构等；按家具风格的不同，可分为传统榫卯接合结构、现代五金件接合结构；按使用场合或作用方式的不同，可分为固紧结构、活动结构、支撑结构；按装配关系的不同，又可分为装配结构、零部件结构等。具体而言，如木家具的基本接合方式有榫接合、钉接合、木螺钉、胶接合、榫接合和五金件接合。传统的实木家具多采用榫接合方式，现代的板式家具多采用五金连接件接合。

二、家具结构的设计原则

❶ 材料特性原则：材料是构成家具的物质基础，在现代科学技术高速发展的今天，用于家具的新材料也层出不穷，在为家具的造型设计提供了诸多可能性、丰富资源的同时，也增加了家具结构设计的复杂性。因此，在进行结构设计时，应根据不同的材料特性进行有针对性的结构设计。

❷ 加工工艺性原则：家具部件接合方式的不同与工艺技术是分不开的。所谓工艺，是改变材料形状、

尺寸、表面状态和物理化学性质的加工方法与过程。家具结构设计是在一定的材料和工艺技术条件下，为满足功能、强度和造型的要求，所进行的家具零部件之间连接方式以及整体构造的设计；加工工艺过程是实现家具零部件连接的技术手段。因此，结构设计必须考虑工艺技术能力，应根据所选用的材料，明确适合于材料特性的加工工艺路线和加工方法，使所设计的产品具有良好的工艺性，有利于产品质量控制，从而降低生产成本，提高生产效率。

❸ 美观实用性原则：在满足强度和基本使用功能要求的前提下，应为结构设计寻求一种简便、牢固而且经济的接合方式，与此同时，利用不同结构自身的技术特征和装饰功能，加强家具造型的艺术性，赋予家具不同的艺术表现力。

根据家具的结构类型和设计原则，现将家具中常见的结构方式及其技术要求分述如下。

第二节　榫接合结构

一、榫接合的类型

榫接合是中国传统木质框式家具所常用的接合方式，在现代家具的设计生产中，榫的类型发生了变化，但是其基本接合原理是相同的。榫接合是通过榫头压入榫眼或榫槽接合而成[1]。其各部位的名称如图7-1所示。

榫接合有多种类型，而根据其特征的不同，主要分类可归纳如下：

❶ 按照榫头的形状不同分为：直角榫、燕尾榫、圆棒榫、指形榫、圆（弧）榫（如图7-2）。

❷ 按榫头的数目多少可分为：单榫、双榫、多榫（箱榫）（如图7-3）。

❸ 按榫肩的数目不同和切肩形式可分为：单面切肩、双面切肩、三面切肩、四面切肩和斜切肩等形式（如图7-4）。

❹ 开口榫和闭口榫：根据接合后能否看到榫头的侧边或榫头是与榫槽还是与榫眼接合，有开口榫、半开口榫和闭口榫之分（如图7-5）。直角开口榫加工简单，但强度欠佳，且影响美观；闭口榫接合强度较高，外观也美观；半开口榫介于开口榫和闭口榫之间，既可防榫头侧向滑动，又能增加胶合面积。

❺ 明榫和暗榫：按榫头贯通与否，又有明榫和暗榫之分（如图7-6）。

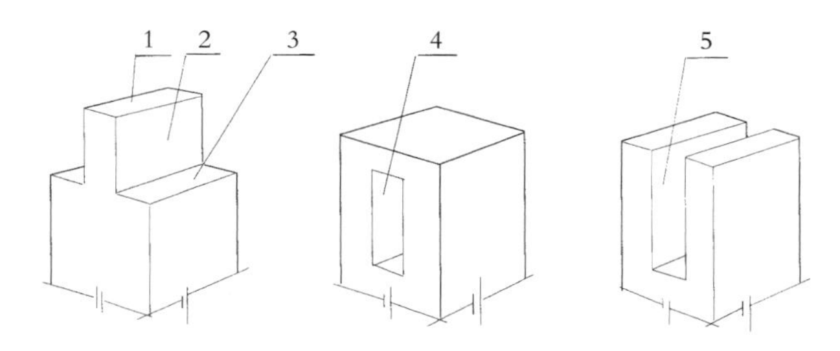

图7-1　家具设计中榫接合各部位名称

1-榫端　2-榫颊　3-榫肩　4-榫眼（榫孔）　5-榫槽

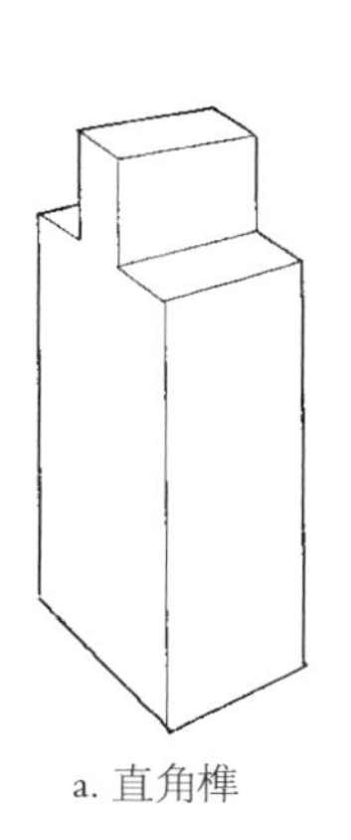

a. 直角榫

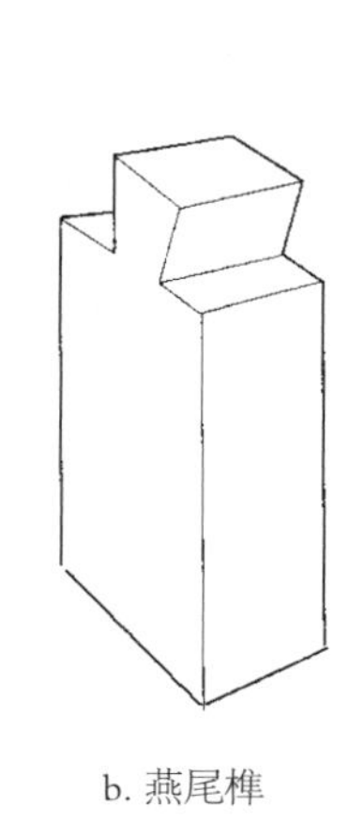

b. 燕尾榫

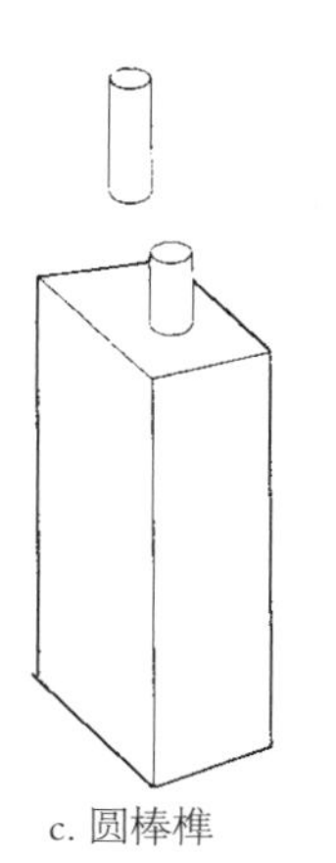

c. 圆棒榫

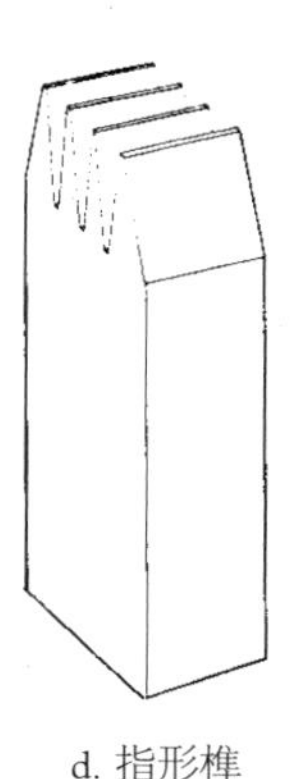

d. 指形榫

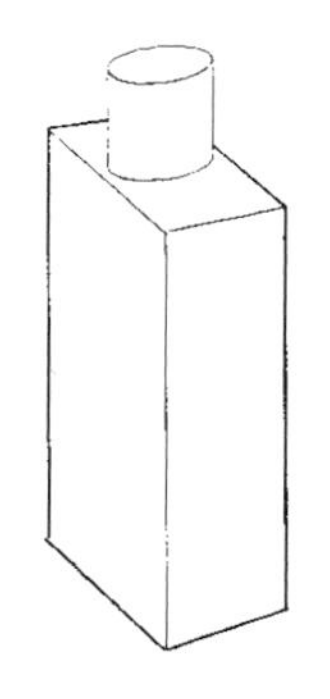

e. 圆（弧）榫

图7-2　家具设计中榫头的形状示意图

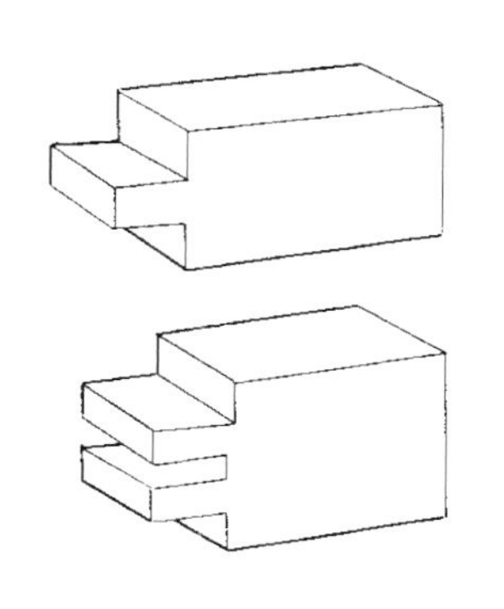
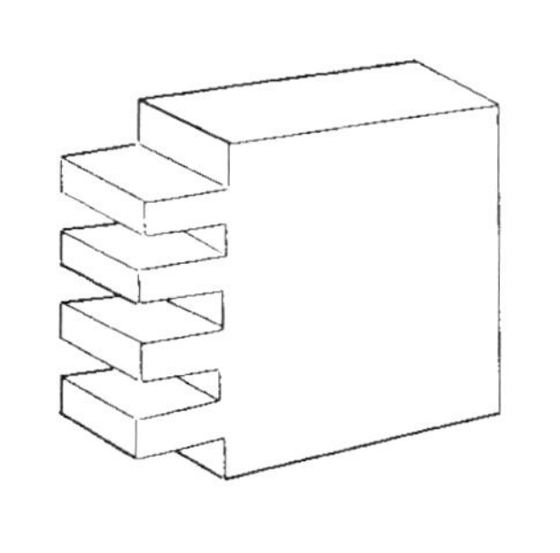
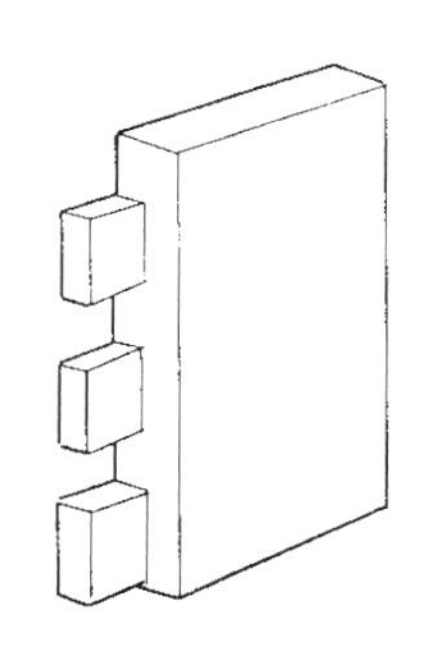
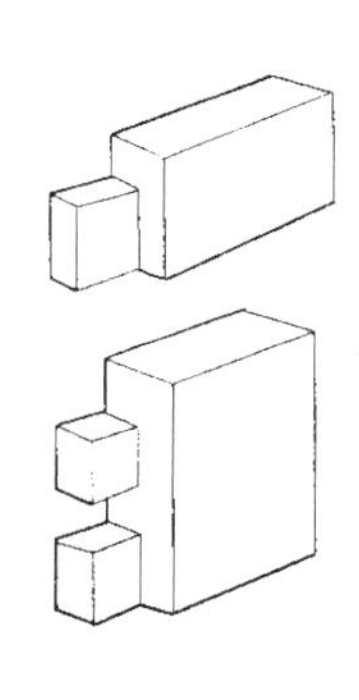

图7-3　家具设计中的单榫、双榫、多榫形式示意图

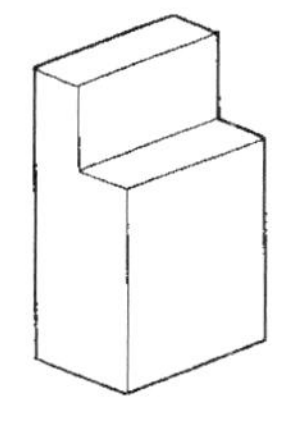
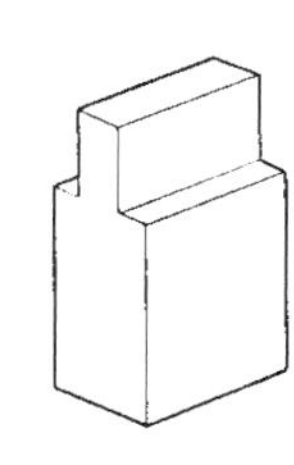
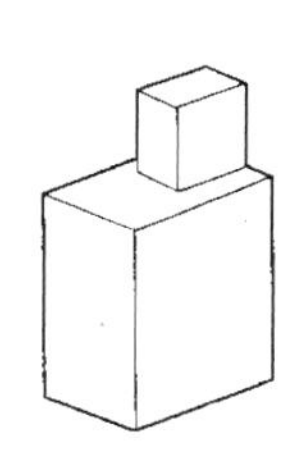
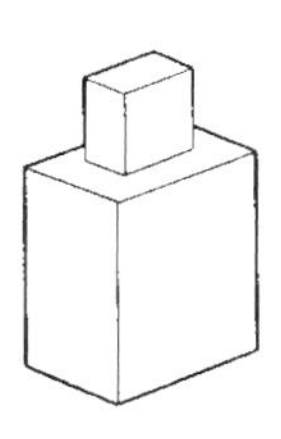
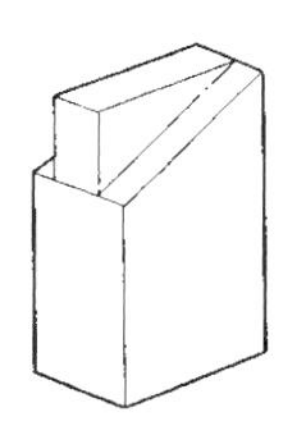

a. 单面切肩榫　b. 双面切肩榫　c. 三面切肩榫　d. 四面切肩榫　e. 斜切肩榫

图7-4　家具设计中榫头切肩形式示意图

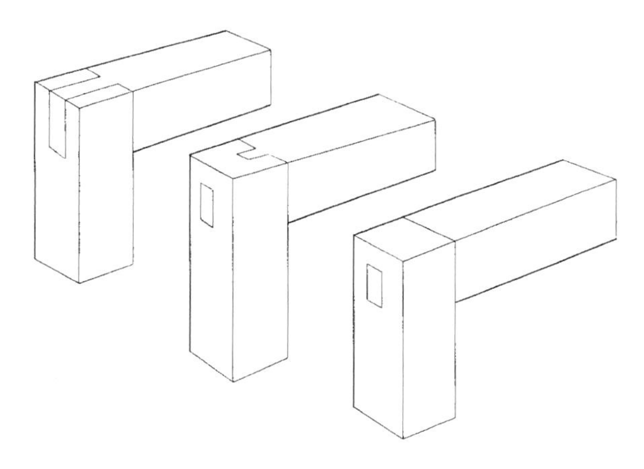

图7-5　家具设计中的开口榫、半开口榫和闭口榫示意图

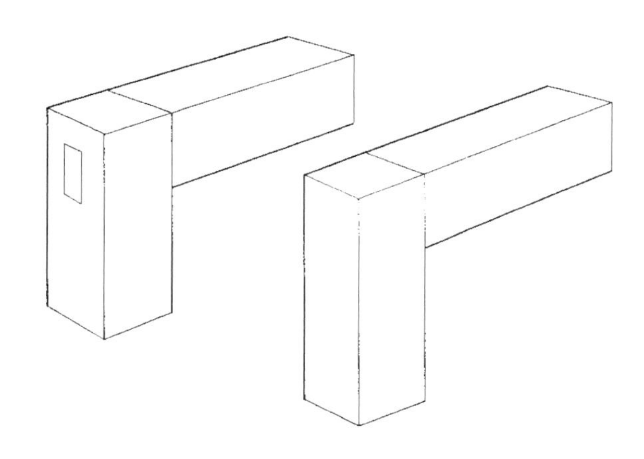

图7-6　家具设计中的明榫和暗榫示意图

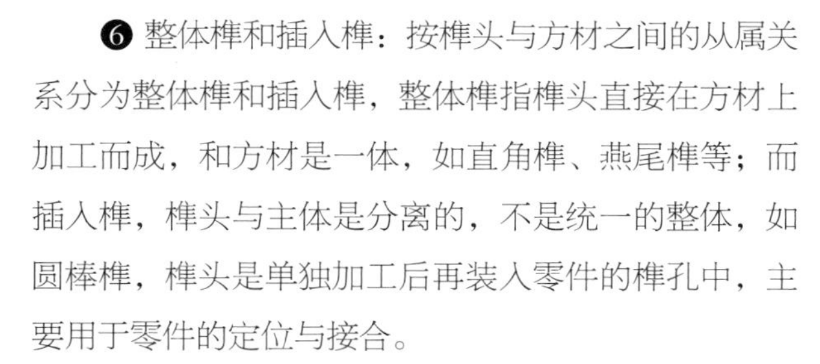

❻ 整体榫和插入榫：按榫头与方材之间的从属关系分为整体榫和插入榫，整体榫指榫头直接在方材上加工而成，和方材是一体，如直角榫、燕尾榫等；而插入榫，榫头与主体是分离的，不是统一的整体，如圆棒榫，榫头是单独加工后再装入零件的榫孔中，主要用于零件的定位与接合。

对于生产中常见的圆棒榫，根据其表面的构造及纹理状况不同可分为光面、直纹、螺旋纹、网纹等形式，如图7-7所示。按沟槽的加工方法分有压缩槽纹和铣削槽纹两种。圆榫表面设贮胶的沟槽是为了便于装配时带胶插入榫孔，并在装配后很快胀平，把胶液向整个榫面展开，使接合牢固。在圆榫固定接合中，有槽纹的圆榫比光面的圆榫好；并以压缩螺旋纹圆榫较好；螺旋纹的抗拔力比直纹大而又不像网纹那样损伤榫面。

图7-7 家具设计中圆榫的形状示意图

二、直角方榫接合的技术要求

榫接合的家具受损坏大多数出现在其接合部位。因此，榫接合要保证有足够的强度，其设计和制作就必须符合一定的尺寸和要求。就直角方榫来说，主要的技术要求如下。

1. 榫头的厚度

榫头的厚度应视方材的大小和接合的要求而定，为了保证接合强度，单榫的榫头厚度一般接近于开榫方材断面厚度的1/3～1/2。当方材零件断面尺寸大于40mm×40mm时，应采用双榫或多榫，这样既能增加接合强度又可防止方材的扭动。双榫的总厚度应接近方材宽度（或厚度）的1/3～1/2。由于榫接合采用基孔制，在确定榫头厚度时应将其计算值调整到与木凿或方形套钻规格相符的尺寸，即常用的6mm、8mm、9.5mm、12mm、13mm、15mm等几种规格。如方材厚度为15mm，如果计算出榫头厚度为15mm×0.5mm=7.5mm，为了与前述的木凿方形套钻规格相符，可把榫头的厚度调整为8mm。在实际加工时，榫头的厚度应比榫眼宽度小0.1～0.2mm，便于形成胶层。如果榫头厚度大于榫眼宽度时，装配时既容易挤破榫眼，又不能在接合处形成很好的胶层而降低接合强度；如果榫头的厚度过多地小于榫眼的宽度，装配时间隙加大，胶层加厚也会降低接合强度。为了便于榫头和榫眼的装配，常将榫端的两边或四边加工成20°～30° 的斜棱。

2. 榫头的宽度

家具设计中，榫头的宽度一般比榫眼的长度大0.5～1mm，硬材为0.5mm，软材为1mm，此时榫眼不会被胀破，配合最紧，强度最大。当榫头的宽度大于25mm时，榫头宽度的增大对抗拉强度的提高并不明显，所以当榫头的宽度超过40mm时，应从中间切去一部分，分成两个榫头，以提高接合强度。

3. 榫头的长度

家具设计中，榫头的长度应根据榫接合的具体形式而定，当采用明榫时，榫头的长度应略大于榫眼零件的厚度（或宽度）装配后都应截齐刨平；当采用暗榫时，榫头的长度不应小于榫眼零件的厚度（或宽度）的1/2，一般控制在15～35mm时可获得理想的接合强度。暗榫接合时，榫眼深度应比榫头长度大2～3mm，这样可以避免榫头端部加工不精确或涂胶过多顶住榫眼底部，使榫肩接合部位出现缝隙，同时又可以存少量胶液，提高胶合强度。

4. 榫头、榫眼的加工配合

家具设计中，榫头与榫肩应垂直，也可略小90° ，但不可大于90° ，否则会导致接缝不严。

5. 榫接合对木纹方向的要求

榫头的长度应顺纤维方向，横向易折断。

三、圆榫接合的技术要求

圆榫是断面形状为圆形的一种插入榫，它主要用于现代板式部件的定位和接合，也可以用于方材的框架接合。与直角榫相比接合强度约低30%，但具有节省木材，简化工艺，提高劳动生产率，适合大批量生产等优点。圆榫接合的技术要求总结如下。

1. 材质要求

应选用密度大，无节痕，无腐朽，木纹通直，具有中等硬度和较好韧性的木材，一般采用水曲柳、柞木、青冈栎、桦木等。

2. 含水率

应比家具用材低2%～3%，在施胶后，圆榫可以吸收胶液中的水分而使含水率提高。圆榫应保持干燥状态，不用时要用塑料袋密封保存。

3. 圆榫的直径、长度

圆榫的直径为板材厚度的0.4～0.5mm，常用规格有直径为6mm、8mm、10mm三种，圆榫的长度为直径的3～4倍。目前为了便于现代家具生产过程中的标准化，常用的圆榫长度为32mm。在实木接合时榫头稍大些，但在刨花板或中纤板上使用时榫头过大就会破坏板的内部结构。

4. 圆榫接合的配合要求

圆榫与榫眼径向配合公差：当采用光面圆榫时，采用间隙配合，其间隙为0.1～0.2mm，用于定位（即拆装结构）；当采用带沟纹的圆榫配合时，采用过盈配合，过盈量为0.2mm用于固定接合（即非拆装结构）。

圆榫与榫眼轴向配合公差：孔深之和应大于圆榫长度0.5～1.5mm为宜。

5. 圆榫施胶

涂胶方式直接影响接合强度，圆榫涂胶强度较好；而榫孔涂胶强度要差，但易实现机械化施胶；圆榫与榫孔都涂胶时接合强度最佳。常用胶种按接合强度由高到低分别为脲醛胶与聚醋酸乙烯酯乳白胶的混合胶（又称两液胶）、脲醛胶、聚醋酸乙烯酯乳白胶、动物胶等。

6. 圆榫的数目

为了提高固定接合的强度和防止零件的转动，通常要至少采用两个以上的圆榫进行接合；多个圆榫接合时，圆榫间距应优先采用32mm模数，以利于精确加工。在较长接合边用多个圆榫连接时，榫间距离一般为90～110mm，实际设计过程中可根据此参数值确定圆榫数量。如大衣柜深度为600mm，则旁板与水平板接合量需要的圆榫数量如果采用32mm模数计算，榫间距为96mm，这样一排就需要六个圆榫。

7. 圆榫配合孔深

垂直于板面的孔的深度$h_1=0.75B$（B为板厚）或$h_1 \leqslant 15$mm；垂直于板端的孔深h_2=圆棒总长度$L-h_1+$（0.5～1.5）mm。其中的0.5～1.5mm即为圆榫与榫眼轴向配合公差。

四、传统家具榫接合结构

我国早在七千年前，就出现了完整的榫卯结构，到了明清时期在当时的工艺技术条件下已发展得非常成熟。我国明清家具独特的艺术风格和使用价值，在很大程度上取决于它科学而奇特的榫卯结构。其榫卯设计巧妙合理，做工考究，结构严谨，达到了完美而牢固的功能与审美效果。目前仿古家具市场有许多在保留传统榫卯外观特征的前提下，已有较大的简化，但也有完全忠实沿用传统家具结构的。明清家具榫卯结构种类繁多，有格肩榫、夹头榫、插肩榫、抱肩榫、粽角榫、楔钉榫、闷榫、穿带榫等[2]。现将应用较多的几种传统榫接合结构形式介绍如下。

1. 格肩榫

格肩榫呈丁字形（或T形）接合，是一方材端部与另一方材中部的接合。在“T”形接合中很少用平头接合，而大多将表面交接处加工成等腰三角形或把三角形端部截去，并同时用直榫与另一方材榫眼接合，这种接合称为格肩榫。如图7–8，在具体做法上又有“大格肩”“小格肩”“实肩”“虚肩”之分。外表呈三角形的称大格肩；去掉三角形尖头的称小格肩；表面三角形与榫头一体的称实肩，表面三角形与榫头中间有间隙的称“虚肩”，圆材接合多用“虚肩”。

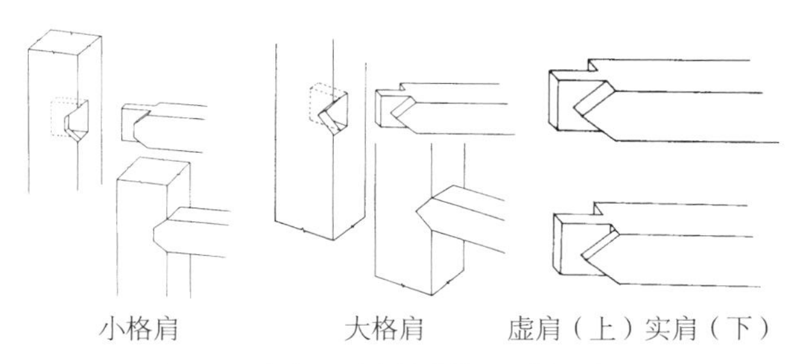

图7–8　家具设计中格肩榫的形状示意图

2. 夹头榫

夹头榫是从晚唐至北宋时期发展起来的一种榫头，在明清家具中，特别是在桌案类家具结构中被广泛应用。制作方法就是在腿端上部开口（深榫槽），夹持住条案下的牙条和牙条下的牙头，超出牙条上部的榫头装入条案边框下底的榫眼。与案面相连，形成完整的案型结构。

由于四腿把牙条夹住，连接成方框，上接案面，从而使案面和腿足的角度不易变动，并能将面板的受力均匀分布到四条腿上。这种结构同时适用于方腿和圆腿（如图7-9）。

3. 插肩榫

插肩榫和夹头榫一样，也是在腿足上部开口夹持住牙条并装入面板下的榫眼。不同之处是腿足上端外皮削成三角状的斜肩，牙条与之相交处则加工成三角槽口，装配后便与腿足上端外侧的斜肩夹持住，形成格肩状的相交表面，其腿面、牙条、牙头在一个平面上，装饰效果较好。但加工复杂，精度要求高，在现代家具中很少应用。插肩榫的腿足断面多为扁方形。（如图7-10）

4. 抱肩榫

抱肩榫广泛应用在有束腰的各种家具上（如图7-11），用在束腰家具的腿足与束腰、牙条相结合处。腿足上端留有长、短两个榫头，长榫插入面板下大边的榫眼，短榫插入抹头的榫眼。它必须短，以便让大边的榫头从上面穿过。在束腰部位以下，切出45° 的斜肩，开凿三角形榫眼，以便与牙条的45° 的斜肩及三角形的榫头配合。

5. 霸王撑

霸王是形容这种结构坚实有力，它的做法是将斜撑安在腿足的内侧，另一端承托着家具的面板，像伸臂擎物一样把台板的重量传递到腿部（如图7-12）。

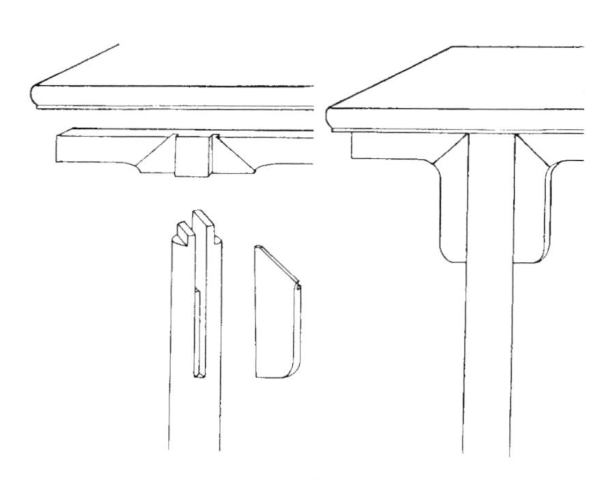

图7-9　家具设计中夹头榫的形状示意图

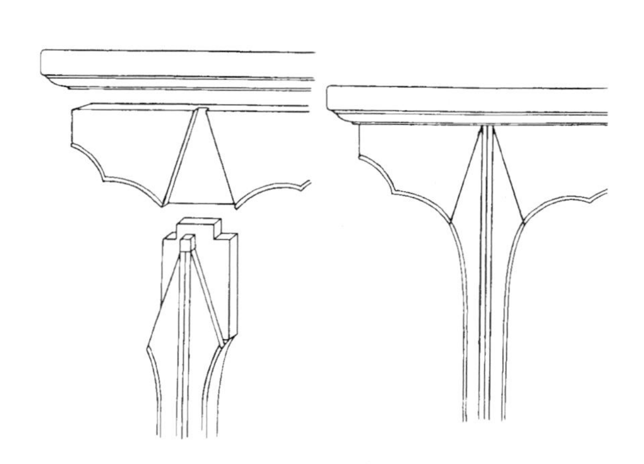

图7-10　家具设计中插肩榫的形状示意图

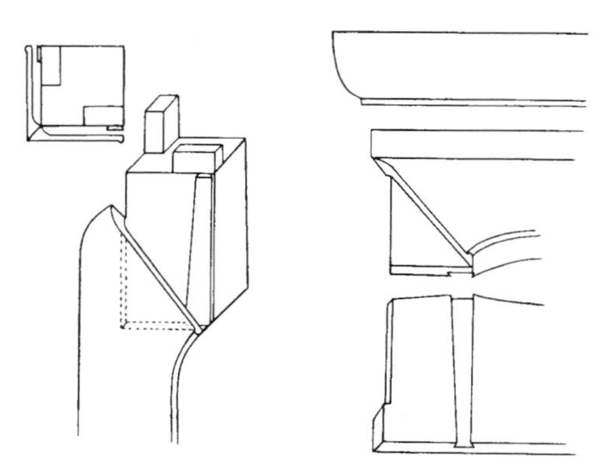

图7-11　家具设计中抱肩榫的形状示意图

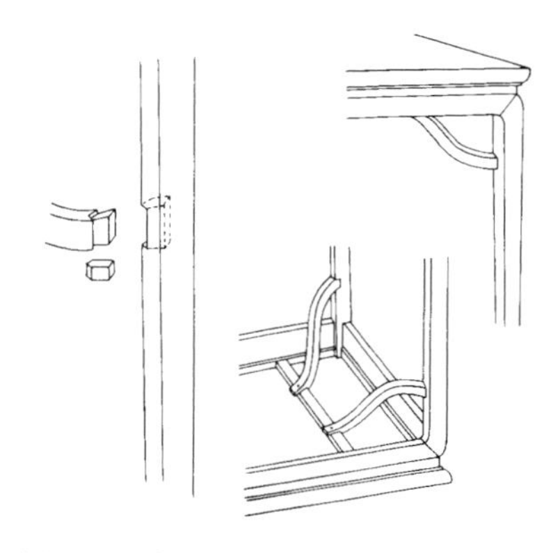

图7-12　家具设计中霸王撑的形状示意图

6. 楔钉榫

楔钉榫常用于零件、特别是弧形零件的接长。最为典型的例子就是圈椅的椅圈，圈椅的扶手对接常采用搭接形式，并在中间加楔钉榫定位，使之不能错动，这样就把两根或更多的曲线零件对接在一起（如图7-13）。

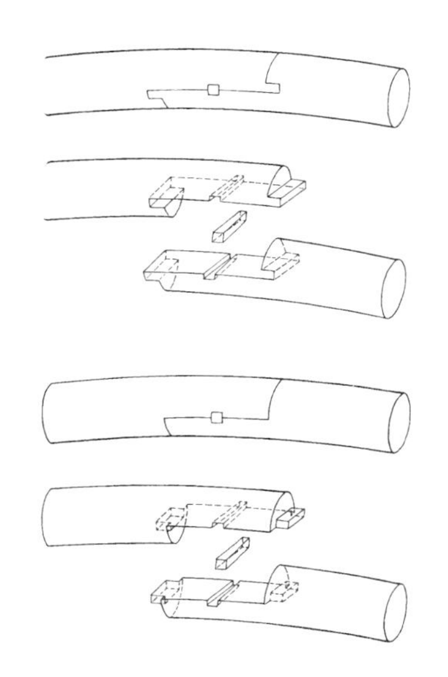

图7-13　家具设计中楔钉榫的形状示意图

第三节　家具部件结构

一、框式部件

1. 框架结构

框架是家具的基本构件，也是框式家具的受力构件，框式家具均由一系列的框架构成。最简单的框架由纵横各两根方材通过榫接合而成，有的框架中间镶板或嵌玻璃，木框结构的各部分名称如图7-14所示。框架的框角接合方式，可根据方材断面及所用部位的不同，采用直角接合、斜角接合、中挡接合等。

（1）直角接合

直角接合加工简便、牢固，为常用的接合方式，多采用整体榫。如图7-15所示为直角接合常见形式。

图7-14　家具设计中框架结构示意图

1-木框　2-镶板　3-帽头　4-立边　5-横挡　6-立挡

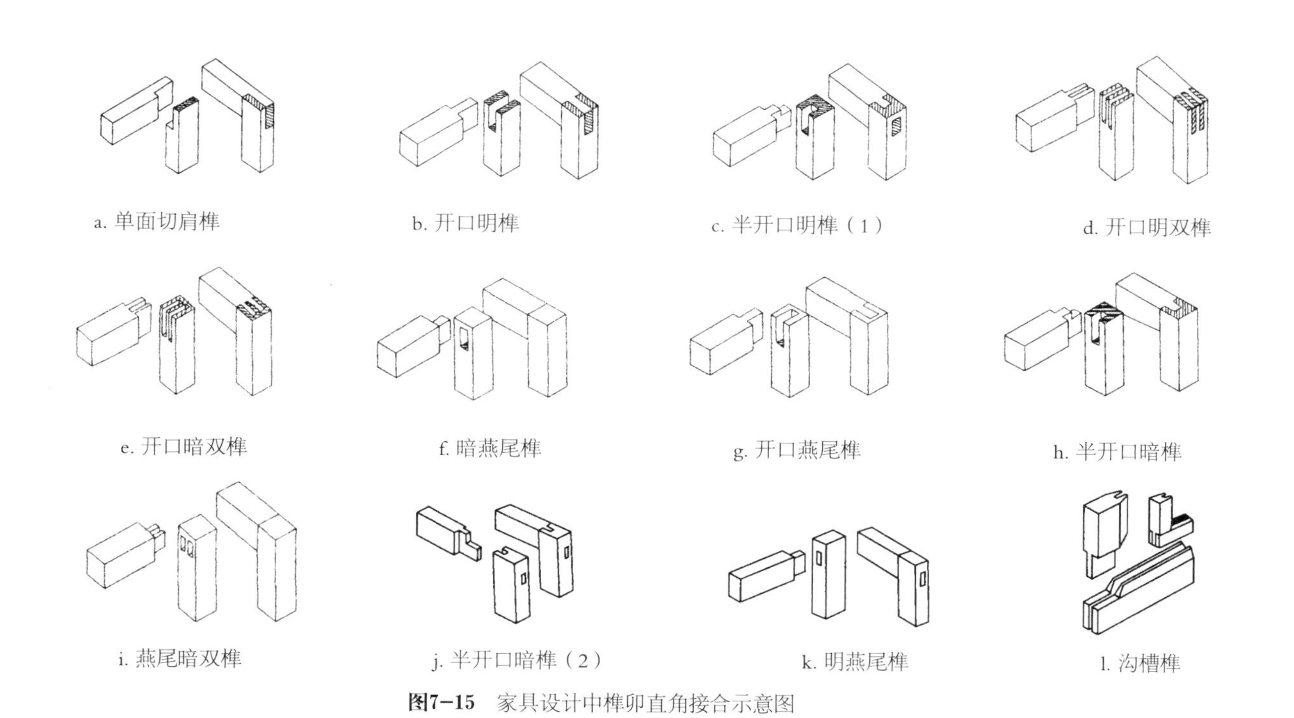

图7-15　家具设计中榫卯直角接合示意图

（2）斜角接合

它是将两根接合的方材端部榫肩切成45° 的斜面或单肩切成45° 斜面再接合，它可以使不易装饰的方材端部不致外露，但接合强度较小，加工较复杂，常用于外观要求较高的家具（如图7–16）。

（3）框架的中挡接合

它包括各类框架的横挡、立挡。如椅子和桌子的牵脚挡等，常见的接合方法如图7–17所示。

（4）框架嵌板结构

嵌板结构是框式家具中最常用的结构形式，它是将人造板或拼板嵌入木框中间，简而言之，起封闭和隔离作用的结构即称之为嵌板结构。嵌板的装配方式有裁口法和榫槽法两大方面，各自又有很多细部结构形式。如图7–18所示，采用裁口法，嵌板装入后需用带型面的木条借助螺钉、圆钉固定，这种结构装配简单，易于更换嵌板。若用榫槽法，更换嵌板时，则须先将木框拆散再重新安装。嵌板结构在装入嵌板时，需预留嵌板干缩湿涨的空隙，以至于不破坏木框结构。

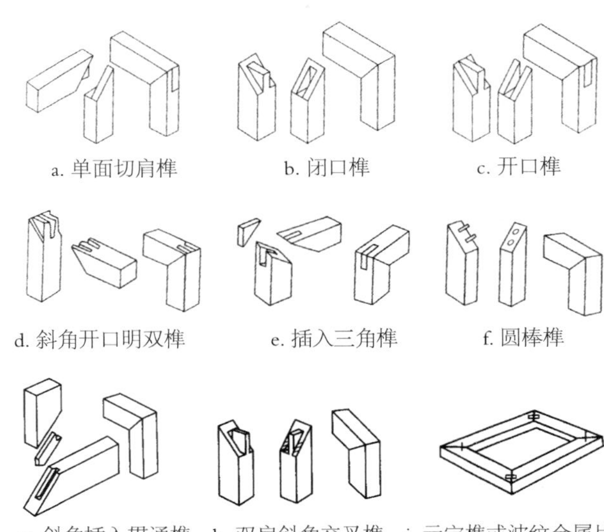

图7–16 家具设计中榫卯斜角接合示意图

2. 实木部件的拼宽

将窄板胶拼成所需宽度的板材称为拼板，传统框式家具的桌面板、台面板、柜面板、椅座板、嵌板等都是采用窄板胶拼而成。为了尽量减少拼板产生的收缩和翘曲，窄板的宽度应有所限制，同时，同一拼板中板块的树种及含水率应一致，以保证形状稳定。

（1）拼宽的接合方法

拼宽的接合方法有平拼、裁口拼、企口拼、穿条拼、插入榫拼等（如图7–19）。

（2）拼板的镶端结构

当木材含水率发生改变时，拼板的变形是不可避免的，为了避免端部表面暴露于外部，防止和减少拼板发生翘曲的现象，常采用镶端的方法加以控制，常用的有装榫法（串带法）、嵌端法、装板条法、贴三角形木条法等（如图7–20）。

3. 实木部件的接长

实木材料可以通过各种方式加以接长，从而实现短料长用，节约木材。实木材料的接长主要靠胶

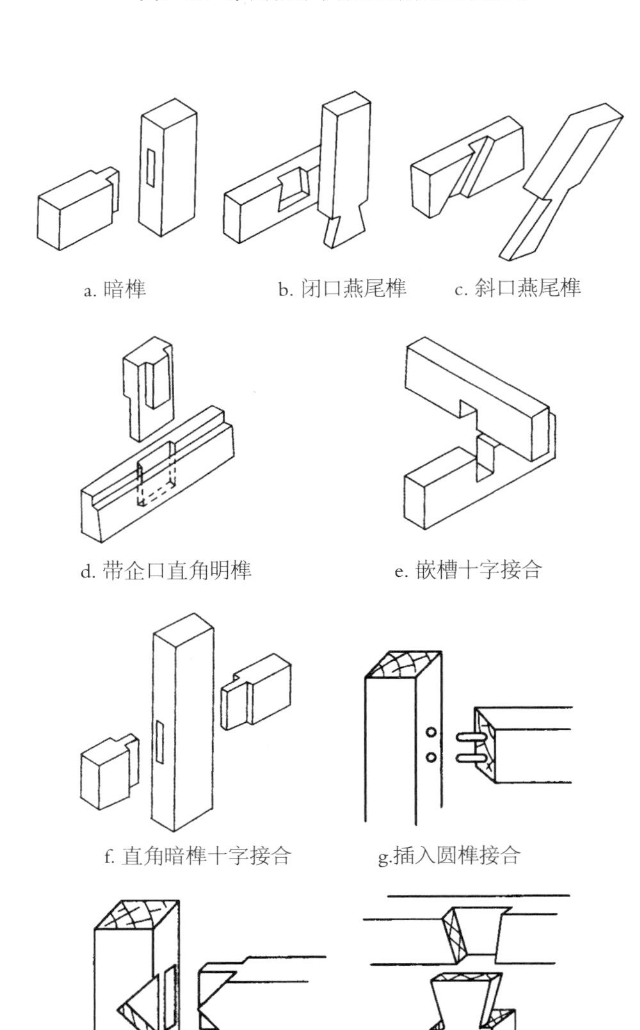

图7–17 家具设计中中挡接合示意图

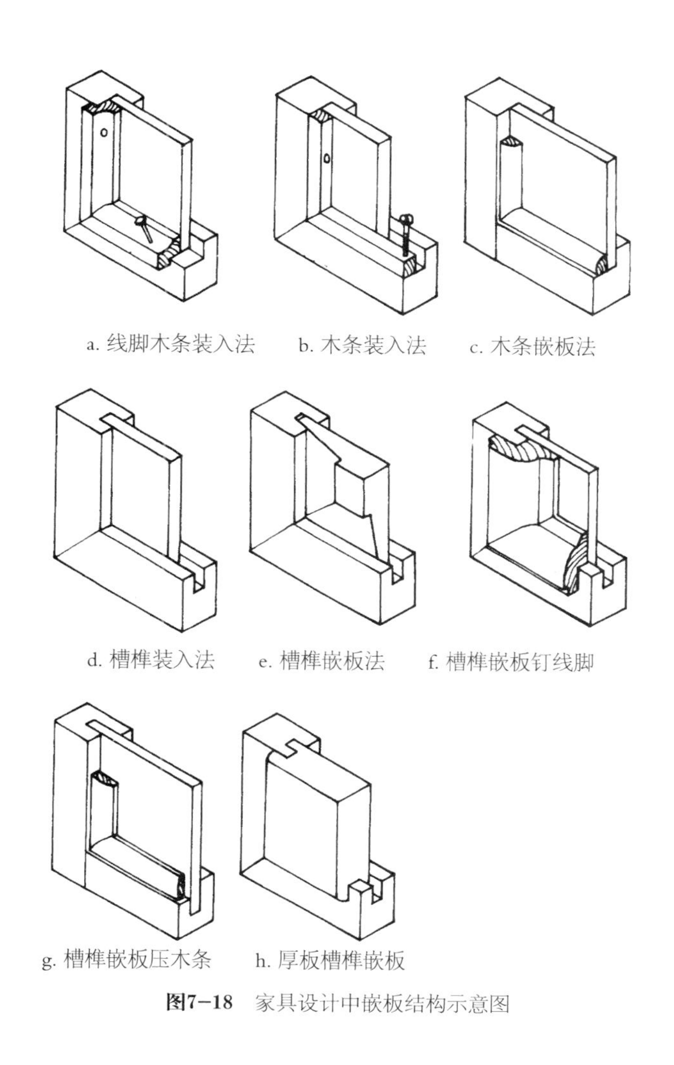

图7-18　家具设计中嵌板结构示意图

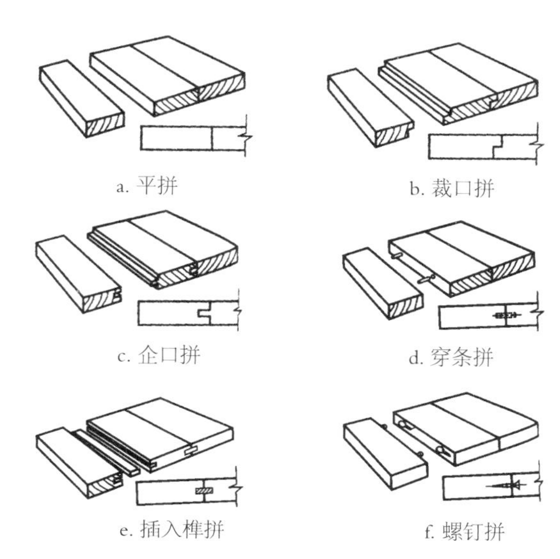

图7-19　家具设计中拼宽接合方法示意图

图7-20　家具设计中拼板的镶端结构示意图

接合，为了增大胶合面积，提高胶合强度，接合处常加工成不同的形状，常用的接长方式有搭接、斜面接和齿榫接等方法。搭接加工简单，接合强度较低；斜面接时接合强度随着斜面长度加大而增大，但斜面长度越长，材料消耗越大，加工强度也相应增加。一般为实木厚度的8~10倍；齿榫接合在方材接长中使用最为普遍，用专用设备加工，接合强度高，加工效率高，材料损失小，它有正面齿榫接和侧面齿榫接两种方法（如图7-21）。

4. 实木箱框结构

箱框是由四块以上的板材构成的框体或箱体。如传统的抽屉、衣箱，箱框的构成，中部有可能设有中板，箱框的结构在于箱框的角部接合和中板的接合，常用的接合方法有直角多榫、燕尾多榫、插入榫以及金属连接件接合等方法（如图7-22、图7-23）。

5. 实木门结构

实木门种类很多，品种也十分丰富，通常由实木边框和嵌板构成，边框由帽头、立挺、横挡、竖撑挡、横撑挡组成，内嵌实木拼板、薄形人造板或玻璃等。框架一般采用榫接合，如果采用薄型人造板（如中密度板）嵌板，则表面贴应贴薄木；如果采用实木拼板，则厚度应比边框小，这样既可节省材料，又可形成造型上的凹凸效果。具体结构见前面图7-18所述的框架嵌板结构。如果门的长度过宽，为防变形，可将中间一或二横挡设计为外露形式，将门分割为二段或三段。

为了节约珍贵木材，门的框架和嵌板材料也可以不同，如内部嵌板材料为杉木、杨木，而外部为珍贵树种的薄木或贴面的胶合板，内部材料只要工艺合格其强度是没有问题的，而外部珍贵木材的纹理能够满足人们的审美要求，表面贴面的薄木种类主要根据

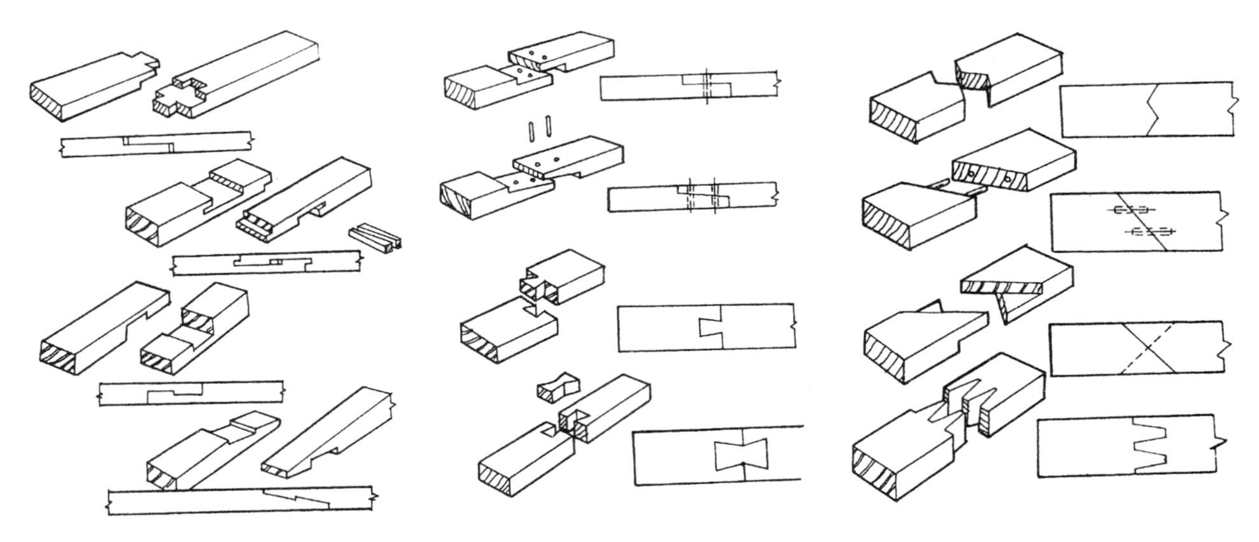

图7-21 家具设计中接长方法示意图

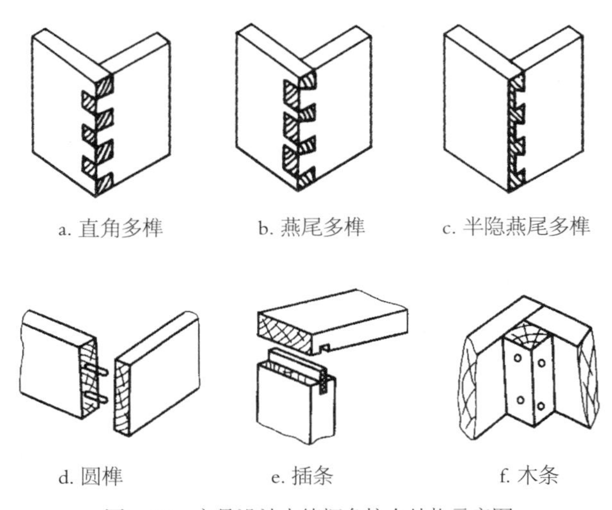

a. 直角多榫　b. 燕尾多榫　c. 半隐燕尾多榫

d. 圆榫　e. 插条　f. 木条

图7-22 家具设计中箱框角接合结构示意图

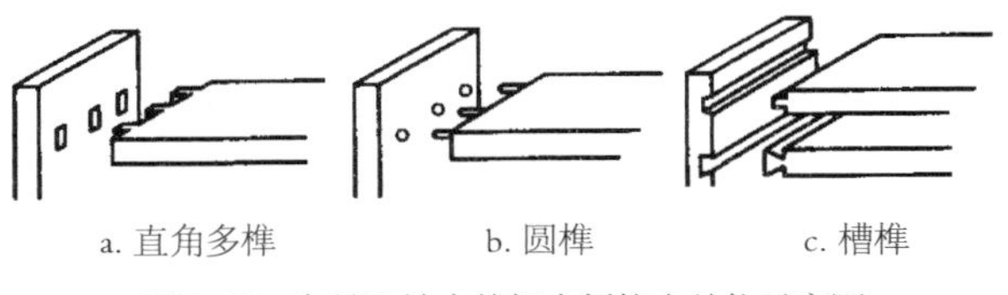

a. 直角多榫　b. 圆榫　c. 槽榫

图7-23 家具设计中箱框中板接合结构示意图

购买者的意愿来定，常见树种有胡桃木、樱桃木、橡木、柚木、花梨木、榉木等。当然内外材料不一致对于生产工艺和加工精度要求较高，特别是贴异型面，要用专用模具和设备。在设计过程中，为了增加门的美观性，可采用多种线型进行装饰。

二、板式部件

1. 板式部件结构类型

板式部件结构一般是以人造板为基材，再在表面进行覆面装饰的构件。根据板件的形式不同一般可分为两种——实心板和空心板。

实心板主要以刨花板或中密度纤维板为芯板，表面覆装饰材料，如薄木、木纹纸、胶合板、塑料薄膜（聚氯乙烯薄膜）等。现代板式可拆装家具大多都是这种以人造板为基材的覆面实心板。

空心板是由空心芯板和覆面材料所组成的空心复合结构板材，空心芯板多由周边木框和空心填料组成，空心填料可以保证表板的平直，而不产生凹陷现象。在家具生产中，通常把在空心芯板的一面或两面使用胶合板、硬质纤维板或装饰板等覆面材料胶贴制成的空心板称之为包镶板。其中，一面胶贴覆面的为单包镶；两面胶贴覆面的为双包镶，根据空心填料的不同，可以分为栅状空心板、格状空心板、蜂窝状空心板、波状空心板（如图7-24）。

空心板重量轻，节约木材，形状稳定，表面美观，用途广泛。目前最常用的为栅状空心板。

2. 板式部件的封边和包边

板式部件一般都必须封边，这是因为板件侧边

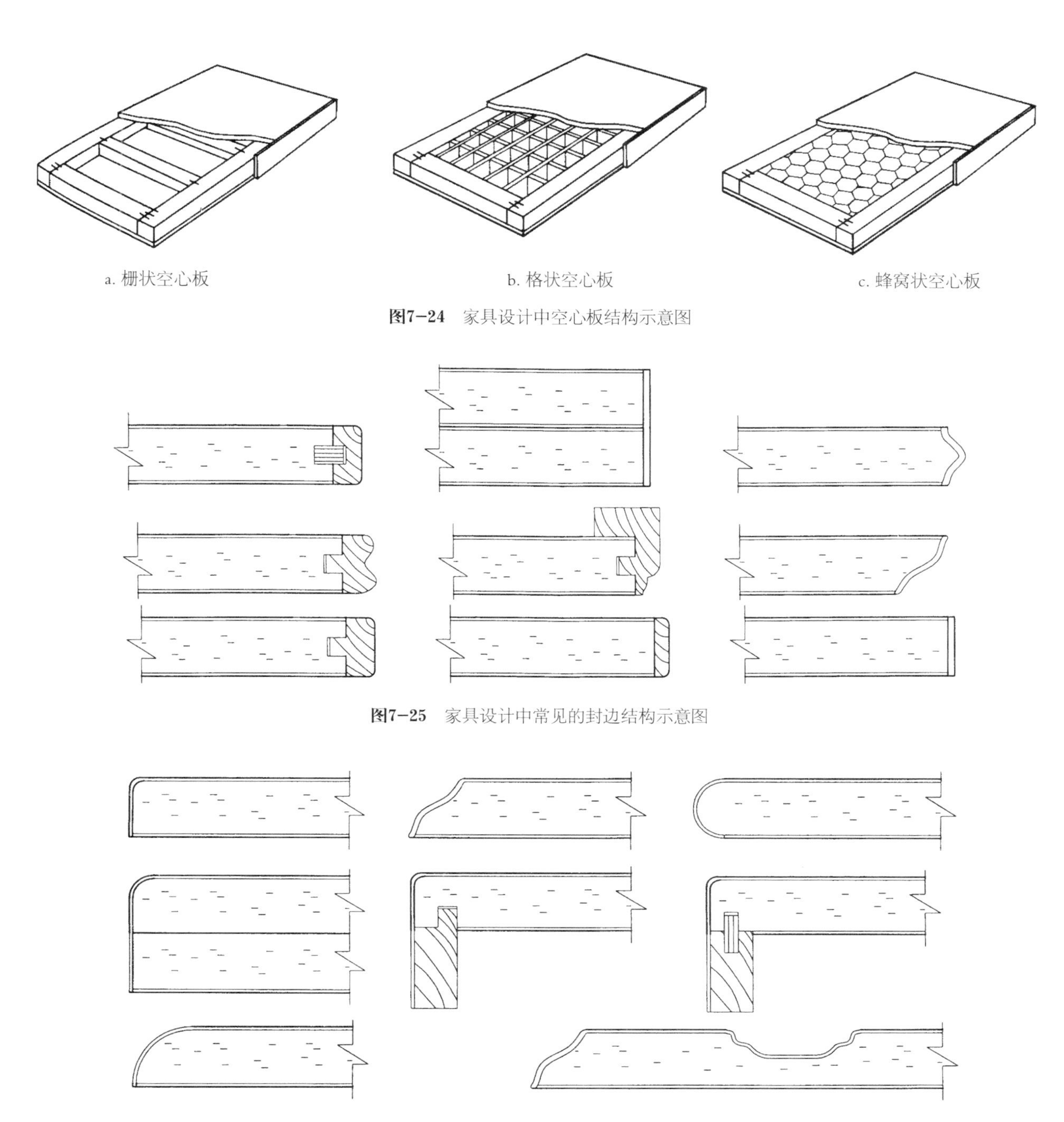

a. 栅状空心板　b. 格状空心板　c. 蜂窝状空心板

图7-24　家具设计中空心板结构示意图

图7-25　家具设计中常见的封边结构示意图

图7-26　家具设计中常见的包边结构示意图

若显露出来，不仅影响外观质量，而且板件在使用和运输的过程中，边角部容易损坏，贴面层被掀起或剥落，特别是刨花板部件侧边暴露在大气中，当环境湿度变化时，会产生缩胀和变形现象。因此，板件侧边封边是必不可少的工序，如图7-25所示是典型的封边结构。

为了增加板件的整体感和美观性，对人造板材也可采用包边覆面形式，它是用规格尺寸大于板面尺寸的覆面材料饰面后，根据板件边缘形状，在已成型的板件边缘再把它弯过来，包住侧边使板面与侧边形成一体。如图7-26所示是典型的包边结构。

三、抽屉结构

1. 抽屉概述

抽屉广泛应用于柜类、桌案类等家具中。按在家

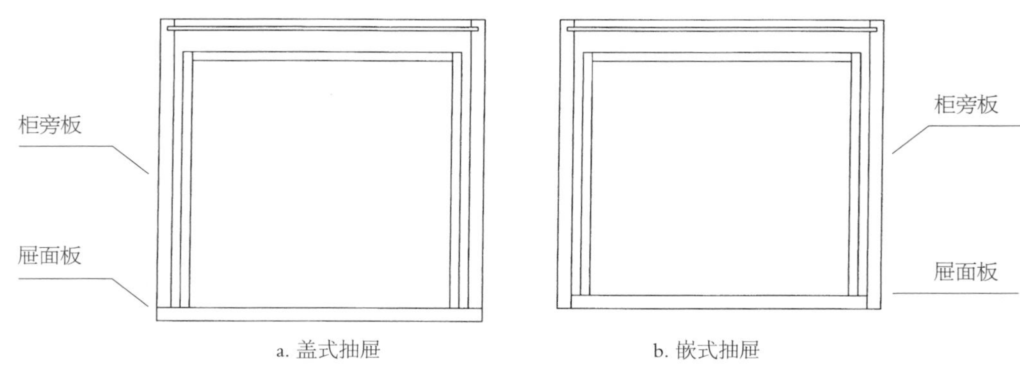

图7-27　家具设计中抽屉与柜板关系示意图

具中的安装位置不同，分为露在外面的明抽屉和装在柜门里的暗抽屉两种。按明抽屉与所连接旁板的相对关系又分为嵌入式抽屉和盖式抽屉，一般嵌入式抽屉的屉面板与所接的柜体旁板相平；盖式抽屉的屉面板将所连接的柜体旁板覆盖，如图7-27。抽屉是一个典型的箱框结构，由屉面板、屉旁板、屉背板、屉底板构成。抽屉本身的形式又可分为无屉面衬板和有屉面衬板结构（如图7-28）。有屉面衬板常用于高档抽屉，它是先由屉面衬板与屉旁板、屉底板、屉背板等构成箱框后，再与屉面板连接而成。屉面板与屉旁板常采用半隐燕尾榫、全隐燕尾榫、不贯通直角多榫、圆榫、连接件接合；屉旁板与屉背板常采用直角贯通多榫、圆榫接合。（如图7-29）

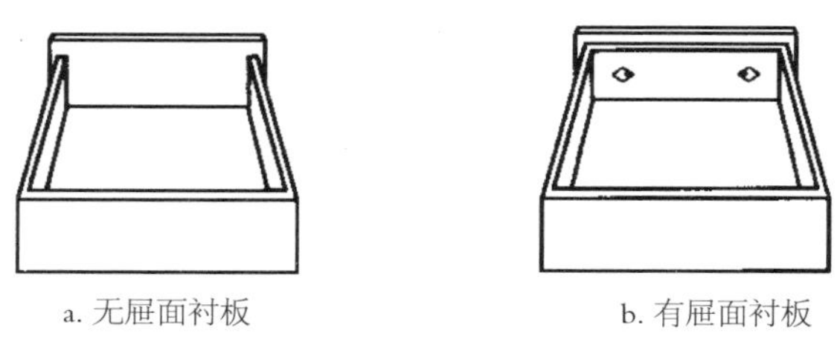

图7-28　家具设计中常见的抽屉形式示意图

从材料来看，实木拼板、细木工板、刨花板、纤维板、胶合板等都可以用来制作抽屉。屉旁板和屉背板还可以用聚氯乙烯（PVC）塑料薄膜覆面的刨花板、中密度纤维板开V形槽折叠而成，或用铝合金、不锈钢材等制成，并可用木质屉面相配成箱框。屉面板厚一般为20mm，屉旁板和屉背板一般为12～15mm，屉底板常采用3～5mm厚胶合板或硬质纤维板制成。它们是插入屉旁板和屉背板的槽口中。而现代板式家具的抽屉多采用插入榫（圆棒榫）和五金件接合，材料多采用以刨花板或中纤板为基材的覆面板。

2. 抽屉的安装结构

为了使抽屉便于使用，抽拉时不至于歪斜，并保证结构的牢固性和反复抽拉的灵活性，在每个抽屉的

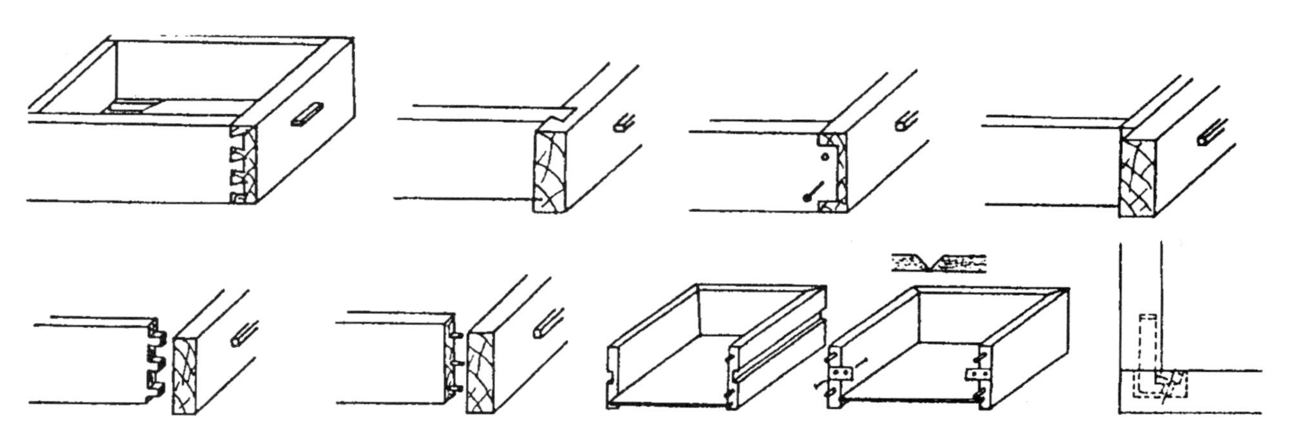

图7-29　家具设计中常见的抽屉结构示意图

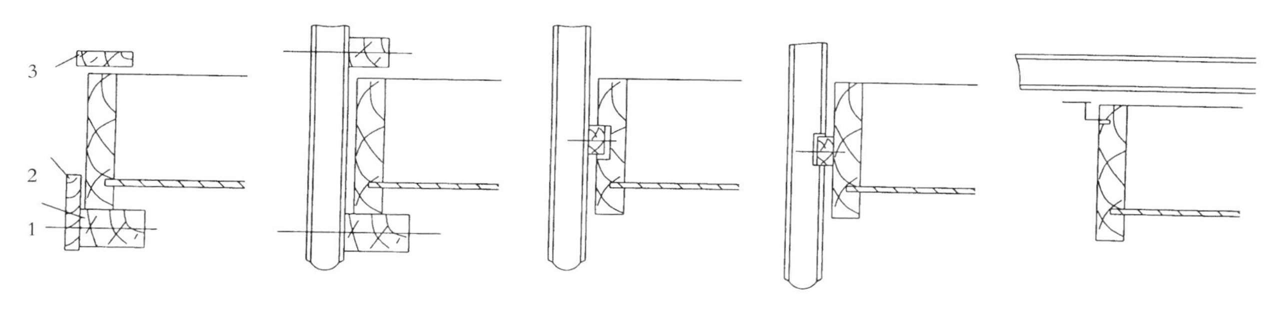

图7-30 家具设计中常见的抽屉安装结构示意图

1-托屉撑 2-导向条 3-压屉撑

宽度或高度上都应具有滑道或导轨，一般安装在抽屉旁板的底部（托屉）、上部（吊屉）或外侧，如图7-30所示。而现代板式家具中的抽屉与柜体旁板的连接多采用适应“32mm系统”的各种抽屉滑轨（详细结构在家具五金件章节中另述）。

第四节 “32mm系统”板式家具结构

板式家具主要指以人造板为基材，采用专用的五金连接件或圆榫装配而成的家具。板式家具的主要材料是人造板，包括中密度纤维板、刨花板、胶合板、细木工板等。“部件”加“接口”是板式可拆装家具的主要结构形式，如KD（Knock down furniture）家具、RTA（Ready to assemble）家具以及DIY（Do it yourself）家具，用户可以通过不同部件的自由组合，根据需要组装成不同款式的家具，消费者也能参与设计，因此，板件的标准化、系列化、互换性是“32mm系统”板式家具结构设计的重点。

一、“32mm系统”的概念

“32mm系统”出现于20世纪50年代的欧洲，当时随着建筑业的繁荣，带动了家具产品的需求及家具工业的发展，家具制造业开始寻求一种能工业化大批量的生产方式。当时家具工业中已经开始使用刨花板、塑料贴面材料等，五金连接件也有所发展。家具制造业进而产生了对当时需求量最大的柜类家具进行“模数化生产”的想法，及以其旁板为基本骨架，钻成成排的孔，用以安装门、抽屉、搁板等的想法。“32mm系统”就在这样的背景下产生了。

“32mm系统”是一种国际通用的模数化、标准化板式家具结构设计理念，目前在板式家具的设计中普遍应用。“32mm系统”要求零部件上的孔间距为32mm的整倍数，即应使“接口”都处在32mm的方格网的交点上，以保证实现模数化，并可用排钻一次打出。简单来讲，“32mm系统”是指板件前后、上下两孔之间的距离是32mm或32mm的整数倍。在欧洲也被称作“EURO”系统。其中E-Essential knowledge，指的是基本知识；U-Unique tooling，指的是专用设备的性能特点；R-Required hardware，指的是五金件的性能与技术参数；O-Ongoing Obility，指的是不断掌握关键技术。另外“32mm系统”板式家具在生产上因采用标准化生产，便于质量控制，且提高了加工精度及生产率；在包装运输上，采用板件包装堆放，有效地利用了贮运空间，减少了破损和难以搬运等麻烦。

为什么要以“32mm”为模数呢[3]。原因如下：

❶ 排钻设备主要靠齿轮传动，齿轮间合理的轴间距不应小于32mm，否则，排钻齿轮传动装置将受很大影响。

❷ 欧洲习惯使用英制为度量单位，假若选用1英寸（25.4mm）作为轴间距，则会与排钻齿轮间距产生矛盾，而欧洲人习惯使用的下一个英制尺寸$1\frac{1}{4}$（即1又1/4英寸，31.75mm），取整即为32mm。

❸ 32可以不断被2整除，就其数值而言，在家具设计装配中具有很强的灵活性和适应性。

❹ 32mm作为孔间距模数，并不代表家具的外形尺寸是32mm的倍数，与我国建筑行业推行的300mm模数不矛盾。

二、"32mm系统"结构设计原理

由于部件就是产品，因此，"32mm系统"家具的设计实际上是对标准板件的设计，其中，旁板是设计的核心。这是因为旁板是板式家具中最主要的骨架部件，顶板（面板）、底板、搁板、背板都必须与旁板接合，而且结构孔抽屉滑轨、门板也必须与旁板相接合。旁板上有两种类型的孔：结构孔（Construct hole）和系统孔（System hole）。前者是形成家具框架所必需的接合孔，后者用于装配搁板、抽屉等零部件[4]。在平面坐标中，结构孔在水平线上，即在水平坐标上，而系统孔位于板件的两侧，即在纵坐标上（如图7-31）。

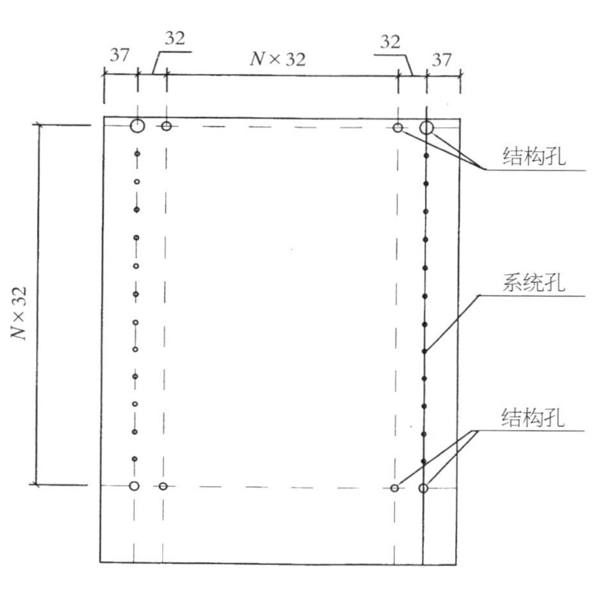

图7-31 家具设计中旁板结构设计实例

1. 结构孔技术参数

上沿第一排结构孔与板端的距离及孔径根据板件的结构形式和选用的连接件而定，若结构形式为旁板盖顶板（面板），如图7-32中a所示，采用偏心连接件连接，则结构孔到旁板端的距离$A=S+d_1/2$，孔径根据所选用的偏心连接件的大小而定；若结构形式为顶板（面板）盖旁板，如图7-32中b所示，则A应根据选用偏心连接件吊杆的长度而定，一般A=24mm，孔径为15mm。下沿结构孔到旁板底端的距离B则和望板高度（h）、底板厚度（d_2）及连接形式有关，如图7-32中c所示，$B=d_2/2+h$。

2. 系统孔技术参数

系统孔一般设在垂直坐标上，分别位于旁板前沿和后沿，若采用盖门，前轴线到旁板前沿的距离K为37mm（或28mm）；若采用嵌门或嵌抽屉，则应为37mm（或28mm）加上门板的厚度。同时，前后轴线之间及其辅助线之间均应保持32mm的整数倍距离。通用系统孔孔径为5mm，孔深规定为13mm，当系统孔用作结构孔时，其孔径根据选用的连接件要求而定，一般常为5mm、8mm、10mm、15mm、25mm等。

3. 旁板的尺寸设计

（1）长度

旁板上面有许多系统孔和结构孔，实际上，当它与顶板、底板的安装方式确定以后，旁板的长度也就确定了。长度$L=A+B+32N$，A、B的取值如图7-32所示。

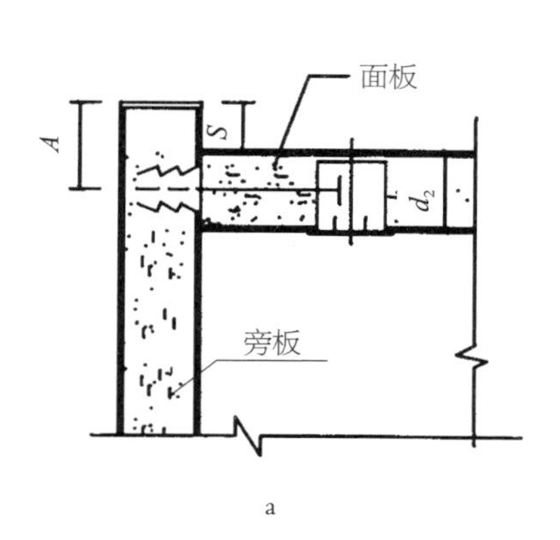

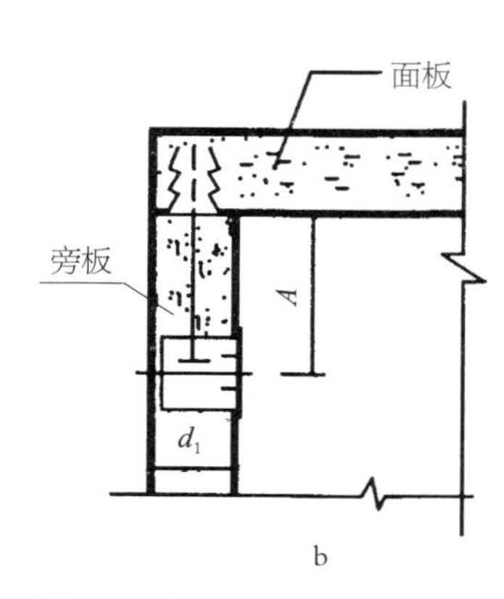

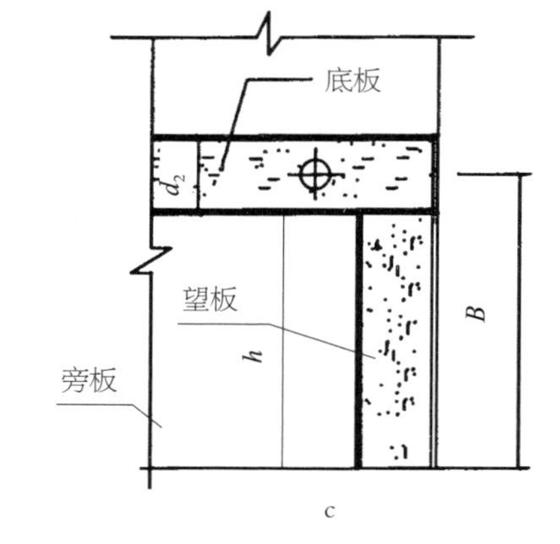

图7-32 家具设计中结构孔的定位示意图

（2）宽度

若按照对称设计的原则，旁板的宽度W=2K+32N，如对于盖门，K=37时常用的32mm系统旁板的宽度值可在表7-1中选取。

表7-1　　旁板宽度

N值	5	6	7	8	9	10	11	12	13	14	15	16	17	18
旁板宽度	234	266	298	330	362	394	426	458	490	522	554	586	618	650

4. 抽屉的尺寸设计

在“32mm系统”板式家具设计中，较为复杂的还是抽屉的定位设计，抽屉设计的复杂性在于设计过程中需要二次定位：一次是屉面板与柜体旁板的定位，另一次是屉旁板与屉面板的定位。在很多情况下，要求抽屉面板的高度是一致的，在此以托底滑轮式导轨为例，如图7-33所示的是德国海蒂诗（Hettich）FR302系列导轨中的一种，其在旁板上的系统安装孔与抽屉旁板底部的距离为L=11mm，即称为偏移距（不同系列和品牌的抽屉滑轨的偏移距是不同的），此滑轨所需的最小安装高度为16mm。对于上下叠加结构的抽屉，若采用具自闭性的抽屉滑轨，最上面的屉旁板上沿到柜顶板下表面（或上一抽屉的面板下沿）之间至少留16mm的高度，这时就需要对抽屉进行二次定位处理。

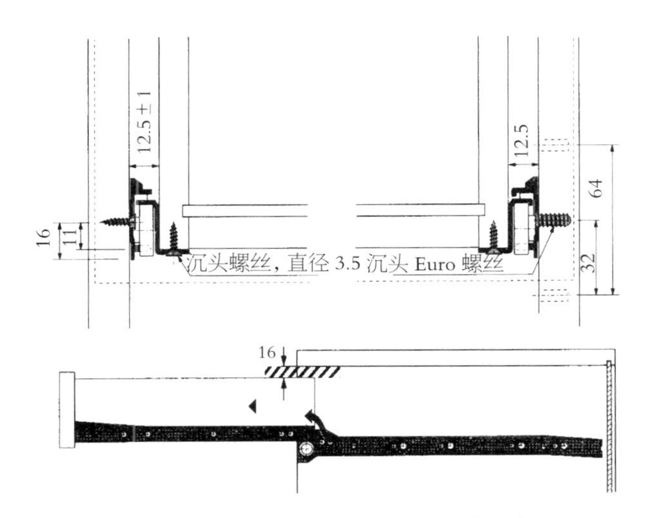

图7-33　家具设计中滑轮式导轨的安装示意图

第五节　五金件接合结构

一、五金件的类型

家具五金件是板式家具和拆装家具不可缺少的部分，它起到连接、紧固和装饰的作用，随着DIY家具以及办公室自动化、厨房家具的变革，再一次促进和推动了家具五金工业向高层次发展，使家具五金产品在广度和深度上发生了质的飞跃。国际标准化组织于1987年颁布了ISO8554、ISO8555家具五金分类标准，将家具五金分为九类——锁、连接件、铰链、滑道、位置保持装置、高度调整装置、支撑件、拉手、脚轮。根据五金件的结构及功能特点可分为固定结构件、转动结构件、滑动结构件以及安全结构件（锁）、位置保持装置、高度方向调整结构、装饰件等。

二、固定结构件

固定结构件包括结构连接件和支撑件两类。结构连接件是拆装式家具上各种部件之间的紧固构成，其材料有金属、塑料、尼龙等。按照其作用和原理不同，可分为偏心式、螺旋式、倒刺式、拉挂式等。其中偏心式连接件应用最广。支撑件主要包括搁板支撑件、衣棍座等。

1. 结构连接件

（1）偏心连接件

❶ 结构特点与连接方式：偏心连接件的接合原理是利用偏心螺母结构将连接另一板件的连接端部夹紧，从而把两板连接在一起，用于两相互垂直板件间的连接。如图7-34所示，偏心连接件由圆柱螺母、连接杆及倒刺螺母等组成，使用时，在一板件上嵌入倒刺螺母，并把一端带有螺纹的连接杆旋入其中，另一端通过板件的端部通孔，接在开有凸轮曲线槽的圆柱螺母内，当顺时针拧转圆柱螺母时，连接杆在凸轮槽内被提升，即可实现两部件之间的垂直连接，为了使表面美观，可用装饰盖将圆柱螺母掩盖起来。其特点是拆装方便、灵活，适用于自装配家具，有较大的接合强度。但是偏心连接件定位性能差，需要用圆棒榫定位，一般每个偏心连接件需设一个圆棒榫定位。偏

心式连接件要求板件加工精度高，现广泛用于各类柜的板件连接。

❷ 技术要求与尺寸：圆柱螺母的直径有12mm、15mm、25mm等规格，柜体结构中常用15mm，可拆装抽屉中常用12mm，倒刺螺母的直径常用的有8mm、10mm。连接杆的长度规格较多，常用的尺寸是使圆柱螺母孔心离板件边缘为24mm或34mm。在设计时，应了解各种的具体参数选用适合的连接件。如图7-35为偏心式连接件的接合方式与技术参数。

（2）倒刺式连接件

倒刺式连接件就是将外周有倒刺、内周有螺刺的螺母预埋在板件中，然后用一根螺杆将其与另一板件连接在一起，主要用于两垂直板件间的接合，按螺母上倒刺的形状特点不同，倒刺式连接件又有直角式、

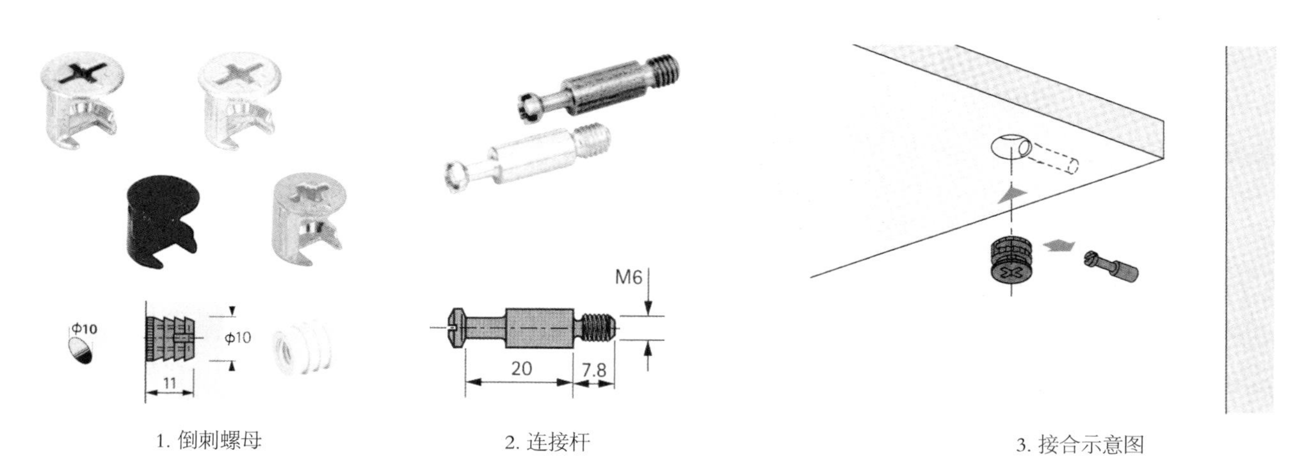

1. 倒刺螺母　　2. 连接杆　　3. 接合示意图

图7-34　家具设计中偏心连接件的安装示意图

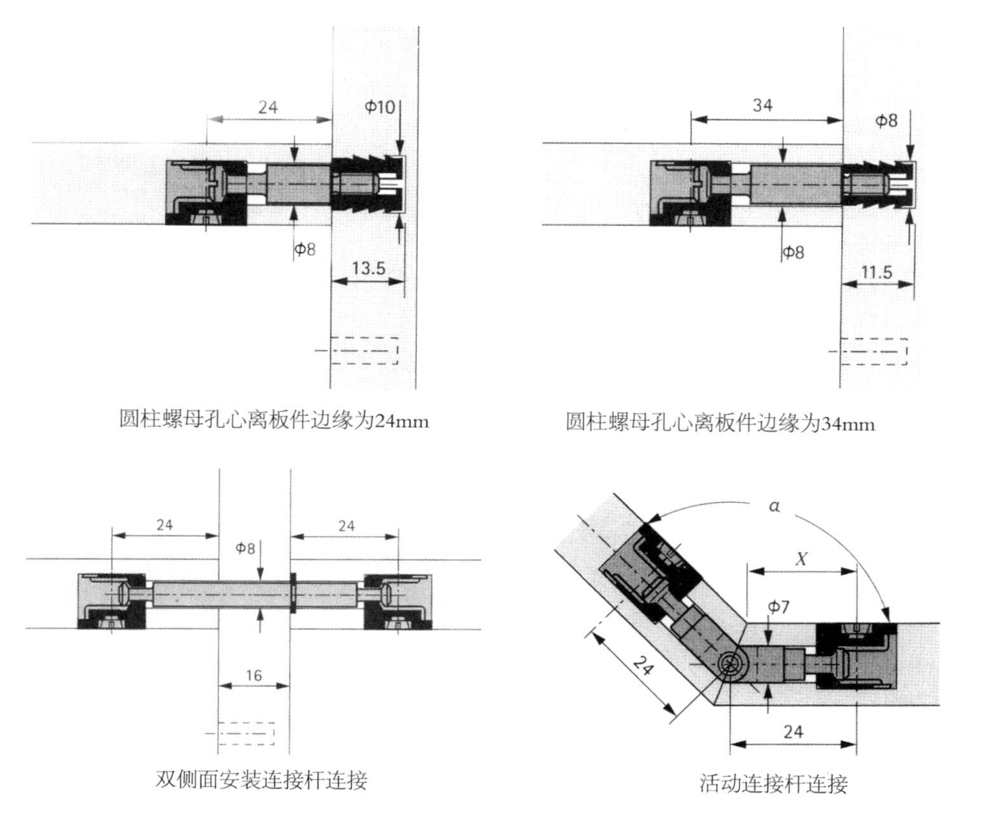

图7-35　家具设计中偏心式连接件的接合方式及技术参数示意图

排刺式。（如图7-36）

（3）螺旋式连接件

螺旋式连接件的接合原理同倒刺式连接件，采用带内螺纹的空心木螺钉螺母、圆柱螺母、五眼板或三眼板螺母等取代倒刺螺母，主要用于两垂直板件间的接合。比较常用的是圆柱螺母连接件，由圆柱螺母、螺栓连接件和垫圈组成。使用时，先在板内侧连接处钻好安装圆柱螺母的圆孔，孔径应比圆柱螺母外径大0.5mm，再在板的端面钻出螺栓

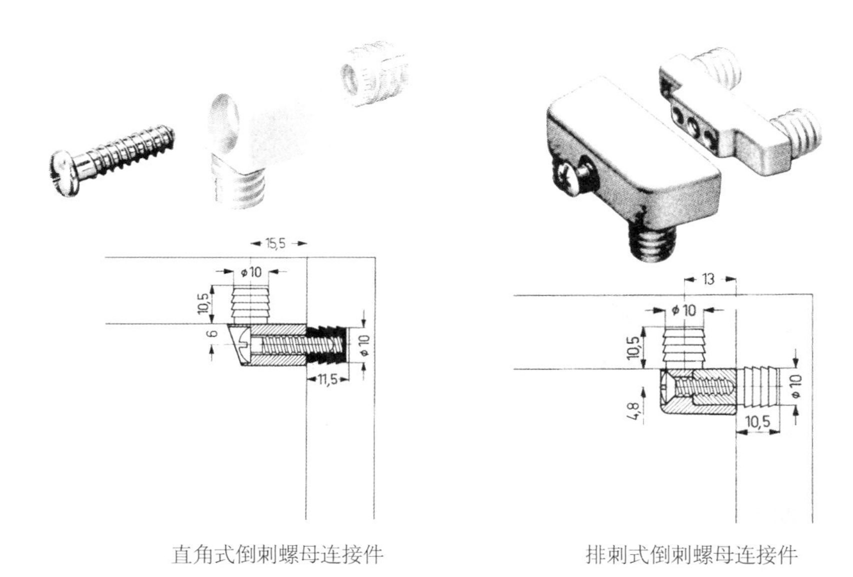

直角式倒刺螺母连接件　　排刺式倒刺螺母连接件

图7-36　家具设计中倒刺螺母连接件的安装示意图

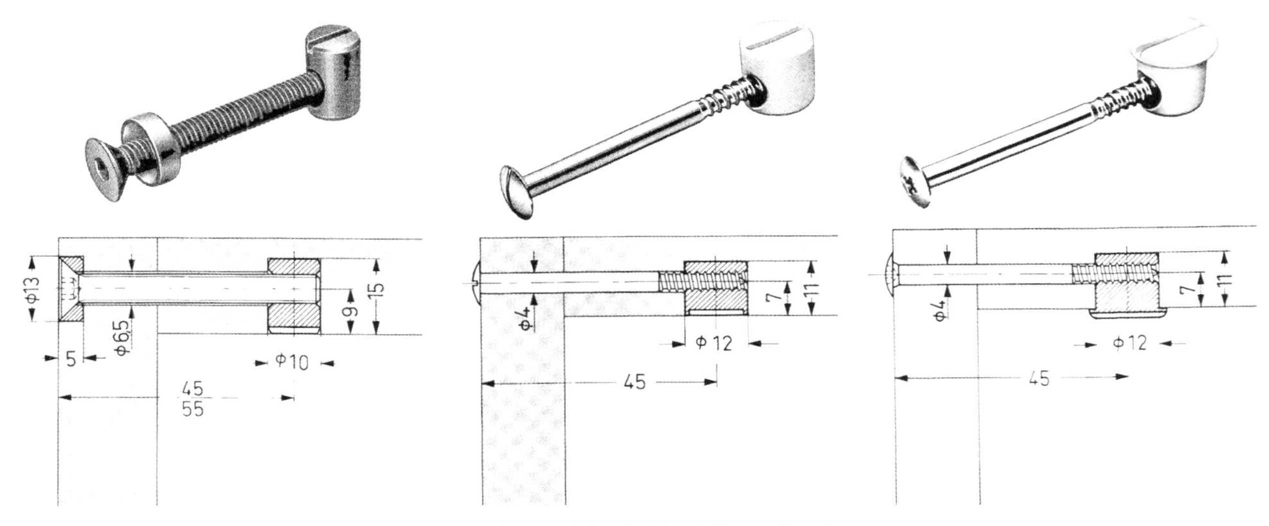

图7-37　家具设计中圆柱螺母连接的安装示意图

孔，使之与圆柱螺母的螺母孔相通。安装时，将圆柱螺母放入板的侧孔内，并使螺母孔朝外，跟螺栓相对，然后将螺栓穿过板端上的螺栓孔，对准圆柱螺母孔旋紧即可。其结构特点是接合强度高，且不需要借助木材的握钉力来提高接合强度。主要用于衣柜、文件柜等柜类家具的顶板、底板和旁板的连接（如图7-37）。

（4）拉挂式连接件

拉挂式连接件是利用固定于某一部件上的片式连接件上的夹持口，将另一部件上的片式或杆式零件夹住，且所受力越大，夹持越紧，用于两垂直板件间的接合。其结构简单，使用过程中拆装方便。（如图7-38）

（5）背板连接件

对于背板，除了采用在旁板和顶、底板开槽嵌入固定之外，还可以采用专用的背板连接件进行连接，如图7-39所示，可根据需要选择紧固方式，如夹固、旋固等。

2. 结构支撑件

主要用于支撑家具部件，如搁板支撑、衣棍支座等。（如图7-40）

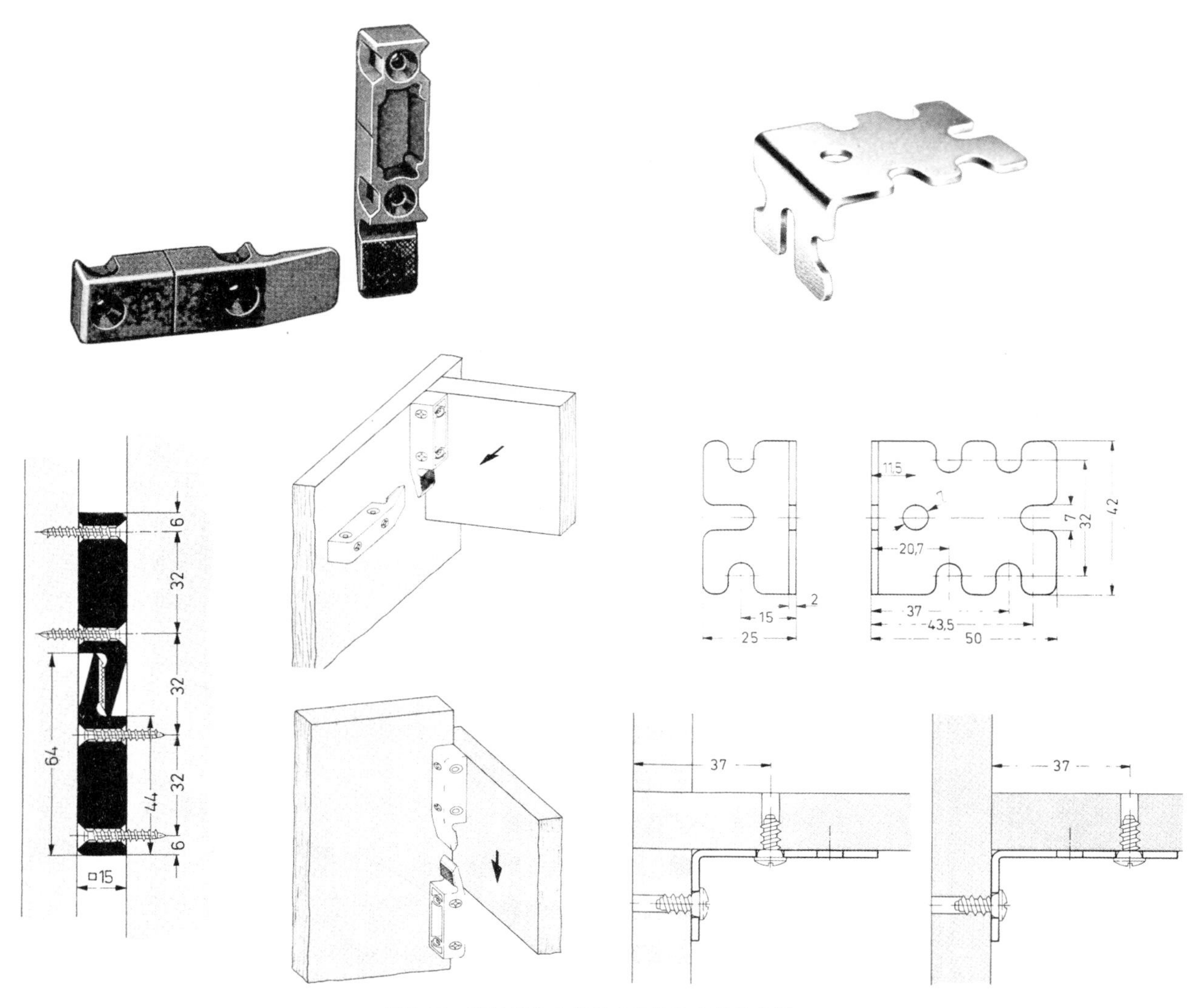

图7-38 家具设计中拉挂式连接的安装示意图

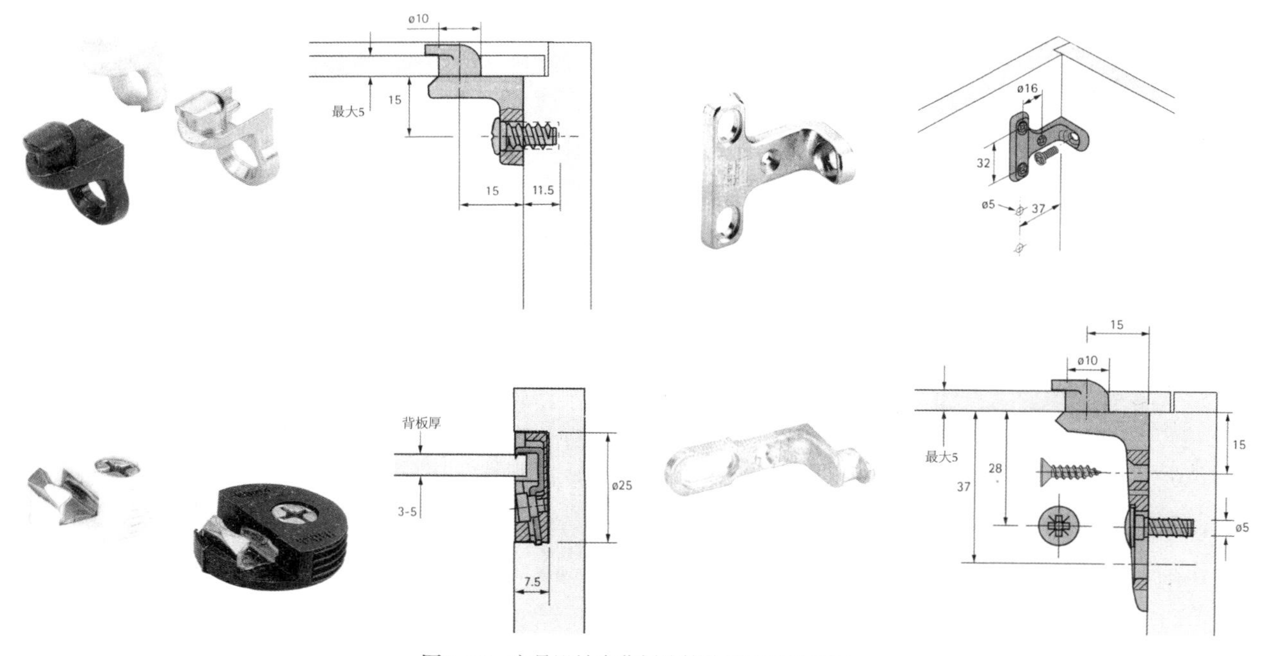

图7-39 家具设计中背板连接件的安装示意图

三、转动结构件

转动结构件主要用于门板与箱体的活动连接，形成门的开启和关闭运动。按构造方式不同，可把转动连接方式分为门单侧边转动和门两端头转动两种形式，转动轴线有垂直方向（开门）和水平方向（翻门），相应的连接件有合页、杯型暗铰链、玻璃门铰链、门头铰链等（如图7-41）。在此对杯型暗铰链的结构设计及技术参数重点介绍。

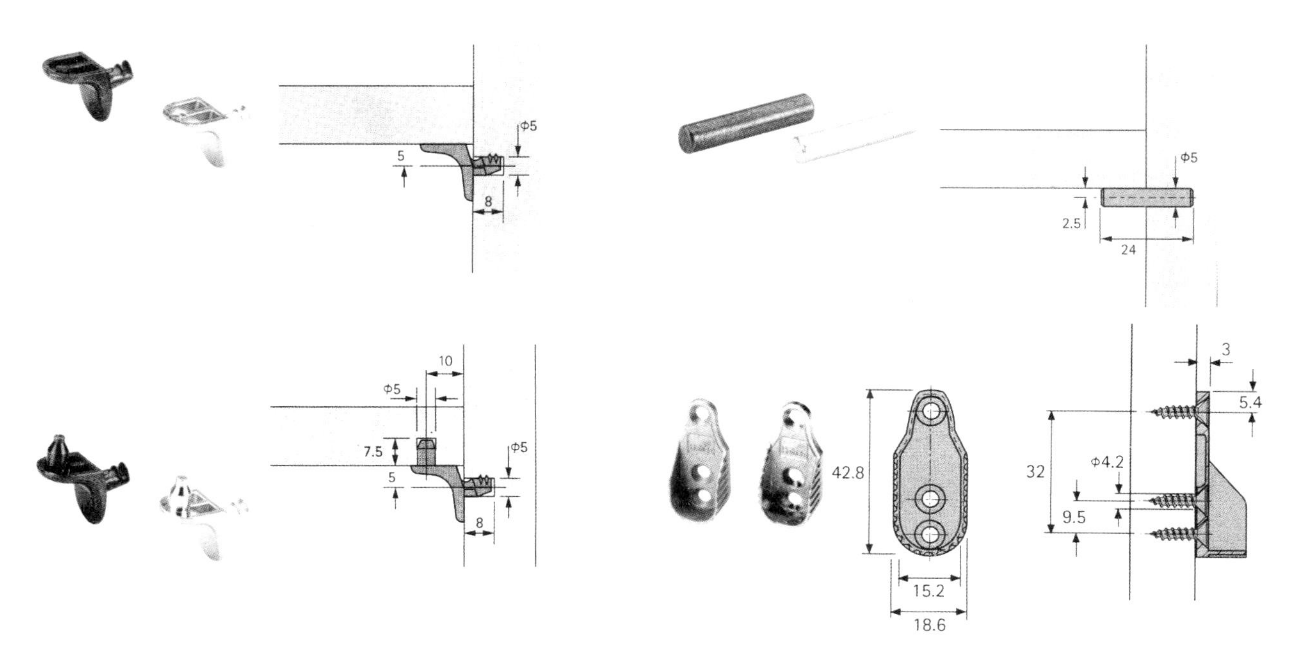

图7-40　家具设计中常见支撑件的安装示意图

图7-41　家具设计中常见转动结构件的安装示意图

1. **杯型暗铰链转动安装结构**

杯型暗铰链为常见的柜类家具门转动连接件，安装时完全暗藏于家具内部而不外露，具有隐蔽性好、安装方便、便于拆装和调整、具有自闭性等优点（图7-42）。杯型暗铰链使家具表面清晰美观。按使用时门开启角度的不同可分为90° 、110° 、135° 、180° 等；按材料不同可分为金属、塑料和混合材料型；按结构不同可分为有自锁和无自锁结构型；按安装后门侧边与旁板侧边的相对位置不同有全盖门、半盖门和嵌门，即直臂、小曲臂和大曲臂；按杯型直径的不同又有26mm和35mm两种规格，其中35mm为常用规格[5]。

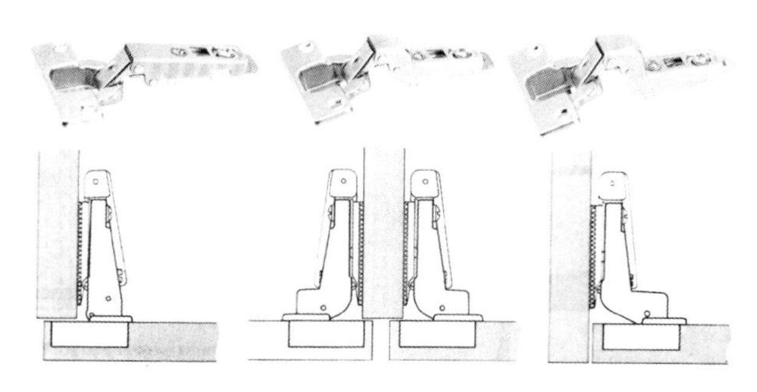

图7-42 家具设计中杯型暗铰链的安装示意图

（1）杯型暗铰链的启闭运动分析

杯型暗铰链靠四连杆机构转动，单四连杆的暗铰链门的开启角度为92°～130°；双四连杆的暗铰链最大可以开到180°。一般情况下装暗铰链的门在开启过程中会向前移位，开成90° 时，门的内侧将超出旁板的内侧面；在关闭过程中，当门转动关闭到小于45° 时，由于暗铰链具有弹性，门会自动关闭，这也就是常说的暗铰链的“自闭性”；安装完成后还可以通过调节螺钉进行适当的调整，以消除安装误差。

杯型暗铰链的转动结构原理就是一个简单的四连杆机构原理[6]，如图7-43所示是其0°～90° 启闭运动轨迹。从图7-43中可知，杯型暗铰链系统通过节点*A*、*B*、*C*、*D*构成的四连杆机构实现转动，其中*AB*为主动运动杆；*AD*、*BC*为从动（摆动）杆，*CD*为固定杆。当门自关闭到90° 开启位置时，*AB*杆到达*A′ B′* 的位置，并且*AB*⊥*A′ B′* 。同时，门的侧边*ab*也转至*a′ b′* 位置，*ab*⊥*a′ b′* 。

A、*B*两点的运动轨迹分别是两段圆弧。而且处在同一平面内的*a*、*b*两点，其运动轨迹出现了不同程度的变形。*aa′ bb′* 两段曲线分别为*a*、*b*两点从0°～90°

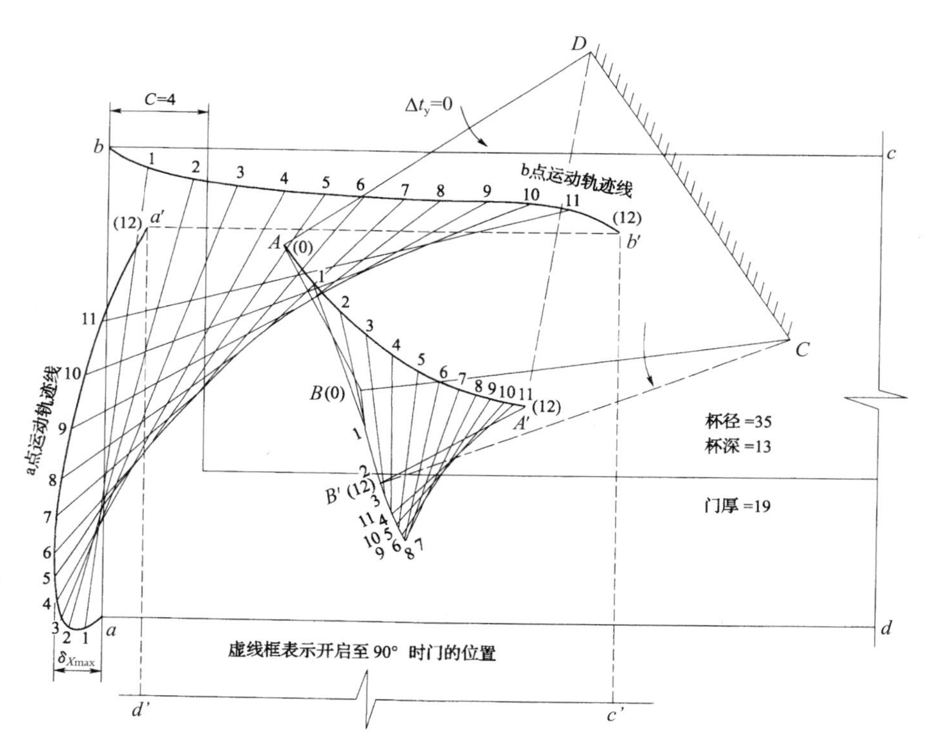

图7-43 家具设计中杯型暗铰链0° ～90° 运动轨迹图

位置（到达a′ b′ 两点）时的运动迹线。

设曲线aa′ 越过门边ab外侧，到达的最远距离为Δt_x，曲线bb′ 越过门内侧面bc外侧，到达的最远距离为Δt_y。如图7-43中所示，Δt_x>0、Δt_y=0，当暗铰链的靠边距C及门的厚度改变时，aa′ bb′ 曲线将发生变化。因此Δt_x及Δt_y的值也会发生变化。一般地，当门开启至90° 时，门的内侧面将处在超出旁板内侧面一段距离的位置上，所以在设计柜内部空间尺寸时应注意这个问题。

对于全盖门、半盖门、内嵌门而言，从旁板内侧面至90° 开门，内侧面之间的距离将逐级增大。若要解决不同间距条件下铰臂与底座之间的连接问题，可以通过增加铰臂向旁板内侧面弯曲的程度以及调整底座的高度来实现。

（2）杯型暗铰链的特征参数

如图7-44所示：

❶ 零底座：底座有不同的高度，当对底座高度进行系列化设计时，所确定的具有最小特征高度（h_0）的底座，应被命名为“零底座”。系列中其他底座（h_x）的命名应称作（h_x−h_0）mm底座。由此可见，零底座的高度值并不为零。

❷ 零底面：当底座处在安装位置，调节螺钉处在调零位置，并且底座的底平面与门的内侧面保持垂直时，该底平面被称为“零底面”。

❸ 参量A：表示门与旁板之间相对安装位置的设计参量。当门处于0° 关闭位置时，自门侧边至旁极内侧面之间的距离即为A；门与旁板相离为正，相叠为负。

❹ 参量B：表示铰臂弯曲程度，以适应不同A值的设计参量。当门处于0° 关闭位置时，自零底面至杯铰外侧面之间的距离即为B。一般根据弯曲程度，分为直臂、小曲臂、大曲臂三类，对应的B值分别为B_1、B_2、B_3。以杯径35mm的暗铰为例，如果直臂铰的零底面偏离铰杯中心4.5mm，则其B值应为B_1=35/2−4.5=13mm。如果同一系列的小曲臂铰比直臂铰向前弯曲10mm，则B_2=B_1−10=3mm。如果同一系列的大曲臂铰比直臂铰向前弯曲16.5mm，则B_3=B_1−16.5=−3.5mm。

❺ 参量C：表示铰杯孔与门侧边之间保持相对位置的设计参量，即暗铰的靠边距。自铰杯孔至门侧边之间的最小距离即为C。对不同性能的暗铰产品，C值有不同的取值范围。C的最小取值理论上可以达到0，但实际使用时为考虑木质材料边部的强度，一般应使C的最小取值C_{min}≥3mm，C的最大值取值由于受转动间隙Δx、Δy的限制，以合理为度。另外，在已确定的C的取值范围内，如C=3～6mm，虽然允许C在此范围内，取任意值，但为了适应参量H的规范化取值的需要，而且设计时不考虑暗铰在H方向上的可调整量，所以C的取值以3mm，3.5mm，4mm，4.5mm，5mm，5.5mm，6mm，即保持0.5mm的级差为宜。

❻ 参量H：自零底面至旁板内侧面之间的距离为H，它实际上是底座垫片厚度。H的最大取值一般小于12mm，过高的H值会影响底座的安装强度和稳定性。

❼ 参量Δt_x：表示装铰侧门的各个凸出部位（边棱）在X轴向上所需的最小转动间隙。根据不同的门

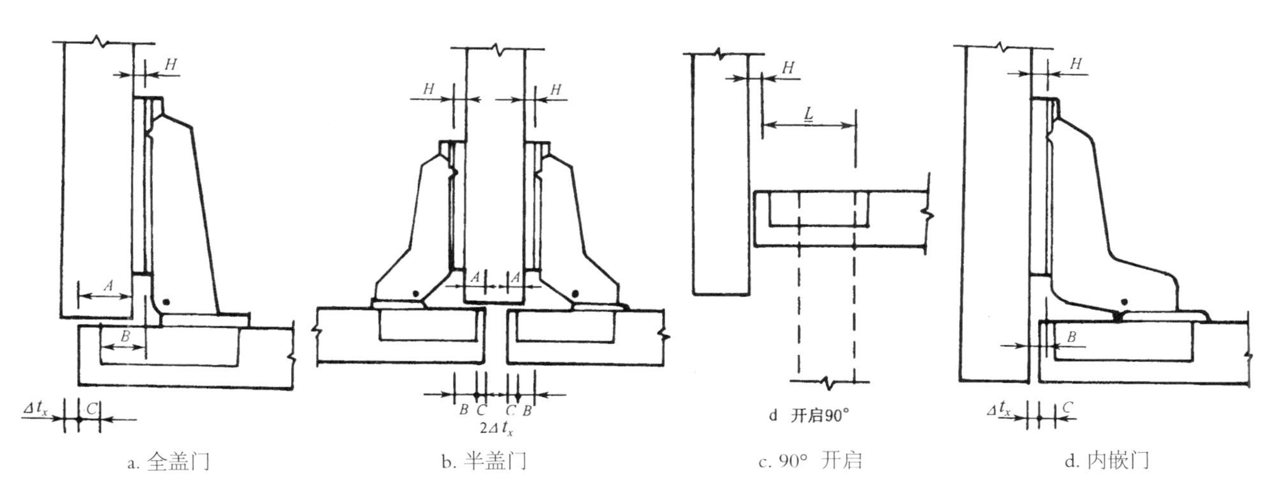

图7-44　家具设计中杯型暗铰链特征参数示意图

厚和C值的不同取值，将有一定的Δt_x值与之相对应。（该对应关系应由厂家向用户提供）

❽ 参量Δt_y：表示装铰侧门的各个凸出部位，在y轴方向上所需的最小转动间隙。一般情况下，$\Delta t_y \leq 0$，因此，可不予考虑。只有在C的取值较大的情况下，有可能出现$\Delta t_y > 0$的情况。

❾ 参量L：表示门开启后与旁板保持的相对距离。当门开至90°位置时，自门内侧面至零底面（或H=0时，至旁板内侧面）之间的距离即为L。对应于B的系列参数值，将有L的系列参数值，且（$B+L$）应是一个定值。

（3）参量关系式

对于前述的参数，在设计过程中是相互关联的，并存在一定的量化关系，即：

$$H=A+B+C$$

对于A值，盖门时为负，嵌门时为正。对于零底面未超出铰杯外侧面的铰链，B为正值；对于零底面已超出铰杯外侧面的铰链，B为负。C总是正值，当$H \geq 0$时，为有效参数值。参量A、B、C的设计取值应分别为0.5mm的整数倍，参量H由A、B、C求和时取得，H的系列化取值应与之相吻合，而不应依赖于暗铰自身在H向上的可调节量来获得补偿。

（4）用户$A-C-H$表的编制

杯型暗铰链最终的安装设计主要是与A、C、H这三个参量的取值相关，为了更简洁可靠地完成安装设计，可以编制运用$A-C-H$表。为了让用户对A值有充分选择的余地，制表时，可将A列为用户主动取值参数（即自变量），而C和H则在参量有效配平的条件下随A的变化而变化（即C、H为因变量）。在$A-C-H$表中，对于每一个规范化的A的取值，都将有一个在允许范围内的C值和一个有效的H值与之相匹配。

$A-C-H$表的编制过程是：

❶ 设计选定某牌号杯型暗铰链，并从其安装说明书中取得B值，如B_1=13mm，B_2=3mm，B_3=−3.5mm；H=0，1.5，3，5，7.5，9，10.5杯型铰链系列。

❷ 用户设计取值为用户主动取值，但要合乎规范。设柜旁板厚19mm，对全盖门最大A值，$|A_{max}| <$（旁板厚$-\Delta t_x$），根据Δt_x值表，可以取A_{max}=−18mm。对于半盖门$|A_{max}| <$（旁板厚$-\Delta t_x$），根据Δt_x表（见表7-2），取A_{max}=−9mm。对于嵌门，$\Delta t_x < A \leq 1$，根据Δt_x表，取A_{max}=1mm。

表7-2 Δt_x取值表（mm）

门厚	16	19	21	24	25	28
3	0	0.1	0.4	2.9	4.7	6.4
4	0	0.1	0.3	2.4	4.2	5.8
5	0	0.1	0.3	2.0	3.7	5.3
6	0	0.1	0.3	1.6	3.2	4.8

❸ 将参量关系式换为参量配平式$A+C=H-B$。对参量配平式进行运算。

❹ 如对盖门（B_1=13mm）取A值为−17.5时，可用配平式得出每一个C所对应的H值；再如对嵌门用B_2=3mm的暗铰，A取0.5时，对应每个C又可得出相应的H值等。

❺ $A-C-H$表计算的有效值列成$A-C-H$表（表7-3~表7-6），放置于办公室手头边，以便工作中遇到此种品牌的杯型暗铰链即可直接套用上述计算好的$A-C-H$某一组值。

表7-3 B_1=13mm 用于盖板

A	*C*	*H*
−18	5	0
−17.5	6	1.5
−17	4	0
…	…	…

表7-4 B_2=3mm 用于半盖板

A	*C*	*H*
−9	6	0
−8	5	0
−7.5	6	1.5
…	…	…

表7-5 B_2=3mm 用于嵌板

A	*C*	*H*
1	5	9
0.5	4	7.5
1.5	3	7.5
…	…	…

表7-6　B_2=-3.5mm　用于嵌板

A	C	H
1	4	1.5
0.5	3	0
0.5	6	3
…	…	…

（5）客户订货参数K

设参量配平式$A+C=H-B=K$，对用户而言，当A、C确定后，K即确定。从用户设计图来看，K值可定义为铰杯外侧至旁板内侧面之间的距离。只要客户提出具体K值，制造厂即可据此选备配好的H、B值，并配套向用户提供。

（6）单扇门所需的铰链数量确定

单扇门所需的杯型暗铰链数量取决于柜门的高度、柜门的宽度和柜门的材料质量，其用量最小值为两个。如图7-45所示是杯型暗铰链数量与柜门高度和质量关系。具体安装时，单扇门上铰链的安装顺序原则上是通过从上到下的交叉顺序来完成，最上部的铰链承担门全部的重量。而拆卸过程正好相反，是从下往上进行的。

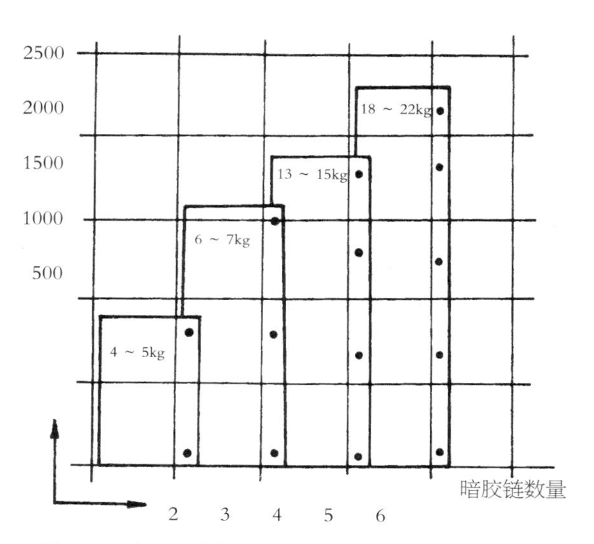

图7-45　家具设计中杯型暗铰链数量的确定示意图

2. 合页安装结构

合页是早期使用的门转动五金件，由于其在安装使用过程中档次较低，现已较少使用。可分为长铰合页与普通合页，长铰合页与所安装的门高度相同，每扇门只需安装一个，主要形成装饰效果，由于其暗胶链数量成本较高且门的高度规格受限，若非特殊要求则不选用。普通铰链的长度一般为40～60mm，门的高度若小于1200mm，则只需安装2个铰链；若超过1200mm，则根据超过程度可安装3～4个铰链。其安装结构如图7-46所示。

3. 门头铰链安装结构

门头铰链来源于传统的建筑中的木门开启结构，属于暗铰链的一种，安装于门的两端头，要求两端铰链的转动轴在同一条中心线上，在门绕铰链转动开关时，门的侧棱需要一定的转动间隙，故需要将门对应的旁板处铣成一条弧线，弧的半径应大于门侧棱至铰链中心线的垂直距离。由于门头铰链价格便宜，安装拆卸方便，现仍广泛应用。其安装结构如图7-47所示。

4. 折合转动结构件

折合转动结构件常用于折叠门的安装。它是将滑动装置与铰链结构结合起来，即能够沿轨道移动并折

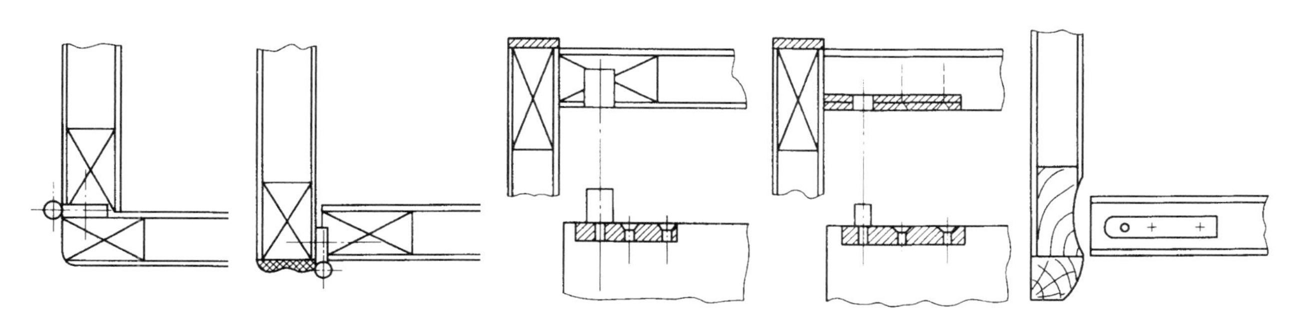

图7-46　家具设计中合页铰链安装结构示意图

图7-47　家具设计中门头铰链的安装结构示意图

叠于柜体一边，以实现柜门的开启。折叠门也可将柜体全部打开，取放物品比较方便，并且滑动轻，幅度大。对于柜体较大时，采用折叠门可以减少因柜门较大所占有的柜前空间。目前，折叠门多用于衣柜、壁柜或用以分隔空间的整体墙柜。

❶ 折叠门的结构特点与安装方法：高档柜类折叠门的安装一般采用专用的折叠门配件。以海蒂诗WingLine770双扇折叠门配件为例。其具体的安装方法为：先将滑动部件、导向部件和折叠门铰链用木螺钉固定在折叠门上，并将导向槽安装在底板下侧表面外沿；接着在没有安装滑动部件和导向部件的门上安装门铰链，将门与柜体的侧板相连；将折叠门的滑动部件装在滑动槽中，将带导向轮的导向部件固定在导向槽中。其结构如图7-48所示。

❷ 折叠门安装的技术参数：一般要求单扇折叠门宽度不大于500mm，单扇门扇重量不超过20kg。

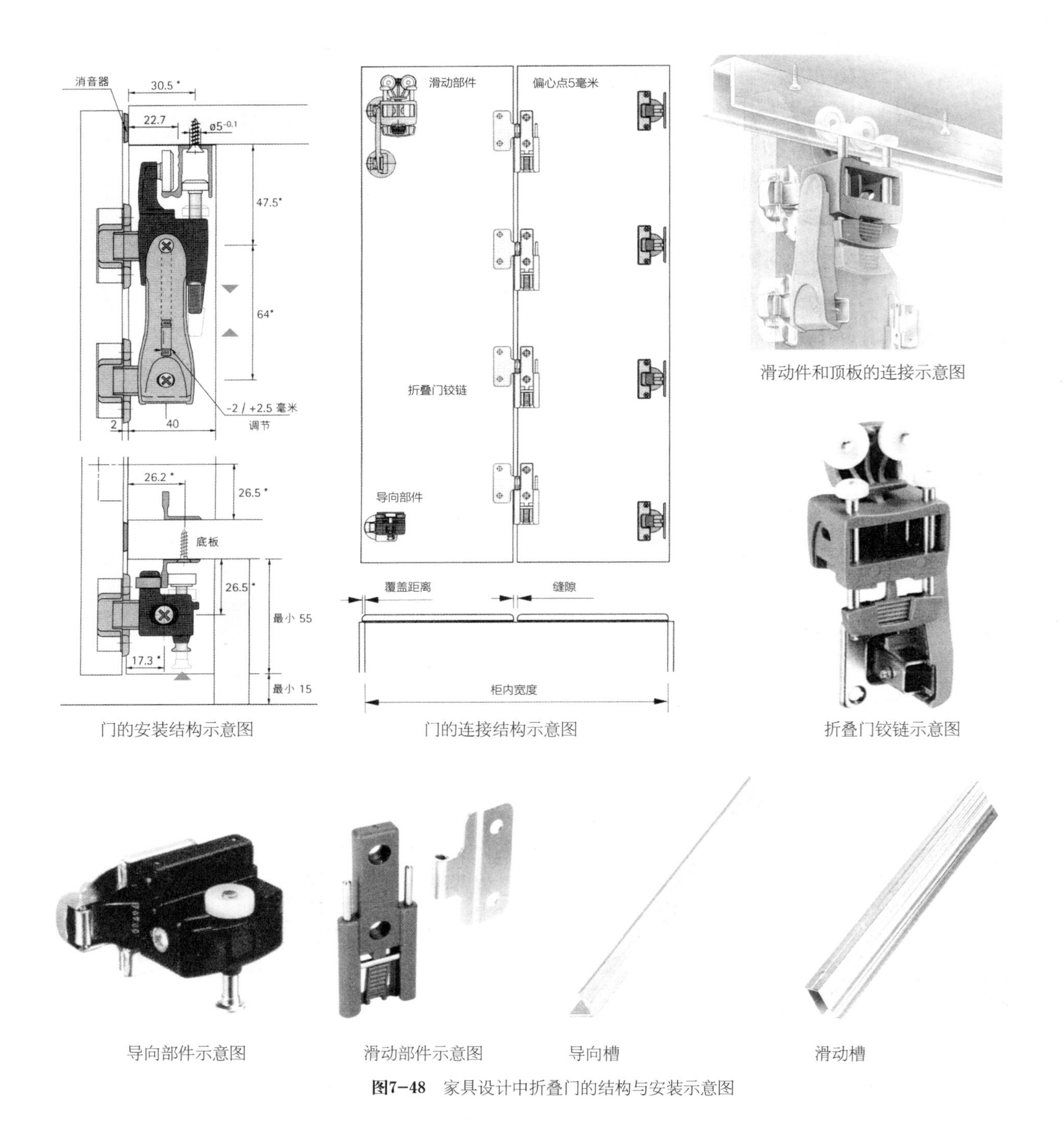

门的安装结构示意图　门的连接结构示意图　滑动件和顶板的连接示意图　折叠门铰链示意图

导向部件示意图　滑动部件示意图　导向槽　滑动槽

图7-48　家具设计中折叠门的结构与安装示意图

四、滑动结构件

滑动结构件最常用的为抽屉滑道和推拉门滑道，此外还有电视柜、餐台面用的圆盘转动装置，卷帘门用的环形底路等。

1. 抽屉滑道

抽屉滑道根据其滑动的方式不同，可以分滚轮式和滚珠式（如图7-49）；从抽出程度看有半拉出和全拉出的；从载荷量看，有轻载、中载、重载之分；从安装方式看，有侧面式、托底式、嵌槽式、抽底式；从结构特点看，有两节轨、三节轨、自回弹隐藏式滑轨等。抽屉滑轨长度有多种规格，可以根据抽屉侧板的长度自由选择。一般抽屉的长度到柜体背板至少应留3～5mm的空隙。

以最常用的托底滑轮式滑轨为例，一般抽屉滑轨由两部分组成，与旁板相连接的部分有两种类型的孔眼，分为自攻螺钉孔以及便于调节上下位置的椭圆形孔。安装孔的位置均按“32mm系统”设置，第一个孔离滑轨端部26mm，第二孔离滑轨端部35mm，加上2mm的安全间隙（防止轨头冒出旁板边缘），刚好适合“32mm系统”28mm或37mm靠边距的系统安装孔，其他的孔距也均为32mm或其倍数（如图7-50）。与抽屉相连的部分，用3.5mm自攻螺钉钉于抽屉侧板的底部。

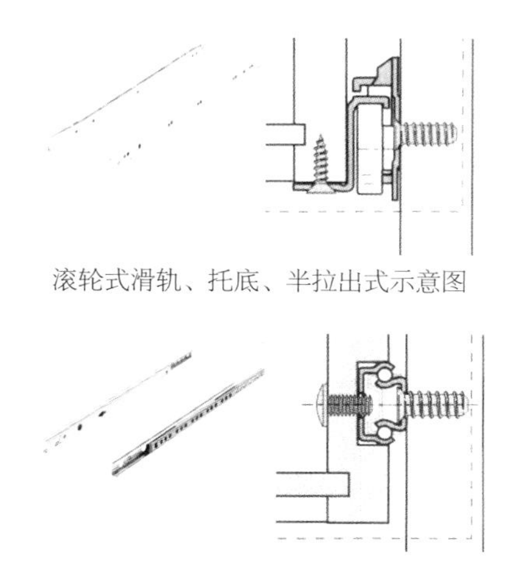

滚轮式滑轨、托底、半拉出式示意图

滚珠式滑轨、嵌槽式、半拉出式、二节轨示意图

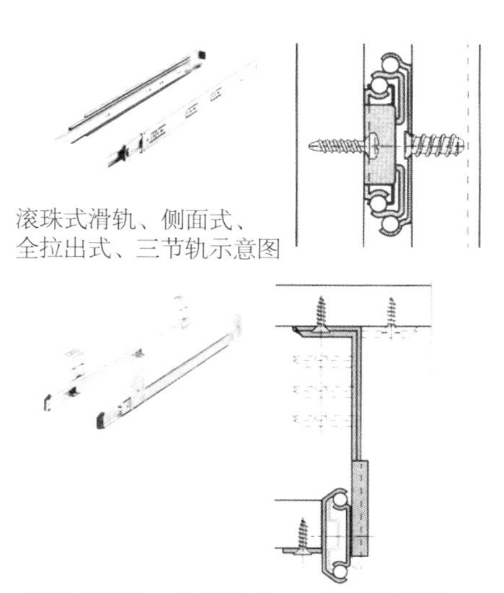

滚珠式滑轨、侧面式、全拉出式、三节轨示意图

滚珠式滑轨、半拉出式、二节轨示意图（常用于键盘托）

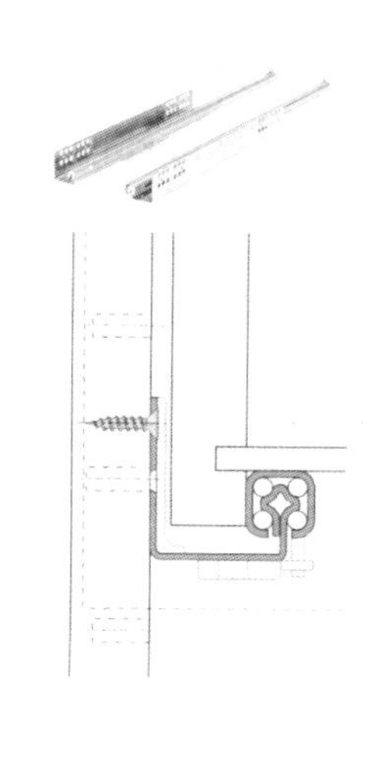

滚珠式滑轨、抽底式、自回弹隐藏式滑轨示意图

图7-49 家具设计中不同类型的抽屉滑轨结构与安装示意图

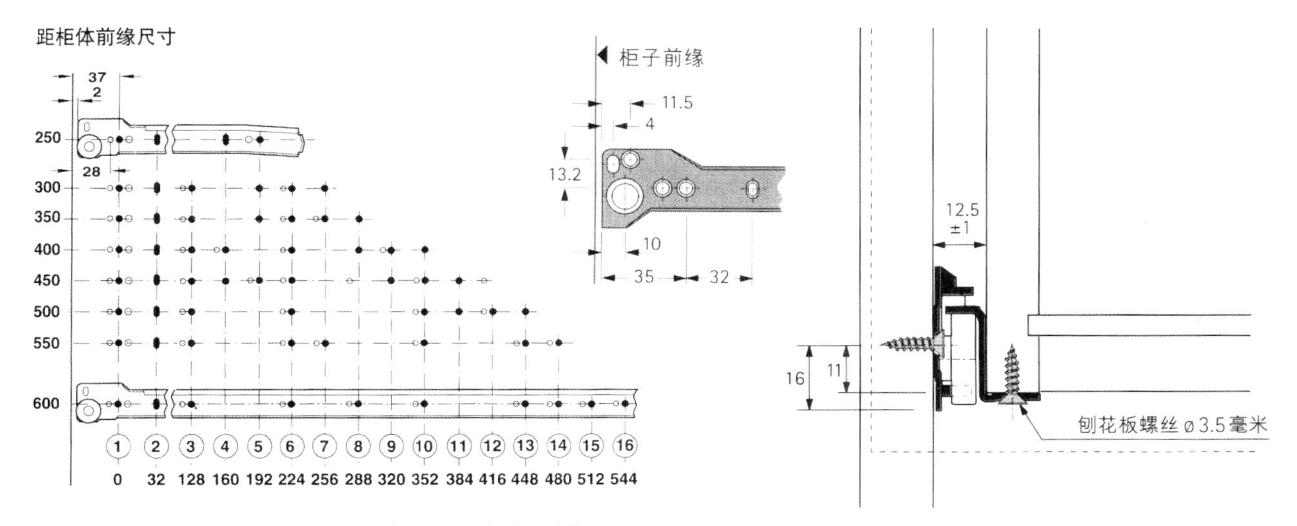

图7-50 家具设计中托底滚轮式滑轨的安装尺寸示意图

2. 推拉门滑道结构

推拉门滑道主要用于移门、卷门和折叠门等的滑动开启。

（1）移门结构

移门为水平方向移动开启的形式，有木质门和玻璃门两种常用材料。移门启闭时不占柜前空间，可充分利用室内面积，但每次开启只能敞开柜体的一半，因此开启面积小。移门宜用室内空间较小处的家具，也适用于难以用铰链直接安装的门，如玻璃门。

移门滑道有多种类型，较简单经济的是在柜顶板、底板或搁板上直接开槽，用作推拉门的滑道，但由于长期使用，磨损大，故此结构适用于质量较轻的移门；较高级的家具多选用塑料、铝合金及带有滚珠、滚轮的滑道，以便有效地减少移门推拉的摩擦力，使之推拉轻便；而对于高度大的重型移门，多采用吊轮滑道进行安装。

单轨道移门一般采用单行道的滑动系统，适用于书架或其他装饰类家具；双轨道移门指两扇门或两扇以上门的前后错开、分别在平行的滑道内滑动；三轨道移门适用于柜体特别宽或隔断空间较大的情况。如

图7-51所示为各种移门滑道结构形式[7]。

（2）卷门结构

通过推拉可沿导槽滑动而卷曲开闭的门即为卷门，其既可以左右移动开启，也可以上下移动开启。卷门一般采用半圆木条胶钉在柔性和强度较好的织物上制成，木条直径为15mm左右，相互间距不大于1mm，木条两端加工成榫肩。卷门风格独特，装饰效果好，但制造成本高，一般用于高档家具。如图7-52所示为卷门结构形式。

3. 电视机滑轨

为了适应电视机能够任意角度旋转的要求，可在电视机下安装转盘机构，其结构如图7-53所示。

4. 滑轮结构

滑轮常装于柜、桌的底部，以便移动家具。根据连接方式的不同，可分为平底式、丝扣式、插销式三种形式，又可以装置刹车，当踩下刹车，可以固定脚轮，使其不能滑动。平底式采用螺钉接合，丝扣式采用螺丝和预埋螺母接合，插销式采用插销与预埋套筒接合。

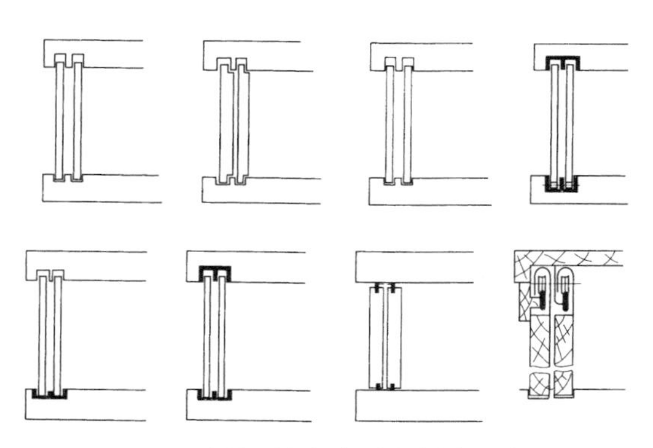

图7-51 家具设计中移门滑道结构示意图

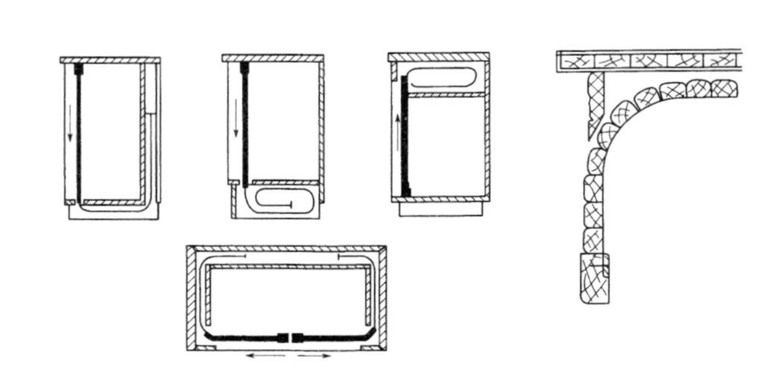

图7-52 家具设计中卷门滑道结构示意图

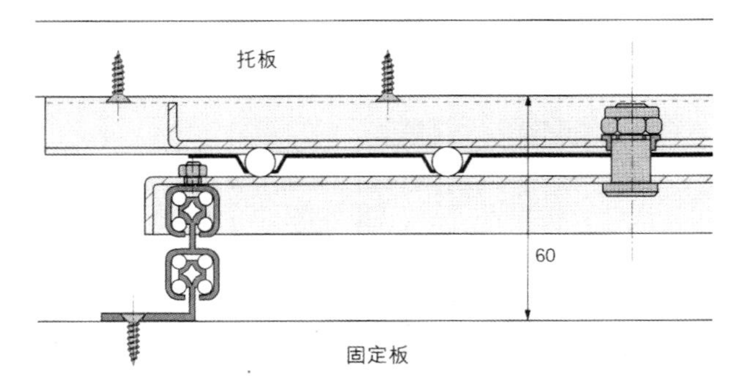

图7-53 家具设计中电视机转盘结构示意图

五、安全结构件（锁）

家具的安全结构件，主要是指各种锁具，常用于门和抽屉，使门和抽屉关闭后能够锁住，以保证物品放置的安全。家具形式发展至今，锁的形式也已多种多样，但主体机构主要还是在门或抽屉面与外框架之间建立连接。如现代办公家具中（尤其是写字台），为了同时锁紧几个抽屉，而产生了连锁，连锁分为正面连锁和侧面连锁，连锁的安装，需要在桌、柜旁板上开一定宽度和深度的槽，把锁传动杆装入其中，并利用32mm系统的系统孔固定，同时为每个抽屉配上相应的挂钩装置（如图7-54）；还有一种儿童安全锁，由两部分组成——锁及磁性按钮，固定锁安装在门的内侧，在锁紧的状态下，只有当按下按钮时，门才能打开，并对家具的外观不会产生影响，这种安全保护是隐藏的（如图7-55）。

六、位置保持器

位置保持器主要用于活动构件（主要是门）的定位，如前后平开门用碰头、门吸，上下翻开门用拉杆（又称牵筋拉杆）等。碰头、门吸的作用是使柜门关闭时减少门与框之间的反弹力以及碰撞时的噪声，不至于接触的瞬间门被弹开，常用的有磁性门吸、磁性弹簧门吸、钢珠弹簧门吸、塑料弹簧门吸等（如图7-56）。翻门拉杆主要用于橱柜、酒柜、书柜等的翻门（或翻板），使翻门绕轴旋转，打开后被控制或固定在水平位置，翻门拉杆分为上翻门式和下翻门式，需要配合翻门铰链使用，一般上翻门拉杆带定位功能，以保证上翻门打开后不会随意落下，下翻门可以作搁板或台面使用。（如图7-57）

七、高度方向调整结构

高度方向调整结构的作用在于通过自身的上下调节或厚度调节，使家具的横向平面达到水平或一定角度，主要形式如脚钉、脚垫、调节脚以及为办公家具特别设计的鸭嘴调节脚等（如图7-58）。地脚的直径一般为80mm，地脚高度方向调节范围为80～180mm。

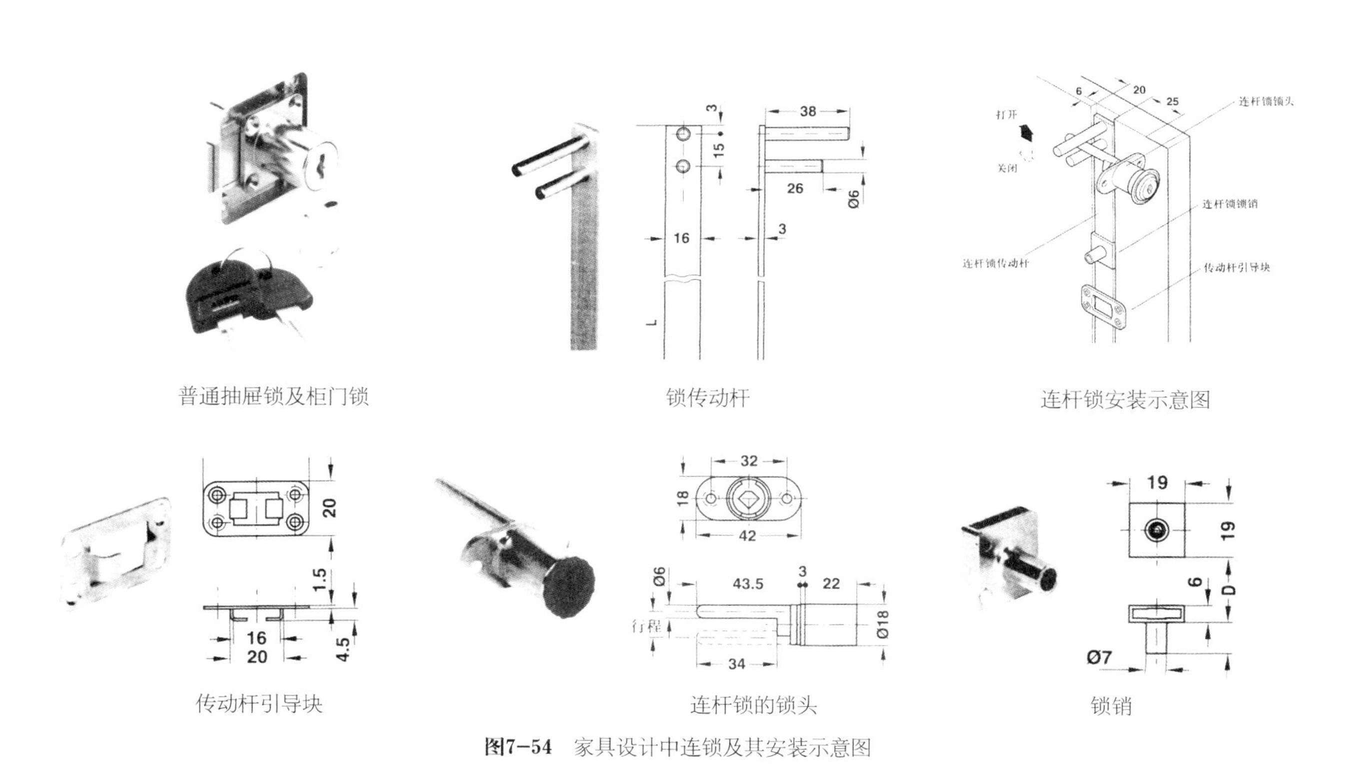

图7-54　家具设计中连锁及其安装示意图

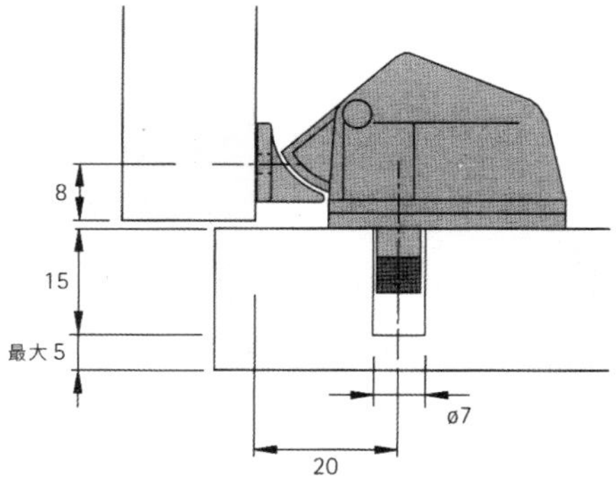

半盖门的安装 　锁和底板 　磁性按钮

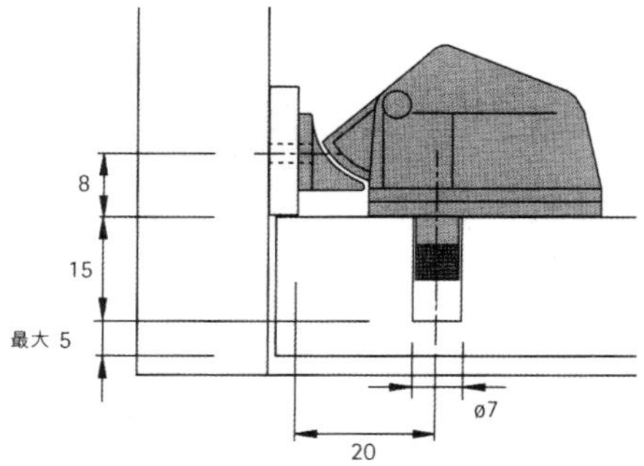

嵌门的安装 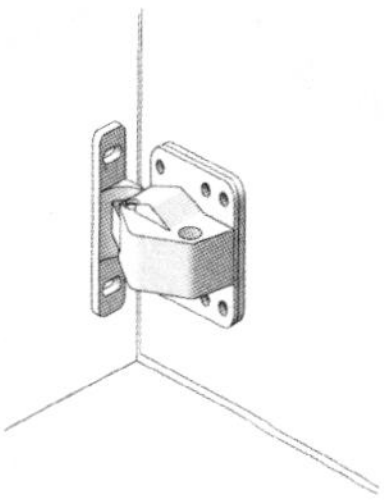　儿童安全锁的安装

图7-55　家具设计中儿童安全锁的结构示意图

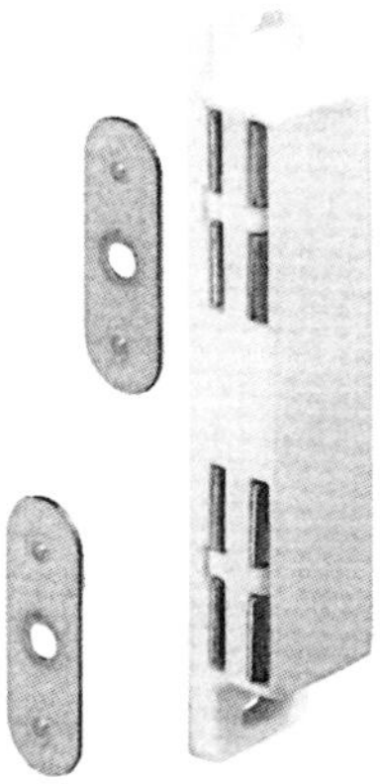

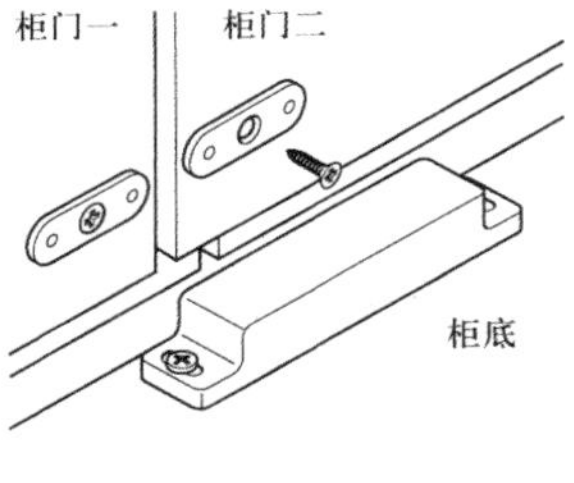

螺钉固定磁吸于柜顶部或底部

双门磁吸及安装示意图 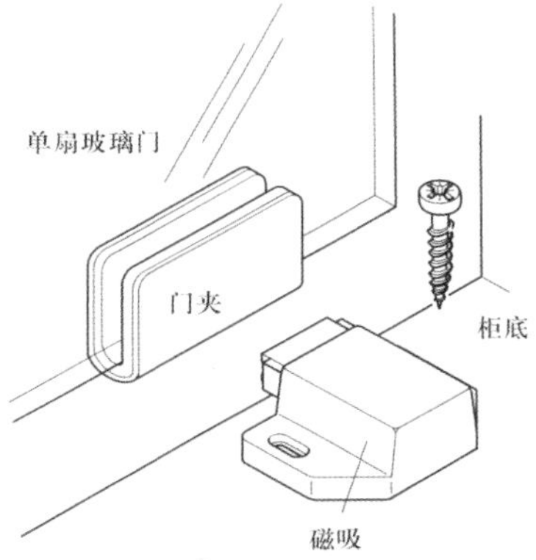　单玻璃门磁吸

单门磁吸 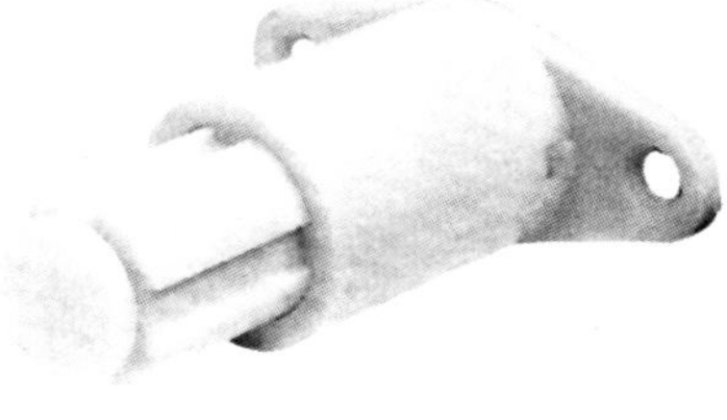　弹簧压扣 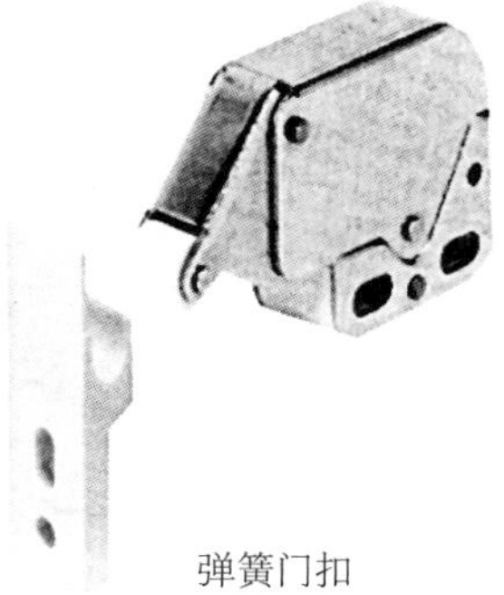　弹簧门扣

图7-56　家具设计中门用碰头安装结构示意图

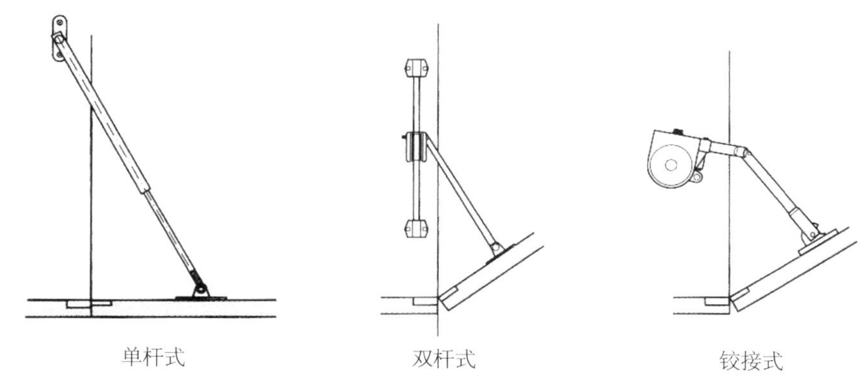

图7-57　家具设计中翻门拉杆的结构示意图

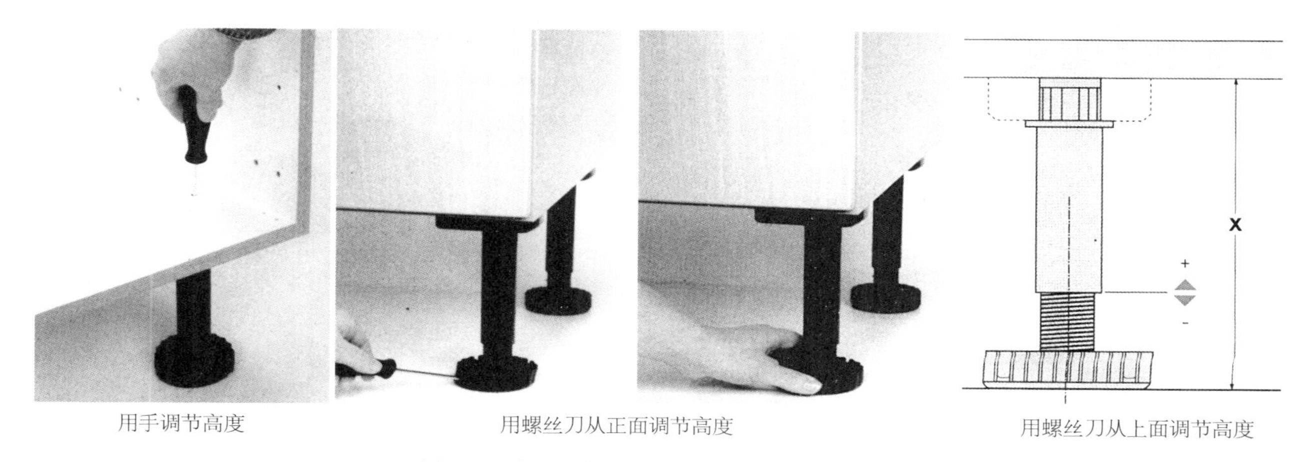

图7-58　家具设计中地脚的调节及结构安装示意图

第六节　金属家具结构

主要部件由金属所制成的家具称之为金属家具。金属有全金属家具（如保险柜、档案柜、钢丝床）及金属与其他材料结合而成的家具，如金属与木结合、金属与塑料结合、金属与竹藤材料结合、金属与玻璃结合、金属与织物等软体材料结合的家具等。

一、结构形式

根据金属材料的特点，金属家具的结构形式可分为固定式、拆装式、折叠式、插接式。

❶ 固定式：通过焊接的形式将各零部件接合在一起。此结构受力及稳定性较好，有利于造型的整体性设计，但表面处理较复杂，占用空间较大，摆设不够灵活，运输不便。

❷ 拆装式：各主要部件之间采用螺栓、螺钉、螺母以及其他连接件连接（加紧固装置），便于电镀、运输。要求零部件加工精度高、标准化程度高，以利于实现零部件、连接件的互换性。

❸ 折叠式：可分为折动式、叠积式，常用于桌椅类。折动式结构是利用平面连杆机构原理，以铆钉连接为主，可以折叠存放，占用空间小，便于携带存放；叠积式家具最常见的是椅类，此外还有桌台类、床类等，此结构形式能够节省占地面积，方便搬运，越合理的叠积式家具，叠积的件数越多。叠积式家具的设计主要从脚架与背板的空间位置上来考虑。

❹ 插接式：零部件通过套管和插接头（二通、三通、四通）连接，将小管的外径套入大管的内径，用螺钉连接固定。要求插接的部位加工精度高、标准化高，零部件、连接件具有互换性。

二、连接方式

金属家具根据其结构形式，连接方式主要分为焊接、铆接、螺钉连接、销连接等[8]。

1. 焊接

焊接可分为气焊、点焊、电弧焊、储能焊。这种连接方式牢固性及稳定性较好，多用于固定式结构的全金属家具，所连接的金属零部件之间主要受剪力作用，载荷较大（如图7-59）。

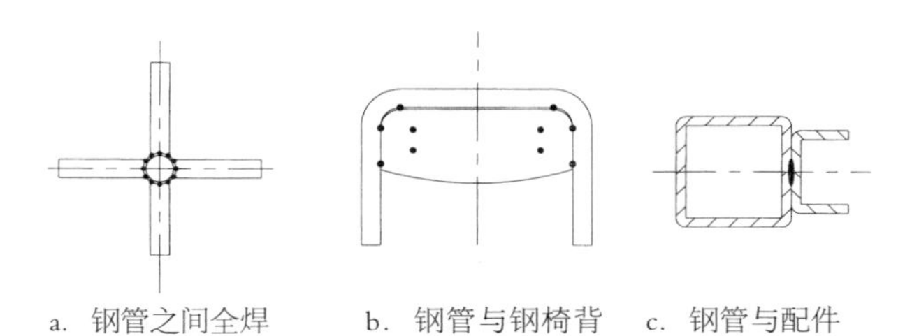

图7-59 家具设计中焊接方式示意图

2. 铆接

用铆钉接合主要用于折叠结构或不适宜焊接的金属零件之间，如轻金属材料。根据构件之间是否有相对运动，可分为固定式铆接（如图7-60）和活动式铆接（如图7-61）。此种连接方式可先将零件进行表面处理后再装配。

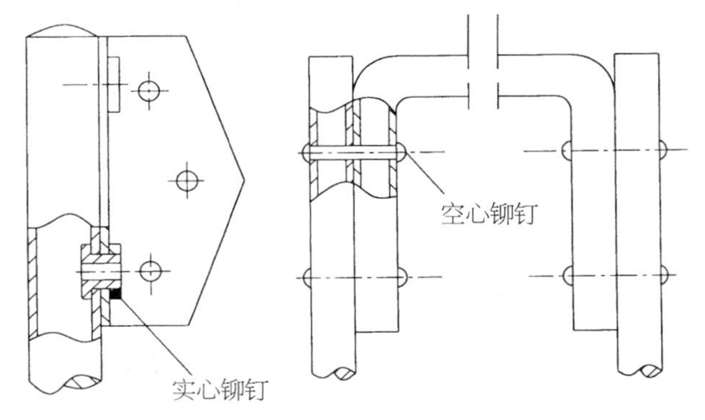

图7-60 家具设计中固定式铆接示意图

3. 螺钉、螺栓连接

用螺钉、螺栓连接主要应用于拆装式家具，一般采用标准化程度高的紧固件，且一定要加防松装置（如图7-62）。

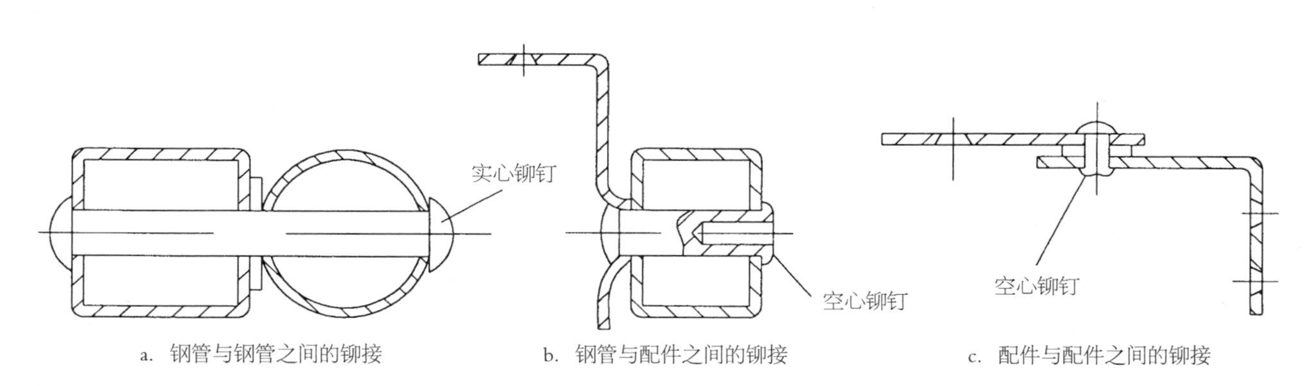

图7-61 家具设计中活动式铆接示意图

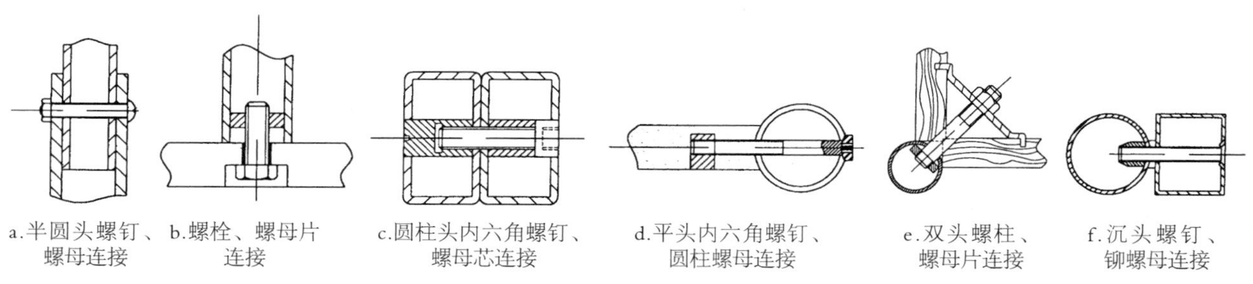

图7-62 家具设计中螺钉、螺栓连接示意图

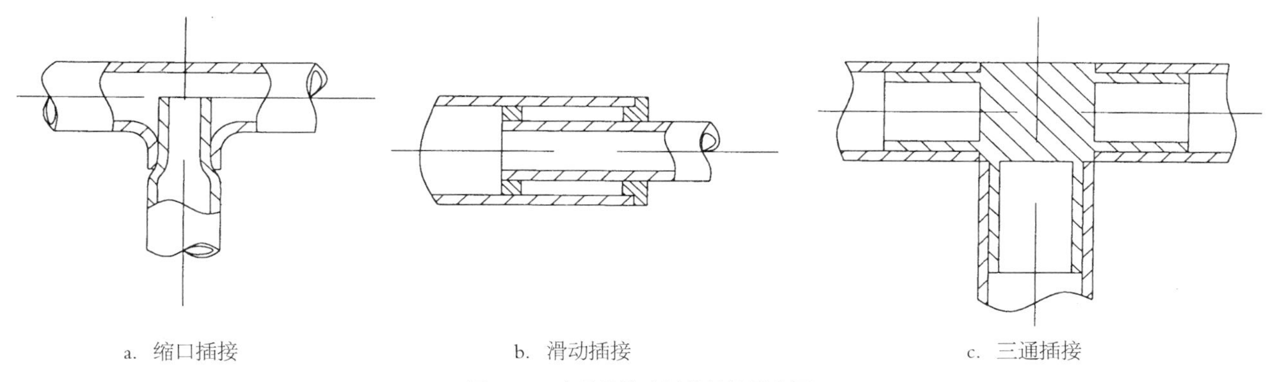

a. 缩口插接　　b. 滑动插接　　c. 三通插接

图7-63　家具设计中插接结构示意图

4. **插接连接**

用插接连接主要用于插接家具两个零件之间的滑动配合或紧固配合（如图7-63）。

第七节　竹藤家具结构

我国是一个人均木材资源较少的国家，但却是世界上竹藤材蓄积量最多的国家之一。木材资源的严重短缺致使作为速生材的竹藤更有它被开发利用的价值。竹藤材与木材一样，都属于天然材料，竹材坚硬、强韧；藤材表面光滑，质地坚韧，富有弹性。竹藤材可以单独用来制作家具，也可以同木材、金属等材料配合使用。

一、框架结构

竹藤家具框架不仅用来体现家具的外观造型，而且还是主要的受力部件，因此，框架结构的合理与否，直接影响到家具的审美功能与使用功能。竹藤家具的框架结构形式有弯曲接合和直材接合两大类。

1. **框架的弯曲结构**

（1）加热弯曲结构

加热法工艺快捷、省时、省力，既可保持竹藤材质的天然美，又能保持材料的强度基本不变，所以竹藤家具框架多采用这种形式，特别适用于小径竹藤材料的加工制作，但不宜用于大径竹藤材料的弯曲加工，且容易烧坏竹藤段秆皮，影响美观[9]。

加热的方法有多种，常用的是火烧加热法。为了避免竹藤段秆皮烧黑损坏，一般不用产生黑烟的燃料，多用炭火，温度一般控制在120℃左右，当秆皮上烤出发亮的水珠——竹油时，再缓缓用力，将竹藤弯曲成符合设计方案要求的曲度，然后用冷水或冷湿布擦弯曲部位促使其降温定型。工业化大批量生产时，可烤软后放入定型模具中，再降温定型。还可采用水蒸气加热，先把竹藤放入热容器中的机械模具中，再通入水蒸气，使机械模具在高温下慢慢弯曲至预先设定的弧度，然后冷却定型。

为了减少弯曲过程中竹段因应力变化而产生破裂或扭曲，可先打通竹段内部的节隔，装进热砂，将竹子缓缓弯曲至要求的曲度，再冷却定型后倒出热砂。

（2）开凹槽弯曲结构

此法多用于竹藤家具框架的腿脚的弯曲和水平框架的弯曲。加工过程相对复杂，而且在一定程度上影响竹藤框架的受力强度，多适用于大径竹藤材的弯曲。若对水平构件进行弯曲时，要注意所有的凹槽口都应在节间位置上，并保持在一条纵线上，不左右交错歪斜，否则将无法装配，或者会使产品变形开裂，影响成品质量。开凹槽弯曲的结构方式很多，根据不同的弯曲角度，分类归纳如下。

❶ 并头弯曲

如图7-64所示，被弯曲部件的直径D大于等于头的半径的4/3倍，并头弯曲有单头、双头和多头之分，它们的开料尺寸分别为（假设有n个箍）：

凹槽深度：$1/2D \leq h \leq 3/4D$；

凹槽弧段半径：$R=r=h$；

凹槽长度：$L=2\pi r+2(n-1)r-2R$。

❷ 方折弯曲

方折弯曲的种类较多，若折成成品后为正三角形，称其为三方折；为正四边形，称其为四方折（如图7-65所示），依次类推；若折成某一角度α，称其为“α角折”，计算方法如下（常用数据如表7-7所示）。

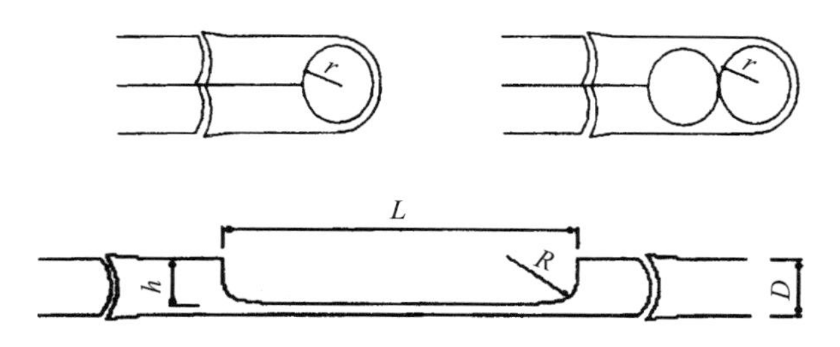

图7-64　家具设计中并头弯曲结构示意图

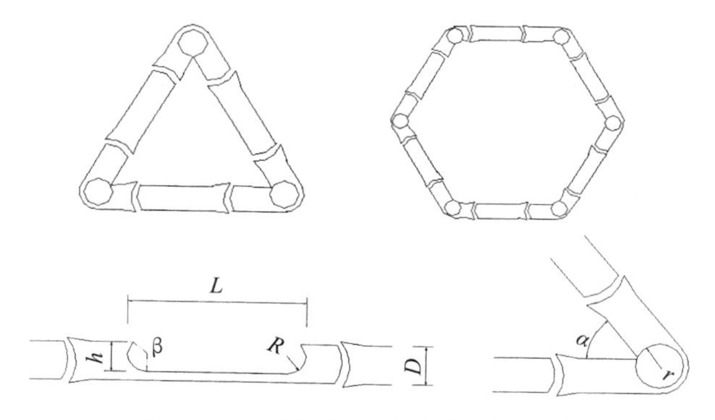

图7-65　家具设计中方折弯曲结构示意图

表7-7　家具设计中方折弯曲α角折技术参数值

名称	角度 α	长度 L	角度 β	高度 $h\leqslant$
3 方折	60°	5.23r	120°	1.50r
4 方折	90°	4.71r	135°	1.71r
5 方折	108°	4.39r	144°	1.81r
6 方折	120°	4.17r	150°	1.87r
8 方折	135°	3.92r	157.5°	1.92r
12 方折	150°	3.66r	165°	1.97r
18 方折	160°	3.49r	170°	1.98r

凹槽长度：$L=2\pi r-\alpha\pi r/180°$；

凹槽弧段半径：$R=r$；

凹槽深度：$h\leqslant r+r\sin(\alpha/2)$；

折角：$\beta=90°+\alpha/2$。

（3）开三角槽弯曲结构

在竹藤段弯曲部位的内侧，均匀的锯三角形犬牙状槽口，在用火烤弯曲部位后，将竹藤段向内侧弯曲，冷却定型后即可。此方法也适用于弯曲大径材。其不足之处也是易使竹藤段强度受到破坏，且加工复杂，工艺要求高。有正圆弯曲和角圆弯曲两种类型。

❶ 正圆弯曲

把竹藤段弯曲后形成正圆形，如图7-66所示。如圆椅座板、圆桌面等构件，一般正圆弯曲构件多有外包边，其计算方法如下（总共开槽数为n个）：

外包边料长：$L=2\pi R$+接头长；

外包边料净长：$L_{净}=2\pi R$；

开口深：$1/2D\leqslant h\leqslant 3/4D$；

开口宽：$d=2\pi h/n$；

开口间隔：$i=2\pi(R-r)/n$。

❷ 角圆弯曲

将竹藤段弯曲后成某一角度，如图7-67所示，角圆弯曲件常见产品有沙发扶手、圆角茶几面外框框架等，其计算方法如下（总共开槽数为n个）：

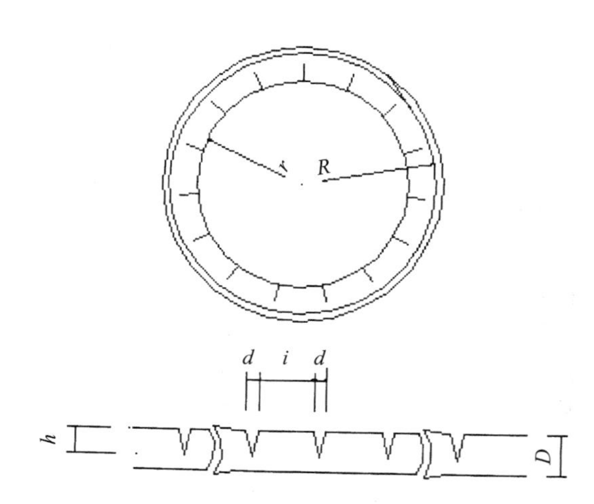

图7-66　家具设计中正圆弯曲结构示意图

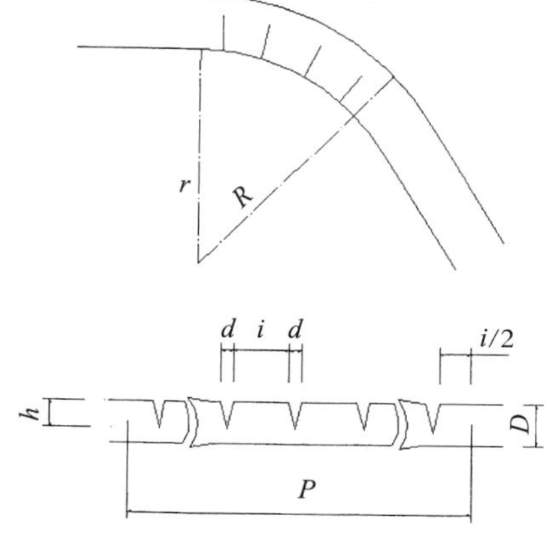

图7-67　家具设计中角圆弯曲结构示意图

弯曲部位长：$P=\alpha \pi R/180°$；

开口深：$1/2D \leq h \leq 3/4D$；

开口宽：$d=\alpha \pi h/180° n$；

开槽间隔：$i=\alpha \pi r/180° n$。

用开三角槽弯曲法加工，画线时先划长度、后划节数、再划口距，同时槽图7-67家具设计中角圆弯曲结构示意图口线要让开竹藤节，竹藤节也不能车的过平；一般一次画线难以成功，要反复画线；并且要求开口处加工光滑，没有倒刺丝皮；若开口过大，要准备竹片和胶水作加垫。

2. 框架连接结构

竹藤段弯曲后，再与其他部件连接才能组成真正的家具框架。连接的形式很多，一般常用的有棒状对接“丁”字接、“十”字接、“L”字接、并接、嵌接和缠接等。同时要使用圆木芯、竹钉、铁钉、胶合剂等辅助材料才能取得良好的效果。此种连接的框架受力性能良好，但稳定性较差，容易在接合处脱落。（如图7-68）

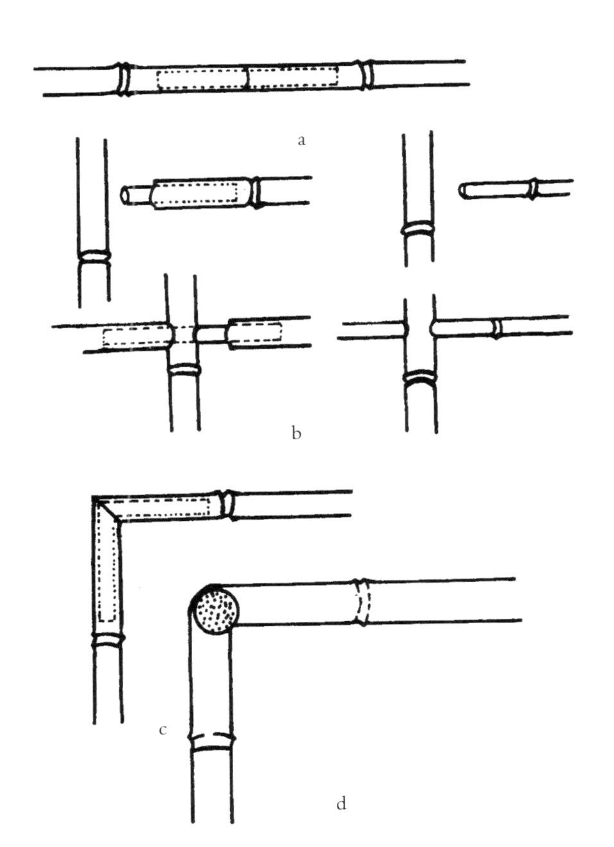

图7-68　家具设计中竹家具框架连接结构示意图

❶ 棒状对接：把一个预制好的圆木芯涂胶后串在两根等粗的竹段空腔中（图7-68（a）），若端头有节隔，需打通竹节隔后再接合。这种方法适用于延长等粗的竹段的长度或者闭合框架的两端连接。

❷“丁”字接、“十”字接：一根竹段与另一根竹段呈直角或某一角度相接，称为“丁字接（图7-68（b））”，而“十”字接是将两根竹段或者三根竹段接合成十字形（图7-68（c））。同径竹段相接，在其中一根上打孔，将另一根的端头做成“鱼口”形，把预制好的木芯涂上树脂胶后进行连接；直径不同的竹段间连接，在较粗的竹段上打孔，孔径的大小与被插入的竹段直径相同，涂胶后进行连接。如果竹段上有竹节留在孔外，则要把它削平以便于穿过孔洞。

❸“L”字接：把同径竹段的端头按设计的角度连接。被连接的竹段端头要削成预计角度，且光滑平整无倒刺。将预制好的成一定角度的圆木芯涂胶，分别插入预制竹段的端口连接即可（图7-68（d））。

❹ 并接：把两根竹段和两根以上的竹段平行接起来，以提高竹家具框架的受力强度，增强造型美。将预备好的同径竹段削平接合面的竹节，使其相互紧密靠近，再打孔销钉即可。打孔销钉的方向不宜平行，互相交错，防止相并竹段间错动。对于并接弯曲的框架，则要求每根竹段的弯曲弧度相同。这种方法常见于竹家具的靠背、扶手、腿脚等框架的制作。

❺ 嵌接：将一根竹段弯曲环绕一周之后两个端头相嵌接。选上下径相同的竹段，两个端头纵向各应锯去或削去一半，弯曲一周之后，再把保留的另一半相嵌而接。嵌接的端头有正劈和斜削两种，如图7-69中a为斜削、b为正劈。无论正劈还是斜削，都要有一个尖头插入相垂直的另一根竹段中，再打孔销钉以增强强度。这种连接方法是竹家具的面层框架和水平框架的制作中常见的接合方式。

❻ 缠接：在竹家具框架中相连接的部位，用藤皮、塑料带等缠绕在接合处使之加固，用到的辅助材料有竹销钉、原木芯、树脂胶等。缠接的方式很多，如图7-70所示，常见的有束接缠接、弯曲缠接、端头缠接、拱接缠接、成角缠接等。

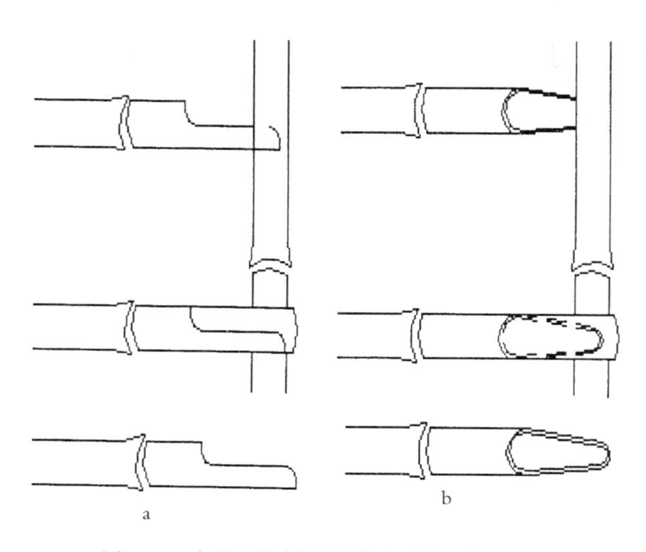

图7-69 家具设计中竹家具框架嵌接结构示意图

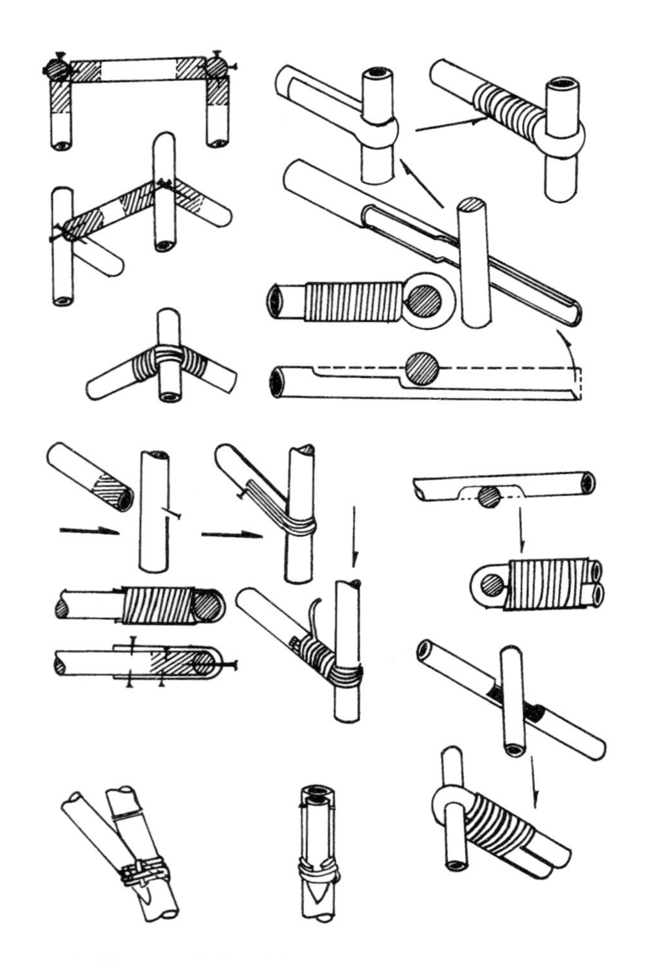

图7-70 家具设计中竹家具框架缠接结构示意图

二、板状结构

竹藤家具通过板状结构把一个个单一的、零碎的竹制构件结合成面积较大的面层（板），充分显露竹藤材料的质感特征。此种结构在功能上和装饰上都很重要，因此必须经过精心加工才能达到设计和使用的要求。板状构件多种多样，对应着一定的工艺方法，常用的有竹条板、竹排板、圆竹竹片连板、麻将块板、编结板和胶合板等。

❶ 竹条板：用一根根竹条平行相搭组成，它是竹家具中很常见而又很简单的型板。在与竹家具的框架相对应的两边，打上相对应的空洞，在竹条上制作榫头，然后涂胶组合即成。竹条板常见的榫接合方式有月榫接合、方榫接合、双月榫接合、半圆榫接合、尖头榫接合等，它们的接合通常都要用竹销钉加固。

❷ 竹排板：竹排板是大型竹桌、竹床及普通竹家具最常用的板件。一般选用直径较大、竹壁较厚的毛竹、斑竹等材料，把它们截成所需要的长度后纵劈成两半，除去节隔，再对两端进行多次反复的细劈后，拼接而成。

❸ 圆竹竹片连板：这类板件用作一般的层板和椅类的座板、靠背板与竹条席子等。圆竹竹片连板用料以直径为6mm左右为宜，它可以充分利用小径竹材，并且受力性能比较好。先把竹材劈成断面为矩形的竹条，再用铁丝或尼龙绳等穿结而成。

❹ 编结板：在家具的框架上，用藤条、竹篾、尼龙绳等编结而成的板件（如图7-71）。一些竹藤家具的座面、靠背采用这种板件。编结的图案非常丰富，如四方眼、蝴蝶结、吉祥结、十字花、人字孔和文字编等。用竹篾、藤条等在框架面层经纬方向上排列穿结而成，编结物与框架的连接方法有很多种，常用的有三种：最简单的是直接把藤条等编结物编结在框架上；第二种是穿孔编结面层，在框架上打孔，将编结物穿过孔洞进行编织，此种编结面稳定，不易变形，强度大；如果编结图案复杂，或者在造型上要求高，可采用第三种方法——压条编结法，取一细竹条与框架平行放置，用编结物把它与框架固定，再将编结材料编结于其上。

❺ 胶合板：现代竹家具除了利用原竹外，还可以利用人造薄木技术，对竹材进行旋切或刨切形成单板，再贴在中密度纤维板或刨花板上，取得良好的表

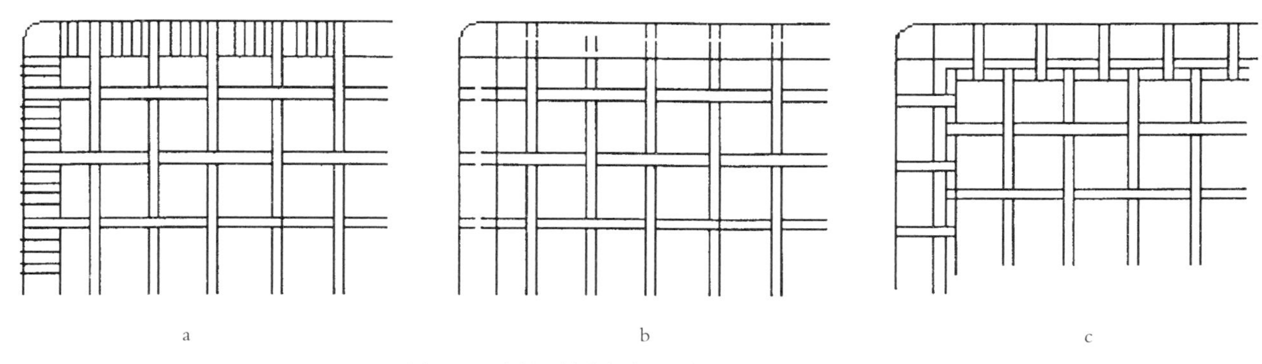

图7-71　家具设计中竹家具面状编结形式示意图

面装饰效果，提高竹材的利用价值和利用范围。

第八节　常见榫接合受力分析与计算

家具的受力状况应与其使用过程中的承载能力相适应，这也是家具使用功能的基本要求。一般来讲，人们对家具的使用要求是在正常的使用过程中，不发生破裂、脱落、凹陷、摇晃和扭转等现象。长期以来，人们一直把家具的结实与稳定程度作为选购家具时考虑的主要因素，同时也是在检测过程中，衡量家具质量优劣的主要标准之一。

对于一件家具而言，其在使用过程中的受力来源有两类：一是其自重；二是其在使用过程中的承载荷重。由于家具材料和体量特征所决定，其自重一般都很小，主要是其承载荷重。而这两类力综合作用于家具上，主要产生以下几类应力[10]。

❶ 压应力：在零部件内部产生的应力，如桌椅架类的脚腿等相应的零部件多受压应力。

❷ 拉应力：主要产生在各类受拉的零部件中。

❸ 弯曲应力：主要产生在各类水平部件中。

❹ 剪切应力：主要产生在与受力方向垂直的各类零部件中。

就零部件本身而言，其各类应力较集中和较复杂的部位是其接合处，大多数接合部件可能要同时受到拉应力、压应力以及剪切或扭转应力。所以，下面着重讨论家具中几类常见结构接合处的受力情况。

一、方材直角双插入榫

方材直角双插入榫是较常见的插入榫接合形式之一（如图7-72）。

根据材料力学中的中性层应力为零的原理（$\sigma=0$），可计算出构件在受力时，其应力中性层距构

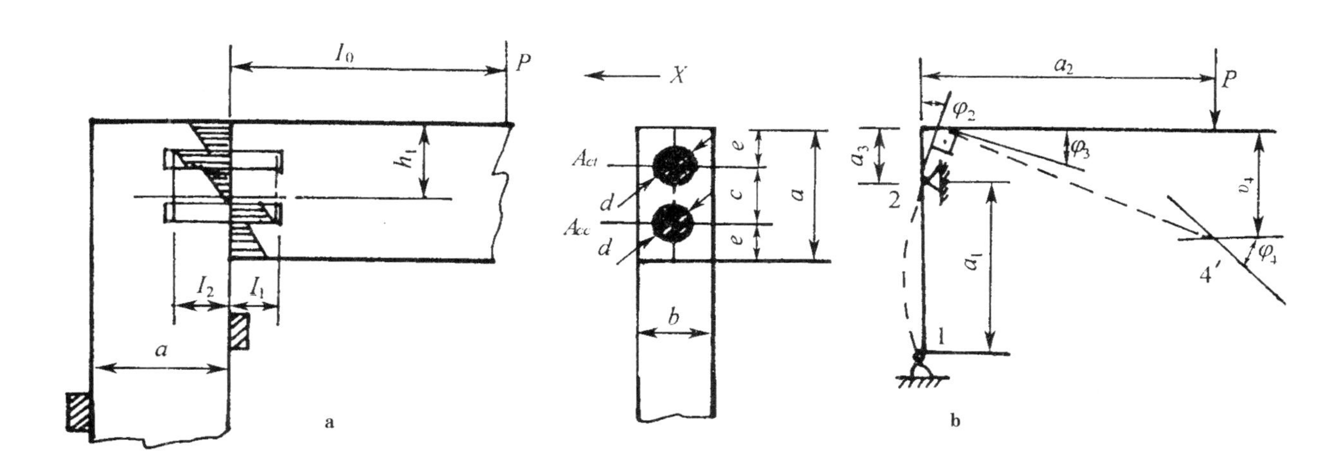

图7-72　方材直角双插入榫

件上表面的距离h_1：

$$h_1=\frac{E_p(ba-A_{cc}-A_{ct})\cdot\frac{1}{2}a+E_{cc}A_{cc}(a-c)+E_{ct}A_{ct}}{E_p(ab-A_{cc}-A_{ct})+E_{cc}A_{cc}(a-c)+E_{ct}A_{ct}}(\text{mm})\cdots\cdots(7-1)$$

最大应力是：

$$\sigma_{上}=\frac{M_iE_p}{J_i}h_1\leqslant[\sigma]；\ \sigma_{下}=\frac{M_iE_p}{J_i}(a-h_1)\leqslant[\sigma_{下}]\quad\cdots\cdots(7-2)$$

$$J_i=\Sigma E_kI_k=E_p\cdot\left(\frac{ba^3}{12}-2\left(\frac{\pi d^4}{64}+\frac{c^2}{4}-\frac{\pi d^2}{4}\right)+\left(h_1-e-\frac{c}{2}\right)^2\left(ba-2\cdot\frac{\pi d^2}{4}\right)\right)$$
$$+E_{cc}\cdot\left(\frac{\pi d^4}{64}+(h_1-e-c)^2\cdot\frac{\pi d^2}{4}\right)+E_{ct}\cdot\left(\frac{\pi d^4}{64}+(h_1-e)^2\frac{\pi d^2}{4}\right)$$

在承载荷瞬间及正常承载时，圆棒周围胶层所受的剪切应力：

$$\tau=\frac{N_{ct}}{\pi dl}=\frac{\sigma A_{ct}}{\pi dl}=\frac{M_iE_{ct}}{4J_j}\cdot\frac{h_1-e}{l}\text{或}$$
$$\tau=\frac{N_{cc}}{\pi dl}=\frac{\sigma A_{cc}}{\pi dl}=\frac{M_iE_{cc}}{4J_j}\cdot\frac{e+c-h_1}{l}\quad\cdots\cdots(7-3)$$

式（7–1）、式（7–2）、式（7–3）中：

E_p为方材弹性模量，单位MP$_a$；M_i为圆棒承载时的弯曲力矩；E_{ct}、E_{cc}为圆棒受压时的弹性模量，单位MP$_a$；A_{ct}、A_{cc}为圆棒的截面尺寸mm^2（设$A_{ct}=A_{cc}$）；$[\sigma_{下}]$、$[\sigma_{上}]$为方材上表面或下表面的最大许用应力；a为方材宽；b为方材厚；c为两圆棒间距离；d为圆棒直径；e为圆棒中心距方材边沿距离；单位为mm；l为圆棒长度，单位为mm；J_i为方材横截面相对中性层的惯性矩。

以上结果应满足：

是正常状态下胶层的最大剪切许用应力。

结构的接合强度取决于圆棒的抗弯曲和抗剪切强度，对于圆棒表面有：

$$\sigma=\frac{M_iE_{ct}}{J_i}(h_1-e+0.5d)\leqslant[\sigma_{-}]\quad\cdots\cdots(7-4)$$

正常情况下，圆棒体所受的压应力为：

$$\sigma=\frac{M_iE_{cc}}{J_i}(a-h_1-e+0.5d)\leqslant[\sigma_{-}]\quad\cdots\cdots(7-5)$$

圆棒体所受的剪切应力计算公式为：

$$\tau=\frac{\text{剪切力}}{\text{受力面积}}=\frac{P}{2}/2A_{cc}=\frac{P}{4A_{cc}}=\frac{P}{\pi d^2}\leqslant[\tau_{-}]\quad\cdots\cdots(7-6)$$

式（7–6）中：$[\tau]$为圆棒的最大许用剪切应力，P为圆棒所承受的外力。

由此可见，根据上述数学模型可计算出方材直角双插入圆榫所受的各类应力，并评价其接合强度。

而结构的刚度强弱则可以以其在承受载荷时的线性偏移量v_0、结构接合部位的相关构件的转角的大小为参考标准进行评价（如图7–72 b）。结构的线性刚度偏移量和转角计算公式为：

$$v_4=\frac{pa_2^2}{3\text{EI}}(a_2+3a_3+a_1)；\ \varphi_2=\frac{pa_1a_2}{3\text{EI}}；$$

$$\varphi_3=\frac{pa_2}{\text{EI}}\left(a_3+\frac{a_1}{3}\right)；\ \varphi_4=\frac{pa_2}{6\text{EI}}(3a_2+6a_3+2a_1)$$

上列各式中：a_1为构件弯曲两支点间距；a_2为所受外力的力臂长度；a_3为构件弯曲时上支点距其端面距离，单位均为mm；$\text{EI}=\frac{Eba^3}{12}$是刚度模量，与参数$e$、$c$、$a$、$b$和$d$的取值有关，这些参数的取值范围为：$e=(0.8\sim1.2)d$；$a\geqslant4d$；$0.4b\leqslant d\leqslant0.55b$；$c=(1.5\sim2)d$；垂直于方材厚面上的孔深$l_1=0.72a$；垂直于方材端面上的孔深$l_2=0.65a$；而方材厚度$b$和圆棒直径$d$的对应关系见表7–8。

表7-8　方材厚度b和圆棒直径d的对应关系

方材厚度 b（mm）	6~8	10	12~14	16~19	24	29~33	39~43	48
圆棒直径 d（mm）	3	4	6	8	12	16	20	24

实验研究表明，圆棒在承载时的弯曲力矩与两圆棒间的距离c（mm），圆棒直径d（mm），密度ρ（g/cm^3）和不同胶种的影响系数$k1$等参数有关。其计算方法为：

$$M_i = k_j(3.68c + 8.77d - 3.98)(1.54\rho + 0.23) \qquad \cdots\cdots\cdots\cdots(7-7)$$

其各参数间的相互关系见图7-73。

二、方材45° 斜角双插入榫

假设垂直方向的作用力为p，距接合点间的距离为l_0，其力矩为$M_i = P_{l0}$（见图7-74），对于接合面而言，可把作用力P分解为两个力T_f和N_c，$T_f = P\cos 45°$，是作用于方材45° 接合面上的剪切力，主要由圆棒和45° 接合面上的胶层和圆棒承受，其承载能力与方材和圆棒及胶层各材料的弹性模量等因素相关。$N_c = P\cos 45°$，是接合表面所受的压力。

在计算过程中，应考虑木质材料的各向异性特征。很显然，尽管圆棒所承受的载荷不足以使其受到剪切破坏，但方材45° 接合面可能已产生径向劈裂等受损现象；因此，在计算剪切应力时应综合考虑这方面的因素。而在实际应用过程中，受力主要集中在接合面的胶层上，所以应作为设计计算过程中的关键点来考虑。

T_f对方材45° 接合面胶层所产生的剪切应力为：

$$\tau_{方} = T_f G_{ab} / (A_{ab} G_{ab} + A_c G_c) \qquad \cdots\cdots\cdots\cdots(7-8)$$

T_f对圆棒周围胶层所产生的剪切应力为：

$$\tau_{圆} = T_f G_c / (A_{ab} G_{ab} + A_c G_c) \qquad \cdots\cdots\cdots\cdots(7-9)$$

式（7-8）、式（7-9）中：A_{ab}、A_c为方材的45° 接合面和圆棒表面的净胶合面积；$G_{ab}G_c$为垂直于45° 接合面和圆棒表面胶层的弹性模量，在45° 接合面上胶层中产生的各种应力（见图7-74b）的计算公式如下：

压应力：$\sigma_{ab} = N_c / A_{ab} = -P/A_{ab} \cdot \cos 45°$；

弯曲应力：$\sigma_{ab} = \pm M_i / W_z = \pm Pl_0 / ba^2 \cdot \cos 45°$；

剪切应力：$\tau =_{ab} = T_f / A_{ab}$；

这里 $A_{ab} = b\sqrt{2}a - n\pi d^2/4$，$n$为用圆棒个数。

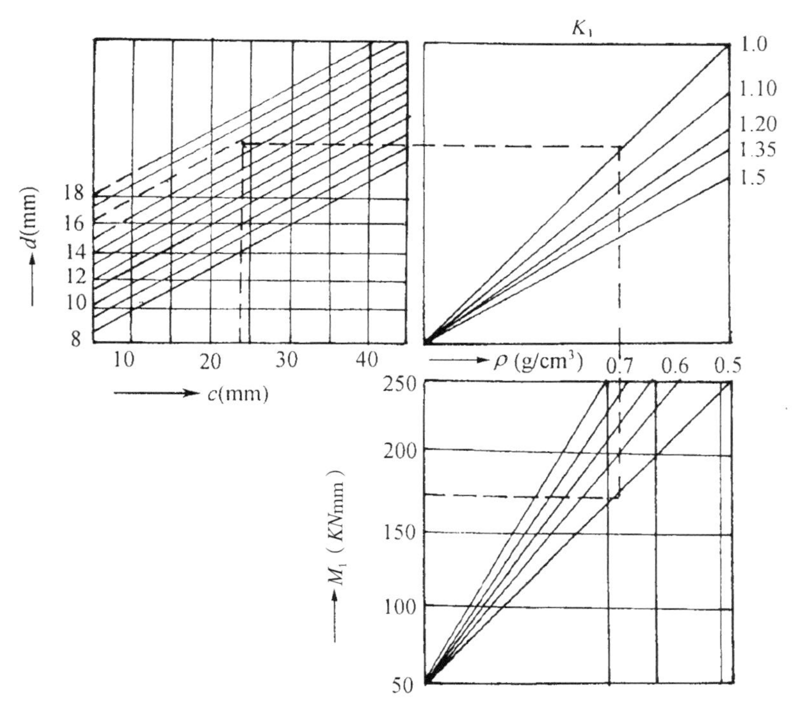

图7-73　各参数间的相互关系图

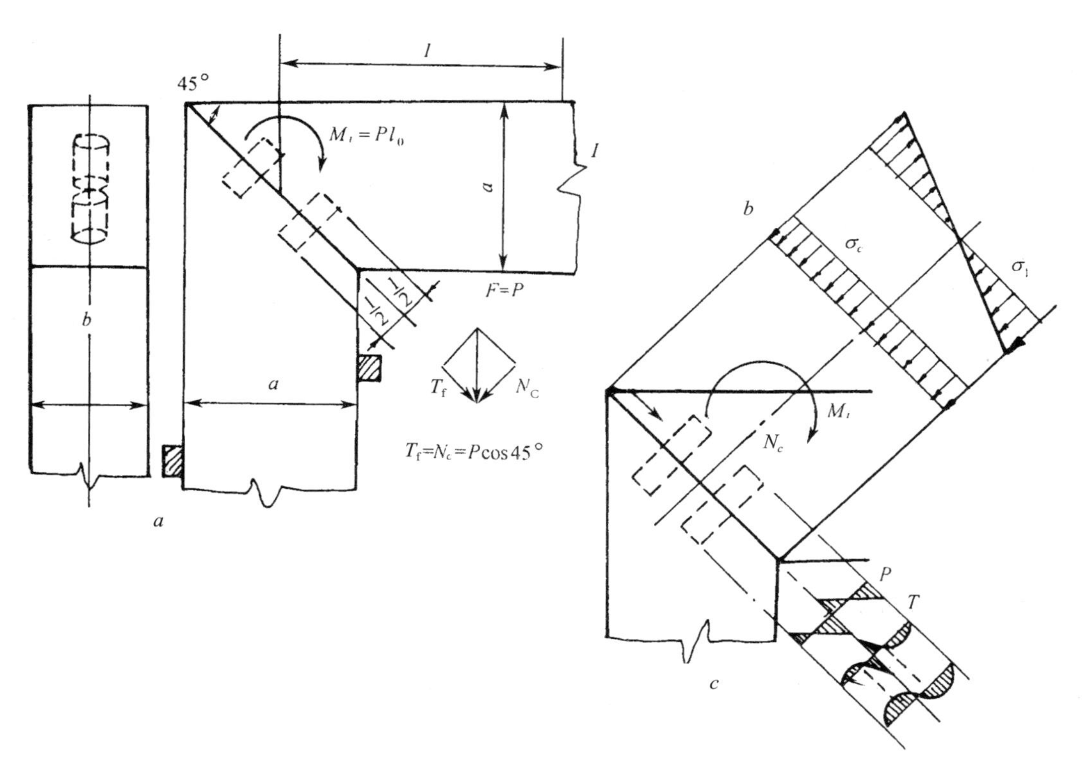

图7–74 方材45° 斜角双插入榫

胶层的总参考应力可参照下式计算：

$$\sigma_{总}=\sqrt{\sigma^2+4\tau^2}=\sqrt{\left(\frac{3pl_0}{ba^2}+\frac{P\cos45°}{\sqrt{2}ba-n\frac{\pi a^2}{4}}\right)^2+4\left(\frac{T_f}{A_{ab}}\right)^2}\leqslant[\sigma]\quad\cdots\cdots\cdots\cdots(7-10)$$

式（7–10）中：$[\sigma]$是所用胶种的许用应力。

对于圆棒榫，在实际计算过程中应考虑下列因素：圆棒直径方向承载瞬间的线性冲击压力，圆棒长度方向的线性压力，圆棒的弹性模量等因素。圆棒在承载瞬间的最大惯性力矩为：

$$M_{imax}=p_il^2d/108\quad\cdots\cdots\cdots\cdots(7-11)$$

圆棒端头的受力为：

$$P_{1圆棒}=dlp_m/8\quad\cdots\cdots\cdots\cdots(7-12)$$

式（7–11）、式（7–12）中：P_1和P_m是胶层承载瞬间应力。圆棒的个数可通过下式计算：

$$n=kT_fP_{1圆棒}\quad\cdots\cdots\cdots\cdots(7-13)$$

式（7–13）中：k为多个圆棒分布不一致时的影响系数圆棒的直径d可从剪切强度关系式中获得：

$$由\ T_f=\frac{n\pi d^2}{4}\tau\ 得出；d=2\sqrt{\frac{T_f}{n\pi\tau}}(\text{mm})\quad\cdots\cdots\cdots\cdots(7-14)$$

如某椅子腿与座前拉挡间应用45° 斜角双插入榫的结构P=400N, M_i=20N.m, G_{ab}=1500MPa, G_c=900MPa, b=40mm, a=80mm, d=10mm, l=50mm，设所用圆棒材料的许用剪切应力$[\tau]$=2.4MPa，许用弯曲应力$[\sigma]$=10MPa，计算胶层和圆棒的应力。

方材胶层的剪切应力为：

$$\tau_{ab}=\frac{T_f}{A_{ab}}=\frac{T_fG_{ab}}{A_{ab}G_{ab}+A_cG_c}=0.0637\text{MPa}$$

$$式中：A_{ab}=\frac{ba}{\sin45°}-2\frac{\pi d^2}{4}=4340\text{mm}^2,\ A_c=\frac{2\pi d^2}{4}=157\text{mm}^2$$

胶层总的应力应用公式（3–8）进行计算，结果为0.325MPa。

圆棒的剪切应力为：

$$\tau=\frac{4\cdot T_f}{2\cdot\pi d^2}=\frac{4\cdot400\cdot\cos45}{2\pi\cdot100}=1.78\text{MPa}<[\tau]=2.4\text{MPa}$$

圆棒的弯曲应力为：

$$\sigma=\frac{32\cdot M_i}{2\cdot\pi d^3}=\frac{32\cdot1.3\cdot10^2}{\pi\cdot10^3}=1.31\text{MPa}<[\sigma]=10\text{MPa}$$

通过上述计算可知其强度是足够的。

三、90° 开口贯通单榫

90° 开口贯通榫（如图7-75）剪切应力产生于胶层断面 1 、 2 、 3 、 4，既通过结构的剪切断面 1—2，又通过承载断面 2，3—2′ 3′ 。当受外来载荷时，除了产生瞬间剪切应力外，还产生一个以1—2 为轴面的扭转应力φ，胶层的受力计算公式为：

$$M=2a'a^3G\varphi/9t \cdots\cdots (7-15)$$

式（7-15）中：t为胶层厚度（t=0.15～0.30mm）；G为胶层的弹性模量a_1和a均方材正面尺寸（$a_1 \geq a$）；φ为胶层的许用转角（φ=0.08° ～0.15° ）。

榫头的剪切强度计算公式为：

$$\tau=3p/2a'b'k \leq [\tau] \cdots\cdots (7-16)$$

承载瞬间冲击应力为：

$$p=P/a_2b' \leq [p] \cdots\cdots (7-17)$$

k为胶层的异性系数（k=0.7～0.8）

当榫头的厚度c较小时，扭转应力最大值计算公式为：

$$\sigma=6M/b'a'^2 \leq [\sigma] \cdots\cdots (7-18)$$

在实际使用过程中，实验表明：榫头的厚度与方材厚度B之间的最佳关系为c=（0.4～0.5）b，最佳厚度值为10mm（如图7-76）两相接合的方材间厚度比的最佳值为$a'/a \approx 1$，榫头长度的最佳值为45mm（图7-77），公差的最佳值为0.2～0.4mm。方材厚度与榫头厚度间的常用关系如表7-9。

综上所述，并通过实验表明：构件上距转轴距离为ρ的任意一点的剪切应力τ为：

$$\tau=\frac{M(P^2+\rho-\rho^2\ln\rho)}{3.26a^4+1.2a^3-1.33a^2\ln a} \cdots\cdots (7-19)$$

对于瞬间外来载荷，$M=PL_0$，取决于胶层的表面积A（cm^2），榫头厚度c（cm），木材密度ρ_0（g/cm^3）等因素，其间的相互关系为：

$$M=K_1(36A+1234c-464)(2.51\rho_0-0.26)\ (PaN/cm) \cdots\cdots (7-20)$$

K_1——是胶层特性系数。

四、丁字形闭口单榫

丁字形闭口单榫结构形式和承载过程中的受力分析如图7-78所示，就榫头而言，主要受以下几个方面的应力：榫头上表面外端所受的压应力q_1、榫头下表面靠榫肩部位所受的压应力q_2、胶层的剪切应力（胶）。榫头承载荷力矩为：

$$M=M_1+M_2+M_3[N.mm] \cdots\cdots (7-21)$$

$$M_1=p_1\cdot\frac{21}{3}=p_1\cdot\frac{1}{4}\cdot\frac{21}{3}=p_1\cdot\frac{cl^2}{6};$$

$$M_2=p_2\cdot\frac{b}{3}=q^2\cdot\frac{a}{4}\cdot\frac{(b-c)a}{3}=q^2\cdot\frac{(b-c)a^2}{12};$$

$$M_3=2k_1al^2\tau$$

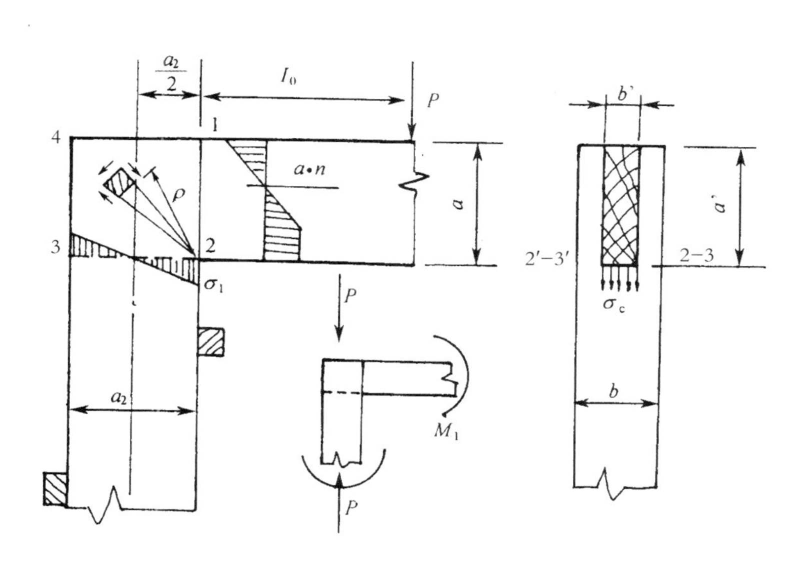

图7-75　方材90°开口贯通单榫结构形式

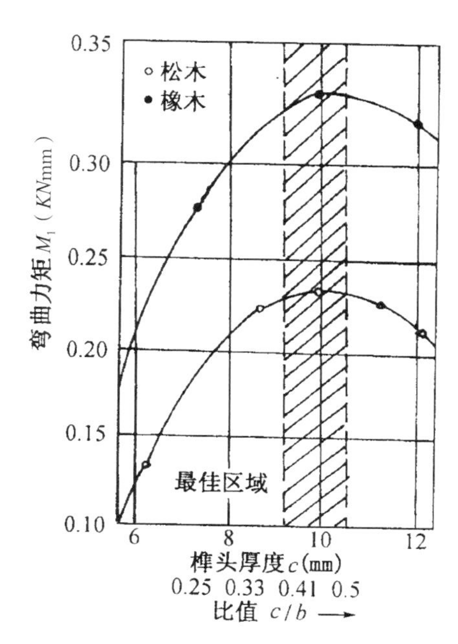

图7-76　榫头厚度与弯曲力矩之间的关系

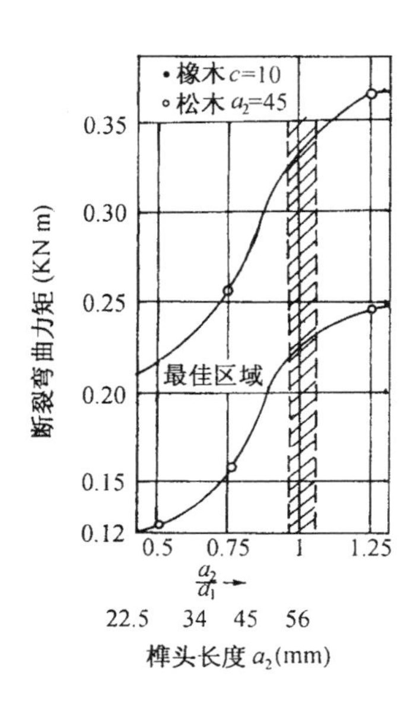

图7-77 榫头长度与弯曲力矩之间的关系

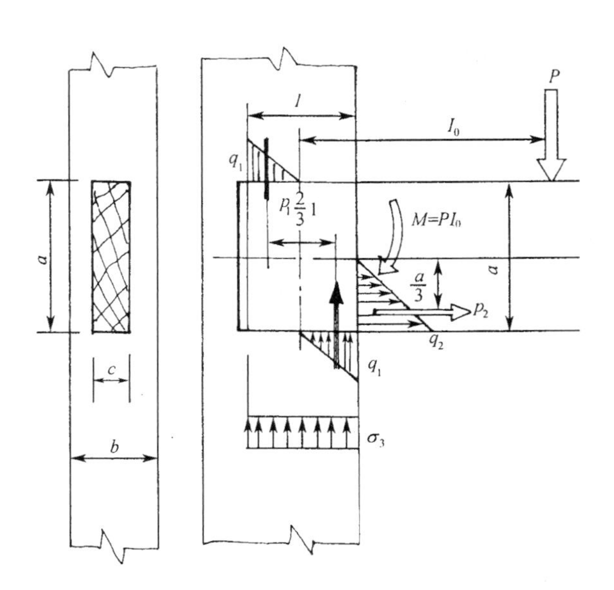

图7-78 方材丁字形结构形式

表7-9 方材厚度与榫头厚度取值之间的关系

b（mm）	6~8	10	12~13	16~19	24	29~33	33~43	48
b'（mm）	3	4	5~6	7~8	10	12~14	16	20

式（7-21）中：P_1和P_2为接合所需的功能涨紧压力，单位N；q_1和q_2为接合功能涨紧最大应力，单位N/mm^2；k_1为榫头高度与宽度比a/l；τ为胶层的最大许用应力，单位N/mm^2；a、b、l、c为构件尺寸，单位mm。

作用力载荷重p产生的压应力$p_3=P/cl$，最大弯曲应力$\sigma_{max}=6M/cl^2$总应力为：

$$\sigma_{总}=p_3+\sigma_{max,i}=\frac{P}{cl}+\frac{6M}{cl^2}\leqslant[\sigma] \qquad (7\text{-}22)$$

在此，已对四种常见的木家具结构的受力情况进行了分析，并建立了相应的数学模型，而对于其他结构形式，在设计过程中，可参考进行。总之，在设计生产过程中，应科学地分析结构的受力形式，精确地计算其力学强度，合理地设计其结构尺寸。

五、强度分类与应用

前面分别对常见的几种木家具受力情况进行了分析，并建立了相应的数学模型，对于其他结构形式，在设计中，可参考上述方法进行，以便更加科学合理地设计其结构尺寸。表7-10和表7-11、图7-79和图7-80为强度分类及其应用情况[11]。

表7-10 方榫平均断裂刚度

序号	断裂力（为N）	分类	应用范围	与标准试件间的系数
1	2000 ~ 5700	高	椅类、凳框架	0.87 ~ 2.5
2	1000 ~ 1999	中	椅类、凳框架、门框	0.43 ~ 0.87
3	500 ~ 999	低	门框、支架、简易家具	0.21 ~ 0.43
4	<500	很低	简易、轻便家具	<0.21

注：标准试件的力学强度为P=2305（N），试件树种为山毛榉，断面尺寸为20mm×30mm。

表7-11 方榫平均断裂刚度

序号	平均刚度 K（N/mm）	分类	应用范围	与标准试件间的系数
1	300 ~ 605	高	椅类、凳类等	0.78 ~ 1.82
2	200 ~ 299	中	椅类、凳类等	0.52 ~ 0.78
3	100 ~ 199	低	门框、家具体、支架	0.26 ~ 0.52
4	<100	很低		0.05 ~ 0.26

注：标准试件的力学强度为P=2305（N），试件树种为山毛榉，断面尺寸为20mm×30mm。

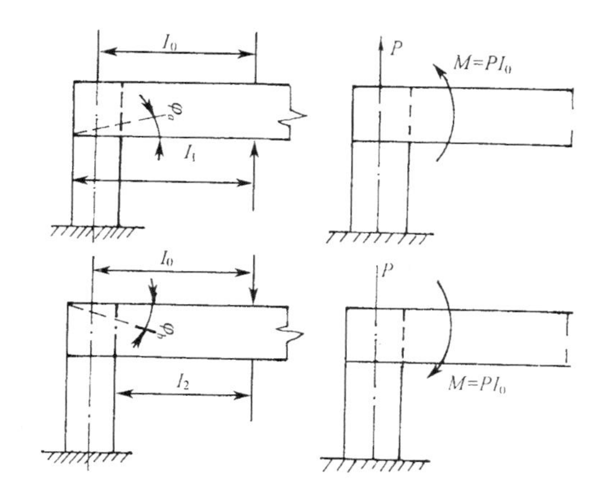

图7-79　标准测试试件模型

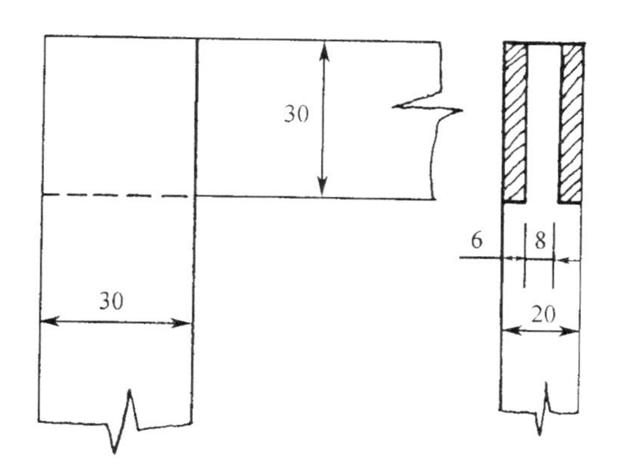

图7-80　标准测试试件结构形式

本章思考要点

1．家具结构的类型与设计原则？

2．榫接合的类型？

3．直角方榫接合的技术要求？

4．传统家具主要榫接合结构类型及应用？

5．框式部件结构类型及应用？

6．板式部件结构类型及应用？

7．抽屉结构类型及应用？

8．32mm的含义与其结构设计原理？

9．五金件结构的类型及其应用？

10．偏心连接件的设计参数？

11．杯状暗铰链的设计参数？

12．金属家具结构形式及其连接方式？

13．竹藤框架弯曲结构的设计参数？

14．竹藤框架连接结构类型、板状结构类型？

15．“第八节　常见榫接合受力分析与计算”供教学中参考选用。

参考文献

[1] 胡景初．现代家具设计[M]．北京：中国林业出版社，1992，3：262～340

[2] 王世襄．明式家具研究（文字卷）[M]．香港：三联书店（香港）有限公司，1989，7：109~119

[3] Dick Hall. BASIC ELEMENTS FOR 32mm[J]. Wood & Wood Products，1998，V93(1)：59～62

[4] Dick Hall. 32mm PANEL CONCEPT[J]. Wood & Wood Products，1998，V93(3)：46～51

[5] 唐开军．家具设计技术[M]．武汉：湖北科学技术出版社，2000，1：103～106

[6] 文嘉．杯状暗铰链的安装设计[J]．家具，1991，V59：3～6

[7] 邓背阶，陶涛，孙德林．家具设计与开发[M]．北京：化学工业出版社，2006，9：85～98

[8] 于伸．家具造型与结构设计[M]．哈尔滨：黑龙江科学技术出版社，2004，6：160～161

[9] 唐开军，史向利．竹家具的结构特征研究[J]．林产工业，2001，V28(1)：27～32

[10] 唐开军．木家具常用榫结构受力分析与计算[J]．中南林学院学报，1999，V19（3）：63～68

[11] Nastaes Valentin.　Wood joints. Brosov：Imprimeria Oltenia，1987，4：187～196

第八章

家具装饰设计

家具装饰就是对家具的局部或整体进行美观化处理。它必须基于家具的功能和造型设计。虽然也属于家具设计的范畴，但设计范围多局限于家具的表面或构件线型等局部。而在家具设计中，仅考虑这些装饰本身没有太大的实际意义，只有将装饰与产品的造型、功能、材料、工艺、文化内涵、风格特征甚至生产效率、市场利润等因素综合在一起思考，才能体现或突现装饰设计的价值。也正是由于家具装饰设计的上述“附属性”，其设计更应遵循家具设计的原则、方法和步骤。在此，仅对其从内容等方面进行简单的归纳分析。

第一节　装饰概述

一、装饰的含义

日常生活中，装饰具有动词和名词两种语义：作为动词，它表示一种行为或活动，是动态的，指行为的过程，如使用一定的材料装饰室内空间等；作为名词，它表示活动的结果或分类，是静态的，如装饰画、装饰品、装饰艺术等。装饰又具有广义和狭义两重含义：广义的泛指装饰现象和活动；狭义的则指具体的装饰品类、图案、纹饰等。总之，装饰就是在物体（或身体）表面增加附属的东西，使之美观[1]。

装饰心理和行为作为人类特有的艺术禀赋和智慧，来自人类本性的强烈需求，也是人类不断发展的必然产物，是人们不断创造、使客观世界充满变化、增益、更新、美化的活动。

装饰作为一种艺术方式，以秩序化、规律化、程式化、理想化为原则，创造合乎人的需要、与人的审美理想相和谐的美的形态。它既是一种艺术形式，又是一种艺术方式和艺术手段。作为艺术形式，它可以是一种纹样、一个符号；作为艺术方式或手段，人通过装饰的使用和操作将装饰对象人性化或主观化。

二、装饰的形成

装饰是人类历史中出现最早、最普遍的创造形式之一，是艺术的起源，不但从未间断，而且还有时代、区域的不同风格。同时，纵观人类的发展史及历史遗迹，可看到，即使是古代人类不同民族在地理上互为隔绝的情况下，装饰艺术的形式都有很强的相似性，即趋同倾向。这种趋同倾向对于我们的现代设计特别是设计装饰学、设计经济学具有非常重要的意义。历史上，各个民族无处不在的装饰图案常常有着惊人的相似之处，经过人类学、历史学、心理学、社会学、考古学等学科的研究，这主要归结于以下两个方面的原因[2]。

❶ 从装饰活动的社会心理学起源上看，人类审美的基本原则如秩序、节奏、均衡、整洁的观念，是通过劳动而逐渐产生，并指导着人类的劳动。这一过程普遍地发生在不同地区的不同种族，发展出多样的、较为复杂的装饰形式。完全可以确认的是，实用的价值要求构成了人类不同装饰内容和形式的出发点，而人的实用要求基于人的生理本能与精神本能，如均衡原则中最简单的左右对称给人的视觉愉悦与人左右对称的双眼生理结构有关，而秩序、节奏与人心律相一致，

再如人的生物本能如饥则食、寒则衣等方面是共同的。

❷ 从视觉认知的层面上（包含内容、方式和程度）看，装饰行为形成的图形化、图案化内容，以更加纯粹的、直观的形式为不同的接受者提供了一个视觉的、快捷的、逻辑的沟通方式，这种方式以人的生理特性、精神特性为基础，遵从一定的视觉语义、语法，它决定了人们的感知方式、感知内容和感知程度，最终构成区域文化的基础内容，而生存环境的相似决定了人类基本认知方式、认知内容的类同。

三、装饰的表现形式

装饰艺术的表现形式多种多样，而最主要、最普遍、最广泛的表现形式是图案。图案基本上是个外来词，指为达到一定目的而进行的设计方案和图样，在这一意义上，可以把图案分为平面图案和立体图案两类，从应用上分为基础图案和工艺图案两类。图案一般表现在装饰纹样的形式上。纹样即纹饰，指按照一定的造型规律和原则，经过抽象、变化等造型方法而规则化、定型化的图形，并予以一定的社会文化内涵。它的构成要素是由节奏、对称、比例等抽象反映形式所组成。任何形式的纹样从一般意义上而言，均是一种符号，都是对自然事物、原有物象的再造化表现，并且还要有所变形，如夸张、反复、增略等，以适应图案具体应用的要求。纹样的形式或装饰还包括有各种各样的寓意性和象征性，不同时期的表现形式往往受到其表达内容的制约，这也说明，作为以形式美、装饰性为主要功能价值的纹样，实质上是一种兼顾与统合的产物。

第二节　家具装饰的类型

家具装饰就是对家具形体表面的美化。一般说来，由功能所绝定的家具形体是家具造型的主要方面，而表面装饰则从属于形体，附着于形体之上，但家具表面装饰也绝非可有可无。对于传统家具而言，装饰十分重要，现代家具也是如此，只是装饰的形式不同而已。好的装饰能强化消费者对产品的印象，增强产品的美感。在同一形式、同一规格的家具上可以进行不同的装饰，从而丰富产品的外观形式。但是不论采用何种装饰都必须与家具形体有机地结合，不能破坏家具的功能结构和整体外观。

家具装饰可简可繁、形式多样。在装饰手段上有手工的方式，也有机械的方式，在所使用材料上有天然材料，也有人造材料。有的装饰与功能零部件的生产同时进行，有的则附加于功能部件的表面之上。总之，家具的装饰类型多种多样，具体归纳如表8-1所示。

表8-1　家具的装饰类型

家具装饰												
审美性装饰						功能性装饰						
雕刻装饰	镶嵌装饰	镀金装饰	绘画装饰	烙花装饰	线型装饰	涂饰装饰	贴面装饰	五金件装饰	玻璃装饰	灯光装饰	软包装饰	商标装饰

第三节　家具的审美性装饰

家具的审美性装饰是指附着于家具构件之上、与使用功能及其产品本身的结构需要无关、仅起美化作用的装饰方法。常见的有以下几类。

一、雕刻装饰

雕刻是一种古老的装饰艺术，很早就被世界各地的人们应用于建筑、家具及各类木质、石材等工艺品上。我国常见的古典家具雕刻图案有吉禽瑞兽、花草器物、寓言传说、神话人物等纹样。西方风行的家具雕刻图案有鹰爪、兽腿、天使、人体、柱头、雄狮、蟠龙、花草纹和神像等图案。雕刻图案的内容与工艺的推陈出新使家具装饰艺术不断达到更高的境界。家具中的雕刻按所形成的图案与背景的相对位置关系不同，分为浮雕、圆雕、透雕、平刻等形式。（如图8-1[3]）

❶ 浮雕：高出背景且与背景不分离仅凸起图案纹样，呈立体状浮于衬底面之上，称为浮雕。按凸出

高度不同可分为浅浮雕和深浮雕两种。在背景上仅浮出一层极薄的物象图样，且物象还要借助一些抽象线条加以辅助的表现方法称作浅浮雕；在背景上浮起较高，物象接近于三维实物的称其为深浮雕。而在实际应用中，深浮雕和浅浮雕一般不进行绝对的分开使用，常见的是深中有浅、浅中有深地混合使用。常用于家具的表面装饰。

❷ 圆雕：图案与背景完全相分离，任一方位均可独立形成图案的立体雕刻形式，类似于雕塑，称为圆雕。其题材范围很广，从人物、动物到植物的整体及局部等都可以表现。常用于家具的支撑构件上，尤其是支架构件。

❸ 透雕：将图案的背景衬板完全镂空而形成的装饰雕刻形式，称为透雕。透雕分为两种形式：在背景上把图案纹样镂空成为透空的叫阴透雕；把背景上除图案纹样之外的背景部分全部镂空，保留图案纹样的称为阳透雕。透雕多用于家具中的板状构件。

❹ 平刻：图案略高出或低于背景，且图案等高并在同一平面上的雕刻方法，称为平刻。当图案略低于背景时为阴刻；图案略高出背景时为阳刻。但无论阴刻阳刻，其所有图案都与被雕构件的表面在同一高度上。

二、镶嵌装饰

镶嵌是先将不同颜色的木块、木条、兽骨、金属、象牙、玉石、螺钿等，组成平滑的花草、山水、树木、人物或其他各种自然界天然题材的图案花纹。然后再嵌黏到已铣刻好花纹槽（沟）的部件表面上而形成的装饰图案称为镶嵌装饰。镶嵌可分为雕入嵌木、锯入嵌木、贴附嵌木、铣入嵌木四种形式。图8-2为明朝的朝服柜，其因官员朝服不必折置便可放入而得名。此柜属“百宝嵌”的例子，用不同石、骨、螺钿等材料，在柜的正面镶嵌出职贡图[4]。

❶ 雕入嵌木：利用雕刻的方法嵌入木片，即把预先画好图案与花纹的薄板，用钢丝锯锯下，把图案花纹挖掉待用。另外将被挖掉的图案花纹转描到被嵌部件上，用平刻法把它雕成与图案薄板厚度一样的深度（略浅些），并涂上胶料，再嵌入已挖空的图案薄板内。

❷ 锯入嵌木：原理类似于雕入嵌木，是利用透雕方法把嵌材嵌入底板的，因此这种嵌木两面相同。制作方法是先在底板和嵌材上绘好完全相同的图形，然后把这两块板对合，将图案花纹对准，用夹持器夹住，再用钢丝锯将底板与嵌木一起锯下，然后把嵌材图案嵌入底板的图案孔内。

❸ 贴附嵌木：实际上是贴而不嵌。就是将薄木片制成图案花纹，用胶料贴附在底板上即成，这种工艺已为现代薄木装饰所沿用。

❹ 铣入嵌木：即将底板部件用铣床铣槽（沟），然后把嵌件加胶料嵌入。

由于镶嵌工艺加工比较复杂，不适应现代工业化生产的要求，故已较少用在普通家具的装饰上，偶然可见于高档家具的装饰上。

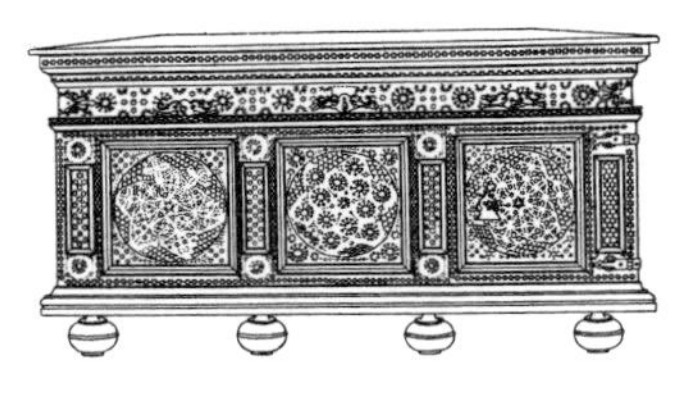

a. 衣箱/浅浮雕图案

b. 衣箱/深浮雕、局部圆雕图案

c. 柜/转角局部圆雕图案

d. 架子床/局部透雕图案

e. 屏风/平刻装饰图案

图8-1 家具设计中雕刻装饰图例

图8-2　家具设计中镶嵌装饰图例

图8-3　家具设计中镀金装饰图例

图8-4　家具设计中绘画装饰图例

图8-5　家具设计中烙花装饰图例

三、镀金装饰

镀金即木材表面金属化，也就是在家具表面覆盖上一层薄金属。最常见的是覆盖金、银、锌和铜。使木材表面具有贵重金属的外观质地。施工的方法有电镀、贴箔、刷涂、喷涂和预制金属化的覆贴面板等。（如图8-3）

四、绘画装饰

绘画装饰就是用油性颜料在家具表面上徒手绘出，或采用磨漆画工艺对家具表面进行装饰。现多用于工艺家具或民间家具中。对于简单的图案，也可以用丝网漏印法取代手绘。在现代仿古家具中，用绘画装饰柜门等家具部件应用较普遍，儿童家具也常采用喷绘的画面进行装饰。（如图8-4）

五、烙花装饰

烙花装饰源于西汉，盛于东汉；是利用木材被加热后会炭化变色的原理而进行的装饰技法，当木材被加热到150℃以上时，在炭化以前，随着加热温度的不同，在木材表面可以产生不同深浅的棕色，烙花就是利用这一原理和方法获得的装饰画面。烙花可以用于木材表面，也可以用于竹材表面。（如图8-5）

烙花的方法有笔烙、模烙、漏烙、焰烙等。笔烙即用加热的烙铁，通过端部的笔头在木材表面按构图进行烙绘，可以通过更换笔头来获得不同粗细效果的线条；模烙即用加热的金属凸模图样对装饰部位进行烙印；漏烙即把要烙印的图样在金属薄板上刻成漏模，将漏模置于装饰表面，用喷灯或加热的细砂，透过漏模对家具表面进行烙花；焰烙是一种辅助烙法，是以喷灯喷出的火焰对烙绘的画面进行灼燎，对画面起一个烘托渲染的作用，使画面更富于水墨韵味。烙花对基材的要求是纹理细腻、色彩白净。

六、线型装饰

家具的线型是指其水平与竖直构件边沿及线状构件等的横断面形状，具体而言就是柜类的顶板、底板、旁板和台桌类的面板等部件边沿的断面形状，及脚、腿与拉挡类构件的断面形状。最常见、最简单的线型是直角线型，但设计时为了丰富家具的外观造型，提升其品质感，也多采用形状各异的断面形式。在实际生产过程中，板状构件的线型通过一般的铣床加工即可；而脚、腿与拉挡类线状构件的线型大多采用车床加工形成。如图8-6所示为常见水平板的线型，如图8-7所示为常见竖直板的线型，如图8-8所示为常见脚的线型，如图8-9所示为常见腿的线型[5]。

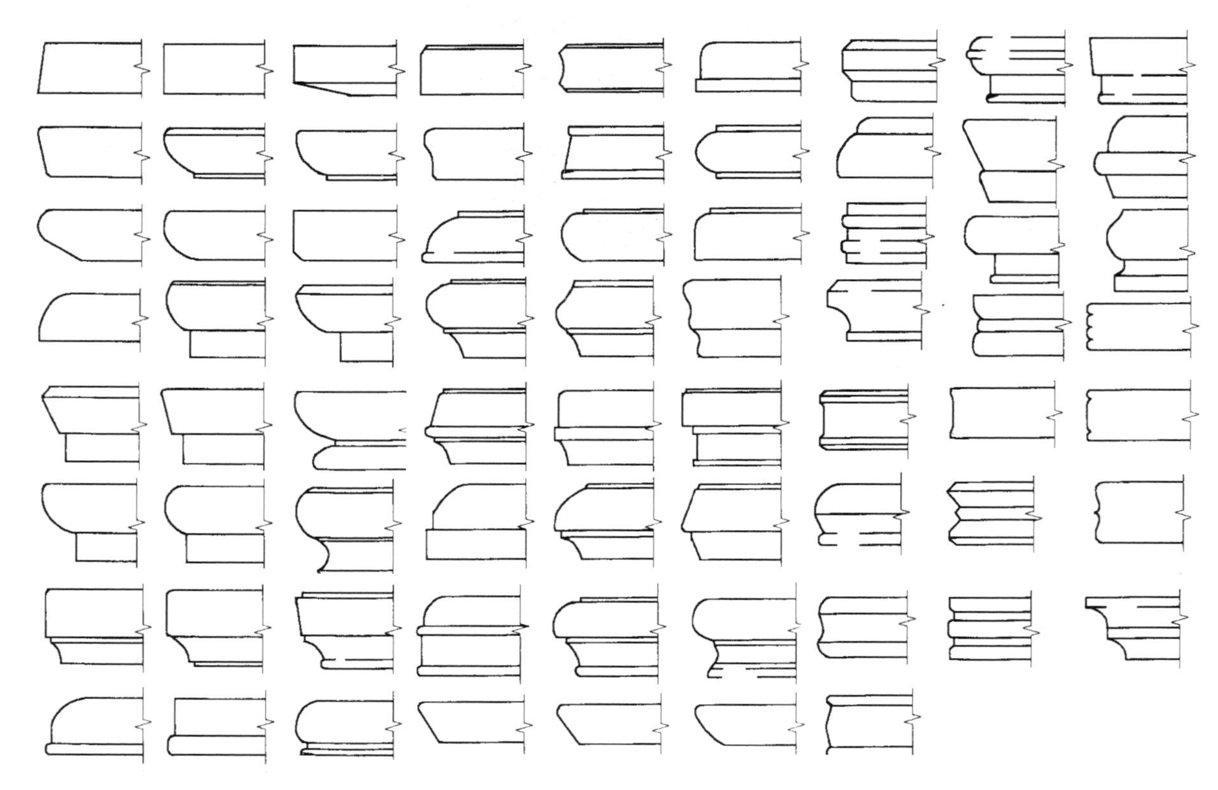

图8-6 家具设计中水平板的常见线型示意图

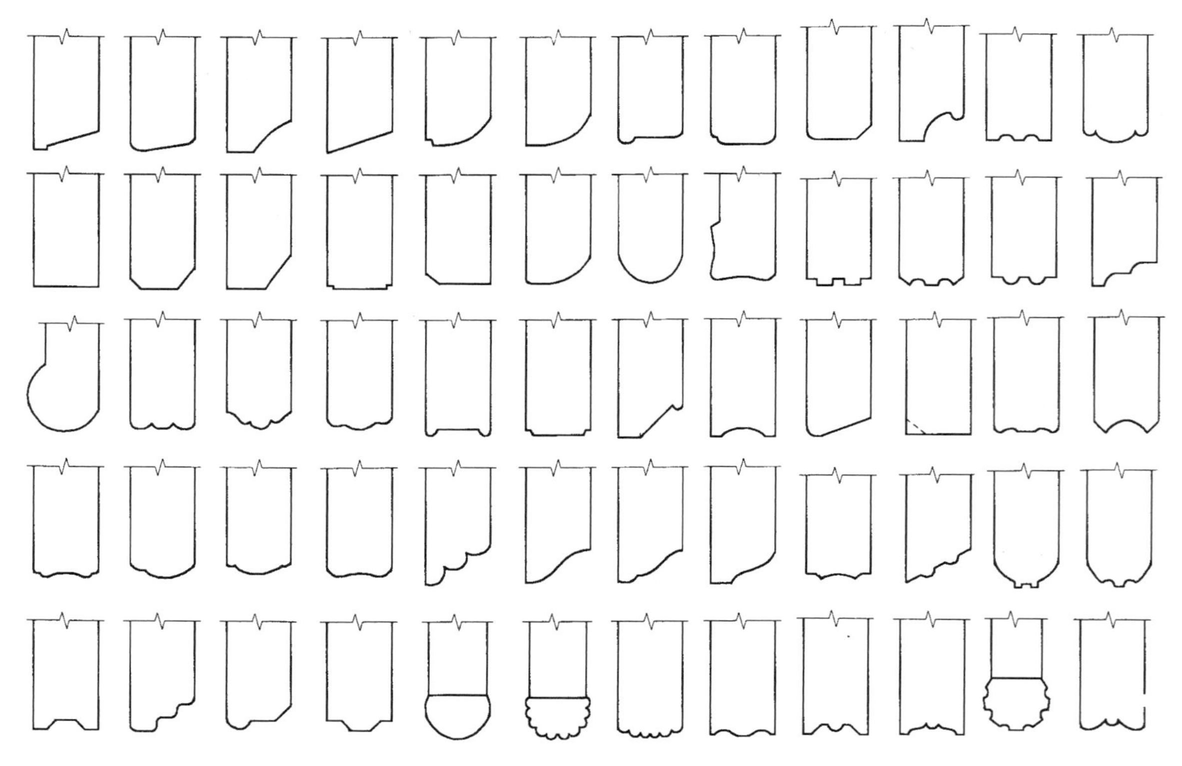

图8-7 家具设计中竖直板的常见线型示意图

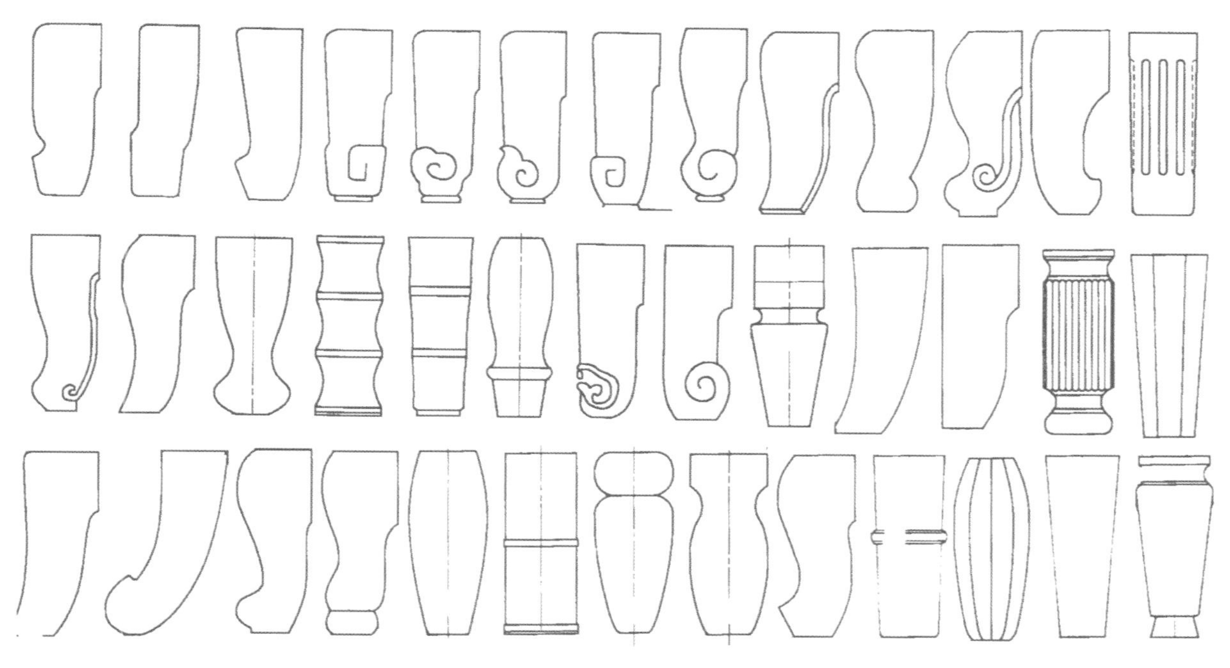

图8-8 家具设计中脚的常见线型示意图

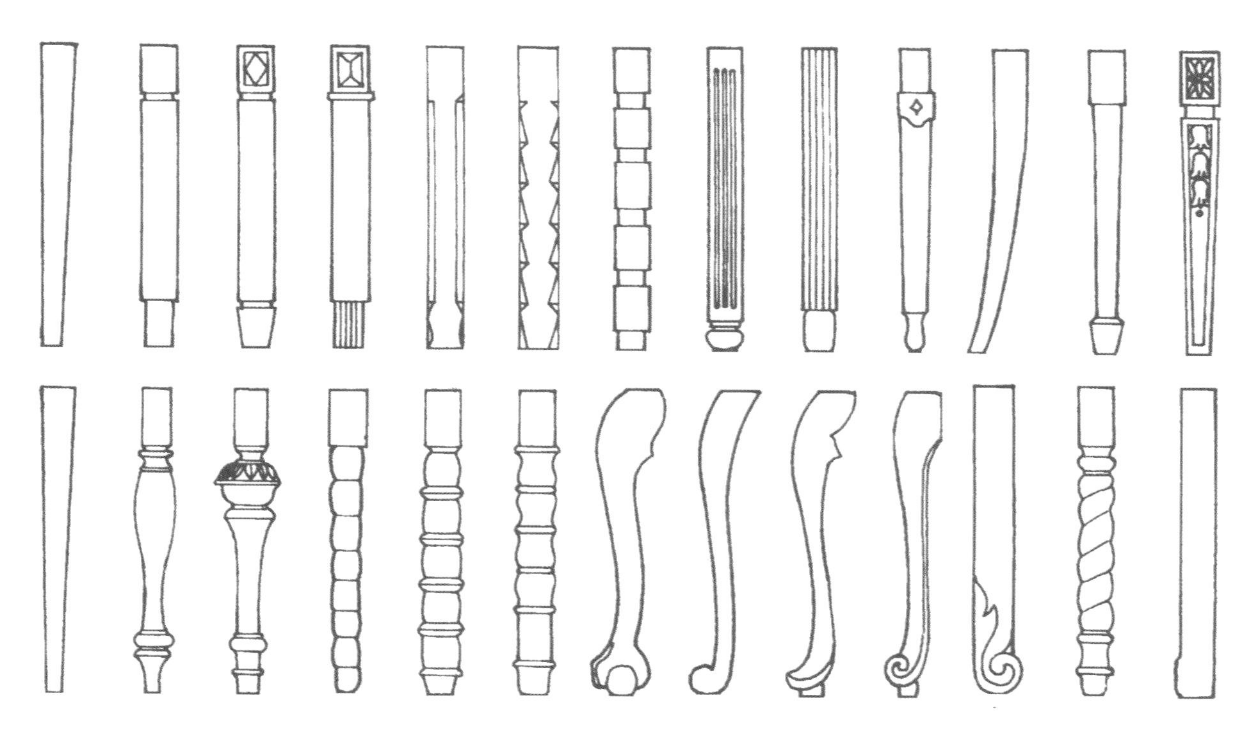

图8-9 家具设计中腿的常见线型示意图

第四节 家具的功能性装饰

家具的功能性装饰是指既是构成家具所必不可少的功能构件，又能起到良好的审美效果的装饰形式。常见的有以下几种类型。

一、涂饰装饰

涂饰装饰是将涂料涂饰于家具表面形成一层坚韧的保护膜的装饰方式。经涂饰处理后的家具，不但易于保持其表面的清洁，而且能使木材表面纤维与空气隔绝，免受日光、水分和化学物质的直接侵蚀，防止

家具设计中拼花图案的基本形式示意图

家具设计中对称拼花图案的基本形式示意图

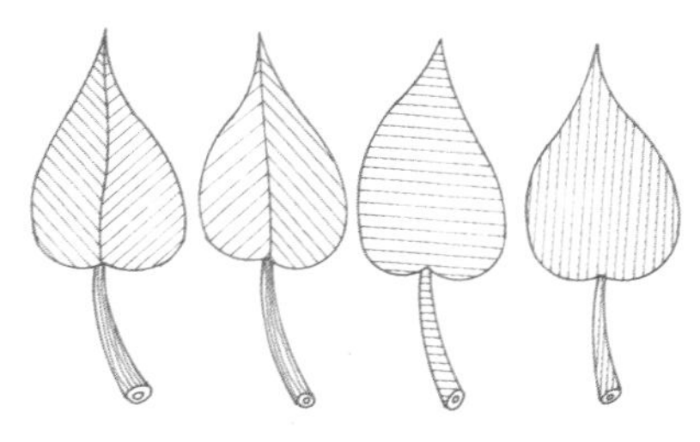

家具设计中不同纹理方向的树叶拼花图案比较示意图

家具设计中相同材质利用纹理方向的对比形成树叶拼花图案

图8-10 家具设计中拼花图案的基本形式与不同纹理拼花方法示意图

木材表面变色和木材因吸湿而产生的变形开裂和腐朽虫蛀等，从而提高家具使用的耐久性。涂饰装饰主要有以下三类。

❶ 透明涂饰：透明涂饰是用透明涂料涂饰于木材表面。透明涂饰不仅可以保留木材的天然纹理与色彩，而且通过透明涂饰的特殊工艺处理，使纹理更清晰，木质感更强，颜色更加鲜艳悦目。透明涂饰多用于名贵木材或优质阔叶树材制成的家具。

❷ 不透明涂饰：不透明涂饰是用含有颜料的不透明涂料，如各类磁漆和调和漆等涂饰于木材表面。通过不透明涂饰，可以完全覆盖木材原有的纹理与色泽。涂饰的颜色可以任意选择和调配，所以特别适合于木材纹理和色泽较差的散孔或针叶材制成的家具，也适合于直接涂饰用刨花板或中密度纤维板制成的家具。

❸ 大漆涂饰：大漆涂饰就是用一种天然的涂料对家具进行装饰。大部分为生漆和精制漆，生漆是从一种植物——漆树的韧皮层内流出的一种乳白色黏稠液体。生漆经过加工处理即成为精制漆，又称熟漆。大漆具有良好的理化性能与装饰效果。现在，大漆已十分珍贵，用于日常家具的比较少，多见于供外贸出口的工艺雕刻家具和艺术漆器家具及木质装饰品的装饰。

二、贴面装饰

贴面装饰是对劣质家具基材表面美化的一种常见工艺方式，多用珍贵材薄木、印刷装饰纸、合成树脂浸渍纸或薄膜装饰等，现分述如下。

❶ 薄木贴面装饰：将用珍贵木材加工而得的薄木贴于人造板或直接贴于被装饰的家具表面，这种装饰方法就叫薄木贴面装饰。用这种方法可使普通木材制造的家具具有珍贵木材的美丽纹理与色泽。这种装饰既减少了珍贵木材的消耗，又能使人们享受到真正的自然美。

根据加工工艺和装饰特征的差异，常用的薄木有三种：一种是用天然珍贵木材直接刨切得到的薄木，称天然薄木；另一种是将普通木材刨得的薄木染色后，将色彩深浅不一的薄木依次间隔同向排列胶压成厚方材，然后再按一定的方向刨切而得的薄木，称再生薄木，再生薄木也具有类似某些珍贵木材的纹理和色彩；还有一种是用珍贵木材的木块按设计的拼花图案先胶拼成大木方，然后再刨切成大张的或长条的刨切拼花薄木，称之为集成薄木。

薄木贴面装饰比较普通的方法是将同种材料的薄木粗略进行选配拼宽后直接贴于待装饰板材表面上。但为了进一步的增强家具表面的美观效果，高档家具的贴面都会经过精心的拼花处理，一方面是利用相同材种的木纹对比形成图案；另一方面是将有色差的不同材种薄木拼在一起，利用色差和木纹的对比形成更加突出的拼花图案。所拼图案有几何形状，也有自然的花叶形状。如图8-10为部分拼花图案的基本形式和不同纹理的拼花方式与效果[6]。

❷ 印刷装饰纸贴面装饰：用印有木纹或图案的装饰纸贴于家具基材——人造板或木材表面，然后用树脂涂料进行涂饰，这种装饰方法就叫印刷装饰纸贴面装饰。用这种方法加工的产品具有木纹感和柔软感，也具有一定的耐磨性、比较示意图耐热性和耐化学污染性，多用于中低档家具的装饰。

❸ 合成树脂浸渍纸或薄膜装饰：这种方法是用三聚氰胺树脂装饰板（塑料贴面板）、酚醛树脂或脲醛树脂等不同树脂的浸渍木纹纸、聚氯乙烯树脂或不饱和聚酯树脂等制成的塑料薄膜等材料，贴于人造板表面或直接贴在家具表面的装饰方法，是目前国内外应用比较广泛的一种中、高档家具的装饰方法，装饰纹理、色泽具有广泛的选择性。

❹ 其他材料贴面装饰：家具的贴面装饰除了应用上述材料进行贴面外，还可以用许多其他材料进行贴面装饰，如纺织品贴面、金属薄板贴面、编织竹席贴面、旋切薄竹板（竹单板）贴面、藤皮贴面等使家具表面色泽、肌理更富于变化和表现力。

三、五金件装饰

从古到今，五金件都是家具装饰的重要内容。如在明代家具中，柜门的门扇上常用吊牌、面页和合页等进行装饰，形成了明式家具的一大装饰特征。这些五金件常用白铜或黄铜制作，造型优美，形式多样。而现代家具随着各种新型五金件的不断开发应用，呈现了从脚轮、铰链、活页、拉手、连接件到沙发上的起泡钉等应有尽有，形成了丰富多彩的五金件形式和装饰内容。在现代家具中，装饰件与功能件多统一，如图8-11所示为五金件装饰形式。

四、玻璃装饰

玻璃在现代家具中应用广泛，既有实用功能，又有装饰效果。在几类家具中可以作为几面，在柜类家具中既可以挡灰，又可以形成虚隔断，展示陈设装饰品。茶色玻璃和灰色玻璃具现代感，带图案的玻璃更具装饰性，玻璃的应用可以大大丰富家具的色彩和肌理。如图8-12所示为茶色玻璃装饰形式。

五、灯光装饰

在家具内安装灯具，既有照明作用，也有装饰效果，在现代家具中已屡见不鲜，如在组合床的床头箱内，组合柜的写字板上方，或玻璃陈列柜顶部均可用灯光进行装饰。（如图8-13）

六、软包装饰

软包家具在现代生活中的比例越来越大，用织物装饰家具也显得越来越重要。织物具有丰富多彩的花纹图案和多样的肌理。织物不仅用于软包家具，也可以用于与家具配套使用的台布、床罩、围帐等形式，给家具增添色彩，使居室色调、风格相统一，更加协调。（如图8-14）用特制的、具有传统风格的刺绣、织锦等装饰家具，则更具装饰特色。

七、商标装饰

商标是区别不同生产者或不同产品的商品标志，通常由文字、图形组成。定型产品都有自己的品牌，即商标或标志，商标是根据产品的特征和企业文化内涵而精心设计的，本身有很好的美感，能起到特别的识别作用和装饰作用。商标的突出不在于其形状和大小，主要在于装饰部位的适当和设计的精美。商标图

图8-11　家具设计中五金件装饰图例

图8-12　家具设计中玻璃装饰图例

图8-13 家具设计中灯光装饰图例

图8-14 家具设计中软包装饰图例

图8-15 家具设计中商标装饰图例

案的设计要简洁明快，轮廓清晰和便于识别。家具中用的商标高档的多采用铜或其他合金材料冲压，再进行晒板染色或氧化喷漆处理，也有直接在家具适当部位进行平刻处理（图8-15）；而低档的一般采用铝皮冲压，或用不干胶粘贴的彩印等。

本章思考要点

1. 装饰的含义与家具装饰的类型?
2. 家具的审美装饰与功能装饰的异同?
3. 家具装饰不同类型设计草图练习8例?

参考文献

[1] 胡景初，戴向东．家具设计概论[M]．北京：中国林业出版社，1999，12：36-46

[2] 李砚祖．造物之美——产品设计的艺术与变化[M]．北京：中国人民大学出版社，2000，2：60～76

[3] Jose Claret Rubira．Encyclopedia of Spanish Period Furniture Designs[M]．New York：Sterling publishing Co．Inc．，1984

[4] 王世襄．明式家具研究[M]．北京：生活·读书·新知·三联书店，2008，8：192

[5] 梁启凡．家具设计学[M]．北京：中国轻工业出版社，2000，1：906-919

[6] 唐开军．薄木镶嵌拼花装饰的构图与工艺[J]．林产工业，1998，V(25)5：40～43

第九章

家具专题设计

对于设计师而言，在工作中，家具设计的实践活动最终落实在专题设计上，即根据家具产品分类的特性进行的一项具体设计。如前所述，而家具的分类根据材料、功能、结构、使用者、使用场合等，有不同的分类方式。如按基本功能的不同可分为支撑类家具、收纳类家具、凭倚类家具等；按使用场合的不同可分为卧室家具、客厅家具、书房家具、餐厅家具、儿童家具、办公家具、宾馆家具等。由于任何类别的产品都有其特殊的使用功能和使用场合，因此按其基本功能进行专题设计分类、分析更具有代表性，而在具体工作中，往往是多种分类方式复合考虑，同时也需要结合其他分类方式中的个别有代表性的产品进行专题设计分析，才能使一件产品的最终设计方案符合实际需要。

另外，家具的专题设计也可理解为成套设计或系统化设计，即通过一定的设计手段或技术措施使不同家具间产生某种内在联系或相关性。而这种设计手段反映在外观形式上就是通过某种设计元素、设计标准使不同功能的家具间相互协调与配套。而在现代家具的设计与生产中，模数应用成为反映以批量生产为核心的主体技术措施。在进入专题设计的内容之前，首先对家具的模数及应用进行介绍。

第一节　家具的模数及其应用

模数是文明的标志性事物之一，是一种为协调造物对象各部分间的构造、尺寸和比例关系而拟定的一种尺寸单位。在家具设计中，它既是家具设计时确定尺寸的标准度量，又是产品产、供、销等各个职能部门之间相互协调的依据之一；它像一把链条把家具设计、材料加工、部件生产、技术工艺、质量管理、装配运输等连为一体，有助于推进家具生产现代化，实现家具产品和零部件尺寸及安装位置的相互协调。

一、家具模数的制定方法

现代家具的模数一般设定为基本模数，其值为50mm，以M表示，即1M=50mm，由此产生出两个导出模数，即“扩大模数”和“分模数”。“扩大模数”是基本模数的整数倍，而“分模数”则是“基本模数”的分数倍。当家具的部件或单体尺寸较大时，其尺寸应以“扩大模数”为单位，较小时其尺寸应以“分模数”为单位。

家具模数系列的制定，现在还只是在柜类或部分桌类产品中得到广泛实施，对于椅、床等家具产品的模数系统性应用还不成熟，需要进一步的探讨与实践。因此，以下所述家具模数系列，多限于柜类家具。家具模数的制定有三种方法[1]。

❶ 根据产品的外形尺寸确定模数系列。这种方法的优点是便于与常用家具标准协调一致，有利于产品互换组合，方便室内布置，但不利于每个部件的协调一致，规格尺寸较多。

❷ 根据产品的几种主要板块部件尺寸确定模数系列，其优点是减少了部件的规格尺寸，加强了部件的互换通用性。但它不能使单体的外形尺寸也符合模数系列。因板部件的厚度使其难以实施模数系列。

❸ 为了克服以上两种方法的缺点而博取其优点，还可以根据柜类产品的外形尺寸与主要板材部件尺寸确定模数系列，但这种方法到目前为止尚未广泛推广应用。

二、家具模数与尺寸的确定

结合现代家具行业的实际情况，考虑到产品尺度大小与人类工程学的关系，根据柜类家具用材的常用规格尺寸，从有利于家具在室内空间中的布局出发，经过研究、比较、筛选，结合产品实样鉴定，一般确定柜类家具的基本模数为50mm，扩大模数的扩大系数“3”。产品的模数确定后，也就给定了其基本的尺寸值的范围。如果按照“基本模数”50mm，“扩大系数”3，可排列出柜类家具模数系列表，见表9-1所示。

表9-1 家具设计中柜类家具常用模数系列

基本模数	扩大模数	系列对应范围			
1M 基数（50mm）	3M 模数（150mm）	柜类宽度系列 W	柜类深度系列 D	柜类高度系列 H	柜类脚高系列 H_1
50					
100	150				
150					
200					
250	300				H_1
300					
350					
400	450				
450			D		
500					
550	600				
600					
650					
700	750				
750					
800					
850	900				
900					
950					
1000	1050	W		H	
1050					
1100					
1150	1200				
1200					
1250					
1300	1350				
1350					
1400					
1450	1500				
1500					
1550					
1600	1650				
1650					
1700					
1750	1800				
1800					

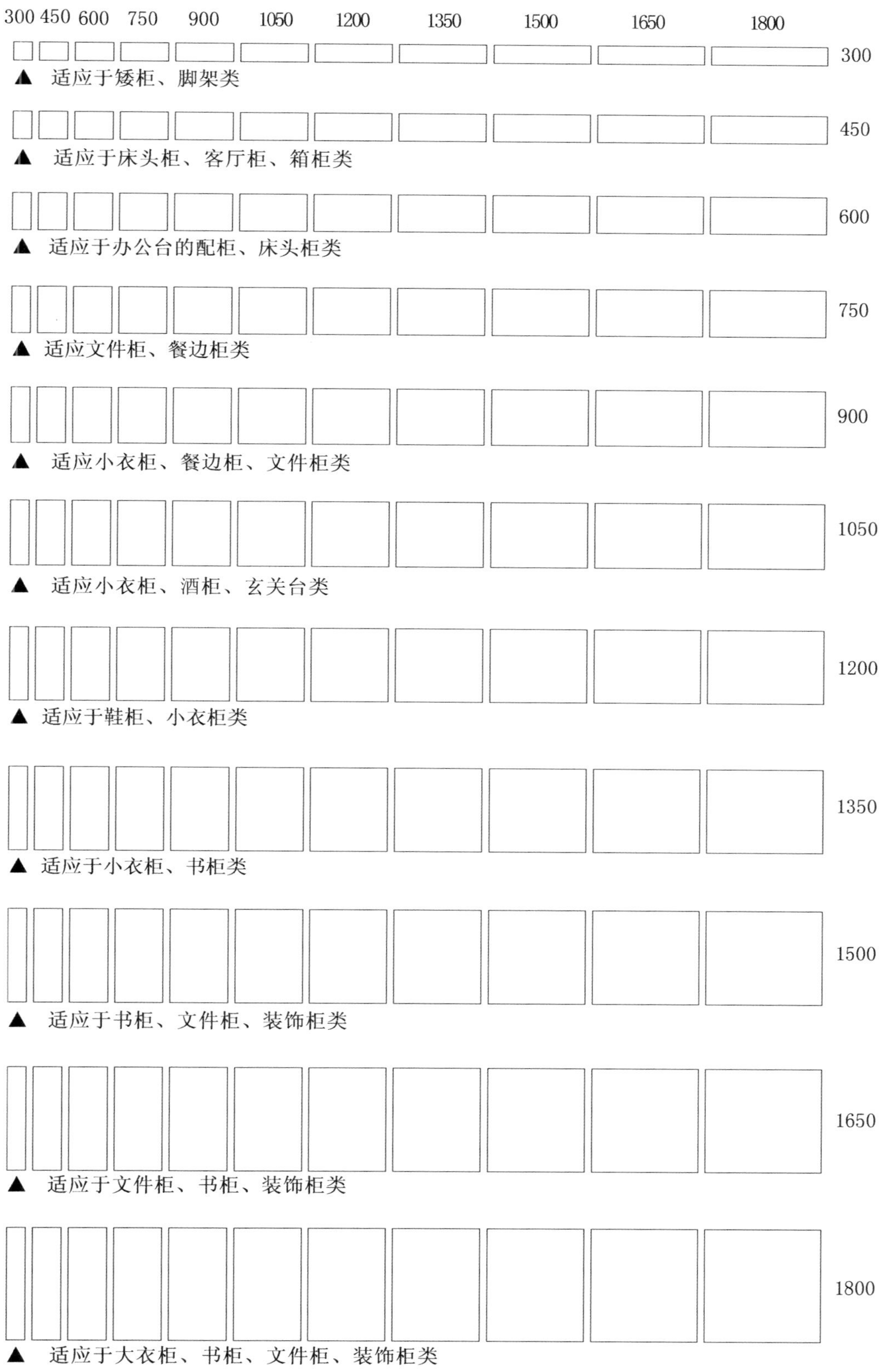

300 450 600 750 900 1050 1200 1350 1500 1650 1800

300

▲ 适应于矮柜、脚架类

450

▲ 适应于床头柜、客厅柜、箱柜类

600

▲ 适应于办公台的配柜、床头柜类

750

▲ 适应文件柜、餐边柜类

900

▲ 适应小衣柜、餐边柜、文件柜类

1050

▲ 适应小衣柜、酒柜、玄关台类

1200

▲ 适应于鞋柜、小衣柜类

1350

▲ 适应于小衣柜、书柜类

1500

▲ 适应于书柜、文件柜、装饰柜类

1650

▲ 适应于文件柜、书柜、装饰柜类

1800

▲ 适应于大衣柜、书柜、文件柜、装饰柜类

图9-1　家具设计中柜类家具模数规格系列

从表9-1中可以看出，单体柜宽W的取值范围为300～1800mm，深度D的取值范围为150～900mm，高度H的取值范围为300～1800mm，脚高H_1的取值范围为60～300mm。根据“扩大模数”的“扩大系数”3可排出11种规格系列，如图9-1所示，设计时可以综合多方面的情况选用。在进行一般的组合设计时，组合单体的宽度常用值为300mm、450mm、600mm、750mm、900mm、1050mm。从国外的资料介绍和最近几年我国家具设计的发展情况来看，现在普遍采用分别按水平系统（如柜的宽度和深度）和垂直系统（柜的高度）来确定家具的模数系列。目前水平系统大多数采用150mm作为基本模数的模数系列（150mm、300mm、450mm、600mm、900mm）。几乎所有的厨房用柜类家具的宽度系列全部采用“150”模数系列。这主要是厨房家具涉及厨房设备，如不锈钢水槽、排抽烟罩、电冰箱等的模数化生产相协调的问题较为突出。而使这两者都能很好地统一起来的值就是“150”模数系列。另外，为了合理地利用4英尺×8英尺（1220mm×2440mm）人造板材，还有一种200mm的水平模数系列（400mm、600mm、800mm、1000mm）现在也常被设计者采用。在垂直系统中，当前最有影响的就是32mm模数系列，与水平系统不同的是，垂直系统的总高度可以是32mm的倍数，也可以不是32mm的倍数，但是除去顶部（帽檐）及底部（底脚围板）的高度后，必须体现出与32mm之间的倍数关系。这样在三维尺度上采用混合模数制，尽管使板块在组合过程中的灵活性在一定的范围内受到限制，但考虑到在一般情况下，组合柜的款式变化是由水平板的不同位置、数量、门板及抽屉的变换来决定的，所以影响并不大。总之，在组合家具的设计过程中要从科学的角度出发，合理、统一、简洁、明确、切合实际地制定产品的模数，从而方便产品的生产。

第二节　收纳类家具设计

收纳类家具是指各种用来存放物品的柜类家具，它是人们日常生活中收藏和整理衣物、器物、食品、饰品、书籍等所必需的一种用具。其典型特征就是具有中空（收纳空间）的三维立体空间形体，且具有至少一个方向在存取使用状态时为通透形式，在使用时有开启功能的构件（门）。在实际使用过程中，按存放物品的不同，主要有大衣柜、小衣柜、床头柜、书柜、装饰柜、文件柜、餐边（具）柜、客厅柜及其他组合柜等。

一、柜类家具的共性特征

从使用与造型两方面综合来看，柜类家具设计有以下几个方面的共同特征。

1. 构成要素统一，功能分区明确

柜类家具的构成要素基本相同，可归纳为基本构成要素和拓展构成要素两大类。基本构成要素有柜两侧板、顶板、底板、背板和柜脚；拓展构成要素有门板、抽屉、望板、水平搁板、垂直隔板、拉手、塞角及其他附件。在柜的实际造型设计中，基本构成要素是必不可少的，而拓展构成要素则可根据产品的用途不同进行选择性组合应用。

柜类家具的使用功能分类明确，通常按使用功能的不同对其命名，如前上述的大衣柜、书柜、餐具柜等。而不同功能的柜类具有不同的空间形式和外观尺度；即使同一柜的内部，由于收纳对象的不同与尺寸上的差异，也有不同的功能区域划分，以便于存取，有利于减少疲劳和提高工作效率。在设计柜类的收纳空间时应处理以下几个方面的关系。

（1）收纳空间与人的关系

人们在实际生活或工作过程中，会根据需要不时地存放或整理物品，这样收纳空间就与人体产生了间接的尺度关系。这个尺度关系是以人体站立或弯腰及下蹲时手臂上下或向前动作的幅度为依据的，通常认为在以肩为轴、上肢为半径的范围内为人的存放物品最方便、视线最好的区域。因此，就把使用频率最高的物品存放在这个区域，而把不常用的物品存放在肢体所能及的其他区域。如图9-2是人体站立时上肢活动空间[2]，如图9-3是收纳空间高度区域划分。从此图中可以看出，如果柜高超出1800mm则在使用时需

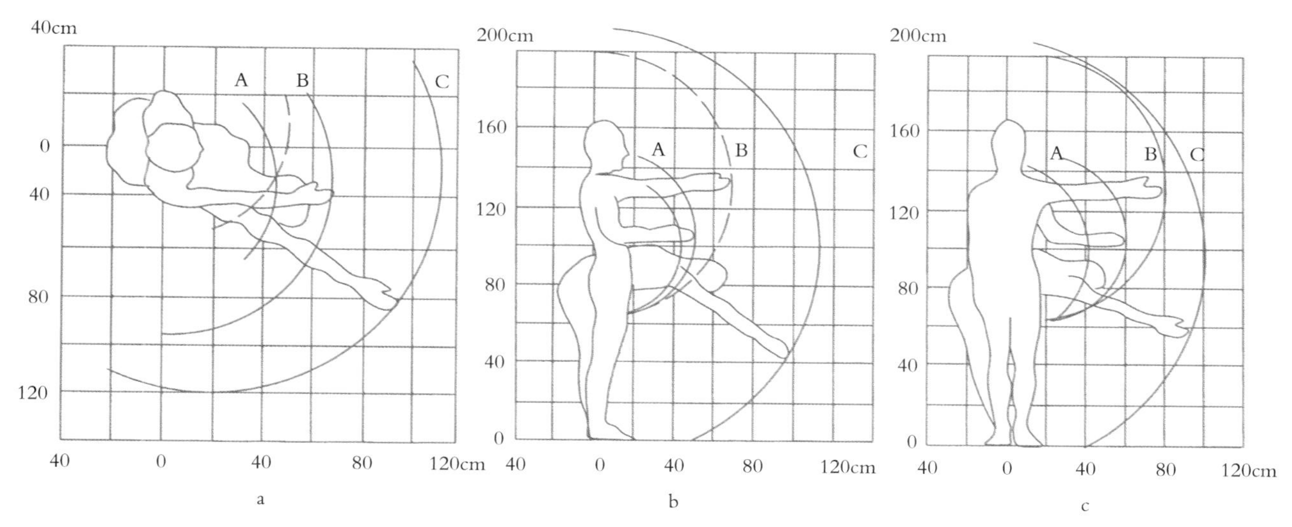

图9-2　家具设计中人体站立时上肢活动空间示意图

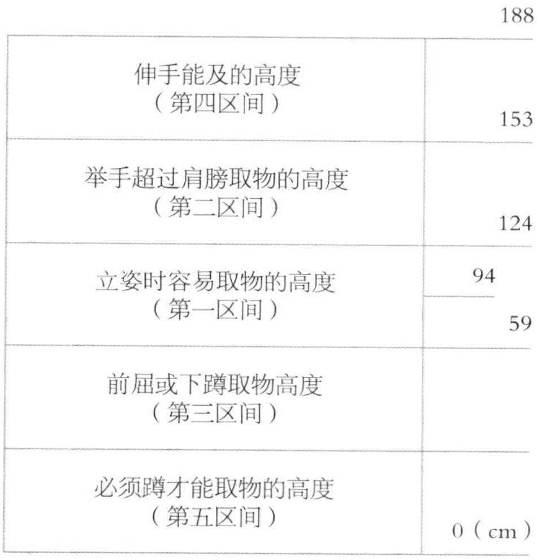

区域	高度（cm）
	188
伸手能及的高度（第四区间）	153
举手超过肩膀取物的高度（第二区间）	124
立姿时容易取物的高度（第一区间）	94 59
前屈或下蹲取物高度（第三区间）	
必须蹲才能取物的高度（第五区间）	0（cm）

图9-3　家具设计中收纳空间高度区域划分

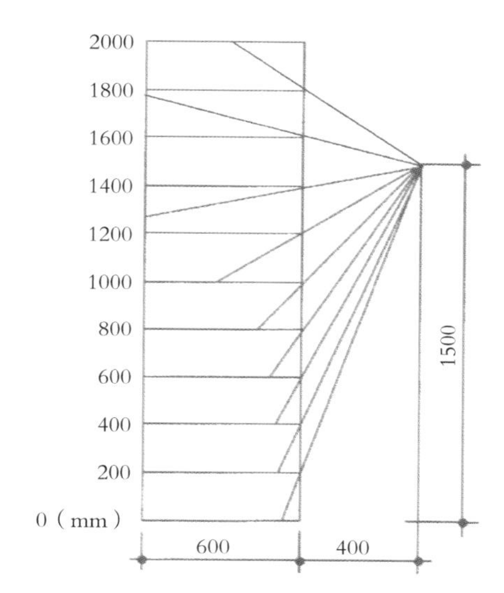

图9-5　家具设计中搁板深度与视线范围示意图

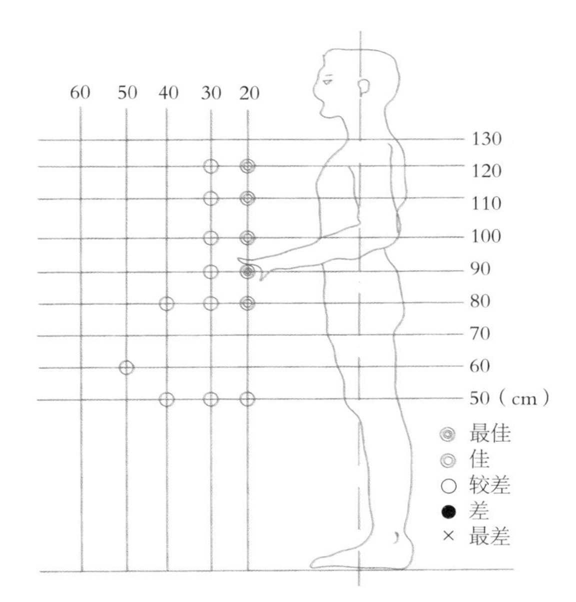

图9-4　家具设计中人体立姿操作最佳位置示意图

要借用凳子来增加高度，否则将不便正常使用。如图9-4所示，可以看出立姿时最易或最省力的最佳操作位置，图9-5是搁板深度与视线范围。

（2）收纳空间与物的关系

要确定收纳类家具内部贮存空间的尺寸，首先必须了解收纳的内容，即所收纳的物品的尺寸。在现代社会，人们的生活用品极其丰富，从衣服鞋帽到床上用品，从食品容器到各类器物容器，从书刊到各类数字娱乐品，以及日常生活中其他日杂用品，只是各类物品数量有所不同。不同类型的柜类主要收纳的物品分类如下：

❶ 衣物、被褥等起居用品；

❷ 电视、音响等电器用品；

❸ 餐具、食品等饮食用品；

❹ 书刊、碟片等娱乐用品；

❺ 文件、资料等办公用品。

2. 造型设计重点集中

由于柜类家具具有特定的基本形体和使用功能，其造型处理重点集中为柜体的整体与局部、局部与局部的比例关系及柜体的正面分割形式。

3. 柜门构成形式相似

门是柜类家具中的通用构件之一，柜类门的开启结构有开门、推拉门、翻门三种形式，但这三种结构形式的选用与门的长宽比例有关。如图9-6所示，当A/B大于或等于1时，多采用开门或推拉门，当A/B小于或等于1时，多采用（上或下）翻门。柜类家具中，对于开门，要求单扇门板的宽度应小于或等于500mm，高度视实际需要而定；对于推拉门，要求单扇门板的宽度应小于或等于800mm，高度以2000mm以内为宜；对于翻门，要求单扇门板的长度应不大于800mm。

4. 脚形构成的相似性

为了增大柜类的收纳空间，柜类的脚形一般具有低矮的特点，偶尔也见有高脚形式。柜类的脚形可分为亮脚、塞脚和包脚三种形式。

❶ 亮脚：柜的亮脚是传统或框式家具中的通用脚形，高度一般为120～200mm，一般四个脚部构件通过拉挡形成脚架后再与柜体接合，或各自独立与柜体接合[3]（如图9-7），当采用独立与柜体接合形式时，多配有塞角以加强脚体接合的稳定性。亮脚形式由于柜体下方空间较大，所以其造型也丰富多样，是柜类家具设计时重点研究的部位之一。

❷ 塞角：塞角附属于主体构件而存在，从结构上来看，主要是为加强脚部接合的稳定性，有暗塞角和明塞角，暗塞角用在家具的内部，从外面不能直接看到，明塞角既可从外面直接看到，与家具的其他构件一起形成家具的外观形体。由此可见，在造型中，明塞角可以增加产品的结构强度，又可以增加造型的装饰性，其规格可视亮脚高度和脚的体量感来处理。如图9-8所示是部分常见明塞角形式。

❸ 包脚：包脚至少由正面和两侧面组成，即三块或三块以上脚板围合而成的箱框结构。在现代板式家具中，很多包脚由两侧脚板直接下延和望板构成。如图9-9所示是包脚的基本构成形式。在实际中，包脚并不是线形接地，而应在接地面的中部切削出高为20mm左右的缺口，或在四角加钉5～10mm厚的脚垫，形成柜体四角的“点”状接地形式，这样既方便柜体在不平整的地面上放置时能保持平稳，也便于柜

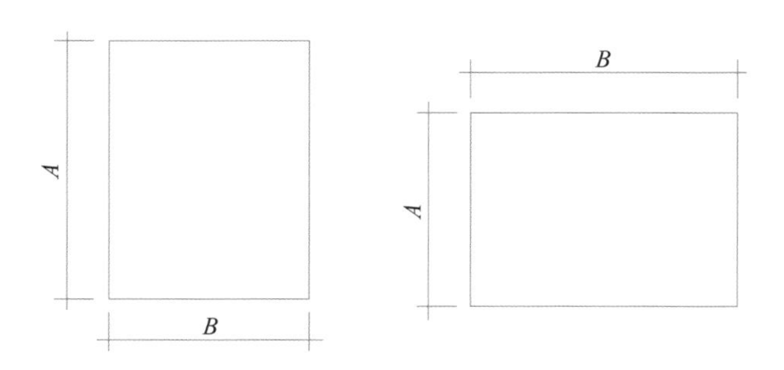

图9-6 家具设计中柜门比例与开启方式的关系示意图

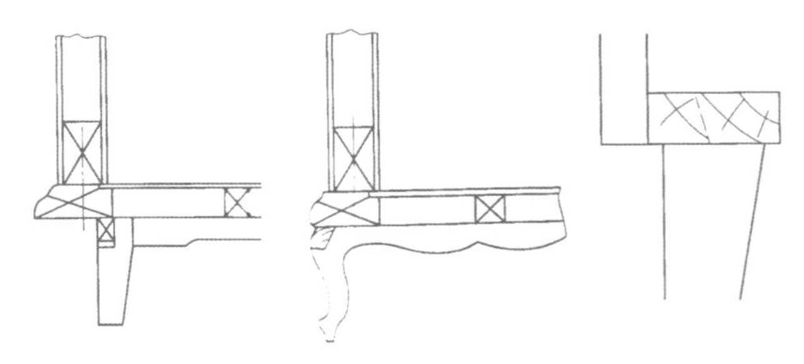

图9-7 家具设计中亮脚与柜体结合形式示意图

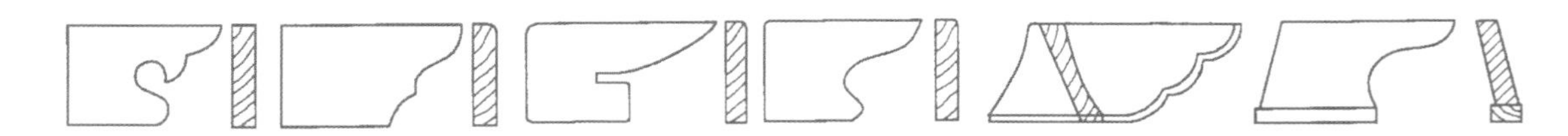

图9-8 家具设计中常见塞角的构成形式示意图

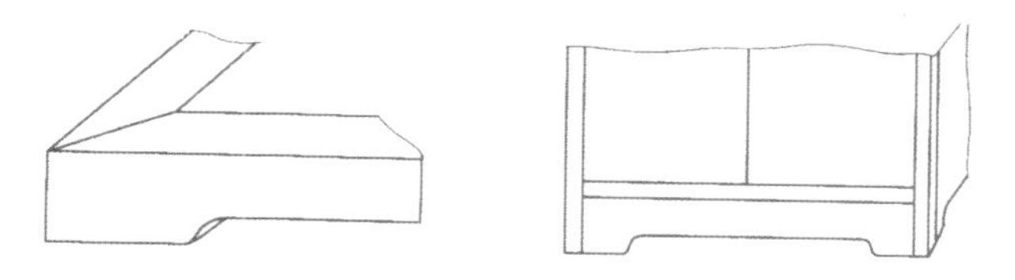

图9-9　家具设计中包脚的基本构成形式示意图

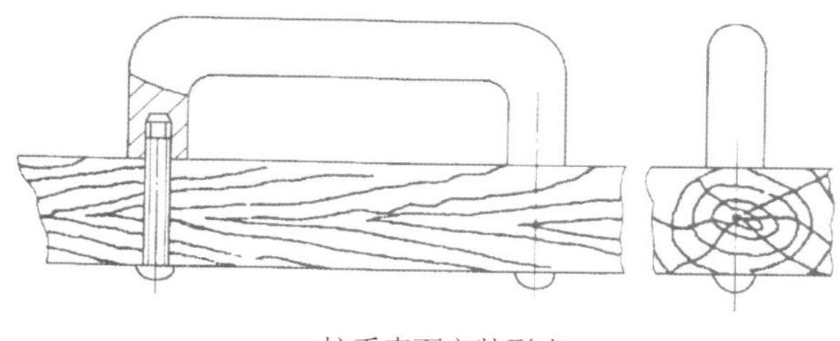

a. 拉手表面安装形式

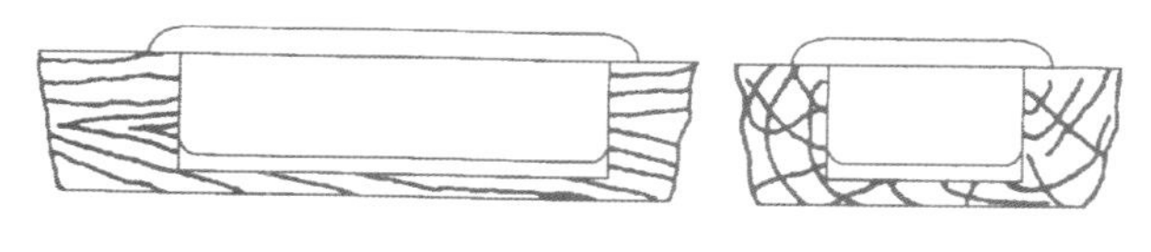

b. 拉手嵌入安装形式

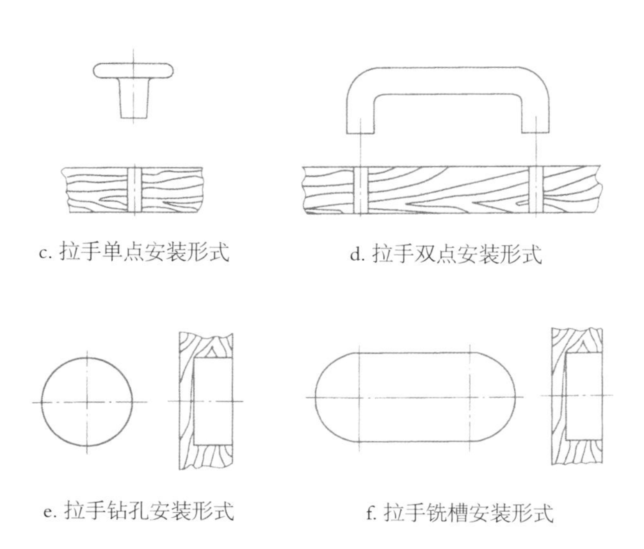

c. 拉手单点安装形式　d. 拉手双点安装形式

e. 拉手钻孔安装形式　f. 拉手铣槽安装形式

图9-10　家具设计中柜类通用拉手的基本构成形式示意图

体下部的通风透气。

包脚与亮脚各有优缺点，亮脚造型显得轻巧灵活，柜体底部通风透气性较好，但在搬运或使用等过程中，脚部易损坏。而包脚虽然在造型方面不如亮脚，柜体底部的透气性也差，但包脚的底部能承受较大的载荷，并且稳重大方。

5. 拉手的通用性

拉手是安装在家具的门和抽屉等部件上，使用时通过手指接触来传递启闭力的家具构件。在实际使用过程中，拉手的形式多样，材料丰富；在构成上有与柜门或抽屉一体的，也有附加到门或抽屉上的，有高出安装面的，也有在安装主体上开槽形成内凹式低于安装面或暗藏式拉手形式；在构成形状上有点状、线状、块状及以上两种或两种以上元素组合而成。如图9-10所示为柜类通用的拉手安装形式。

6. 空间形态构成相似

柜类的空间类似于建筑，有外空间和内空间之分，外空间就是柜体的外形及其在室内环境中所占的相对位置，它体现了柜体的总体外形特征。而柜体的内空间是指柜体总体形式中所包含的空间形式，是设计者研究的直接对象和设计的最终标的。一般把柜体的内空间简称为柜类家具的空间。

根据柜类家具的空间构成形式和柜门的材料特征，可分为封闭空间、开放空间和半开放空间。封闭空间就是指正面由门、抽屉等形成的不透明的空间形式；正面没有任何遮盖的空间称为开放空间；而半开放空间则是正面应用玻璃等透明材料进行遮盖的空间。

在柜类家具的使用过程中，封闭空间可以达到阻光、防尘、防潮、隐秘等目的，尤其是对季节性的物品，大小混杂的物品及贵重的物品更是如此。但若遇到一些需要经常使用的或外形美观的物品，特别是一些装饰品，就需要把它们放在开放或半开放空间中，否则会给日常使用增添麻烦，而且也会使这些物品失去观赏价值。

由于柜类家具的体量比较大，如何选择、组合、应用这三类空间就显得比较重要；如果应用不当，造型就死板僵硬，没有生机，既给家具的造型蒙上消极的意义，也使家具在功能的发挥上受到影响。所以在进行柜类家具的空间设计时应考虑以下几个方面的审美要素。

❶ 要考虑空间体量虚实的均衡关系：由于开放空间与封闭空间会形成体量感的大小和形体的虚实关系，从整体上应使这种虚实关系和谐、平衡，既要求有视觉上的生动、活泼、轻巧和灵活的效果，又要有

平稳、严肃、规整和秩序感。

❷ 要考虑开放与封闭空间的节奏感：由于人的视觉认知对物体蕴含的节奏感十分敏感，节奏感会使本来平淡无味的形象产生神奇的韵味。因此，在处理家具的开放与封闭空间的关系时，要让它们形成良好的节奏感。在柜类家具空间的实际设计过程中，可以应用块面的重复、线条的渐变、形状的交错等方式形成大的节奏关系；也可以利用拉手、抽屉、门等构件形成点、线、面的局部变化，进而利用局部来点缀和丰富整体，创造节奏感。

❸ 空间大小与所收纳物品的关系：开放空间的物品放置是很讲究的，放置得当，能与整个家具相映生辉，起到画龙点睛的作用，放置不当就会破坏家具的整体效果，产生杂乱、琐碎、拥挤、眼花缭乱等不良感觉。所以在进行空间设计时应考虑物品的大小与空间的大小关系；物品的色彩应与家具形成一定的色彩关系；物品的形与形之间及物品与家具的形之间的关系要协调，应该布置得高低、大小错落有致。

7. 产品成本构成内容一致

柜类家具的生产成本与设计关系密切，第一是设计应始终围绕系列化产品设计方法进行；第二是构成产品的零部件规格应尽量少，零部件设计应标准化、系列化，最终达到通用互换的目的，以便以较少的板块构成不同形式和风格的多功能产品；第三是所设计的产品应与相应生产企业的工艺、技术、设备相适应，使之有效地使用和发挥设备的技术优势；第四是应着重设计研究拆装式结构，以便解决产品储存、运输、销售等方面的切实问题。

二、柜类家具设计分析

除上述的柜类家具共性之外，下面根据使用功能的不同对各种柜类产品进行个性特征方面的设计分析。

1. 大衣柜设计

大衣柜主要是用来收纳大件衣物的，不仅需要挂衣棍和小抽屉等，更需要对柜内的收纳空间进行合理安排，对每一个功能单元进行功能区分，并考虑帽子、衬衫等的置放空间，最大限度地提高使用效率和收纳的便捷性，表9-2列出了部分衣物的规格尺寸。衣柜的造型设计重点在柜体的正面，特别是柜门的分割设计。另外，传统风格的衣柜十分重视柜顶部和底部的装饰。由于大衣柜比较高，在设计门板等活动部件时，要考虑到防变形处理。

表9-2 家具设计中常见悬挂衣物尺寸规格表

种类	长	宽
长大衣	1600mm	400~550mm
上衣	787mm	400~550mm
中大衣	1166mm	400~550mm
衬衫	838mm	380~550mm
短大衣	1079mm	400~550mm
连衣裙	1524mm	420~450mm
背带长裤	1219mm	300~500mm
裙子	940mm	420~450mm
普通长裤	813mm	300~500mm
运动衫	889mm	380~500mm

柜体总高度为1800~2400mm，总深度为600mm左右。为了搬运方便，一般衣柜为拆装结构，并且按二门、三门和四门的宽度规格进行设计，方便用户结合自己卧室的尺寸选购，如需要五门宽的衣柜，可选购一个二门和一个三门衣柜进行组合即可。另外，近年来随着人们住房条件的改善，整体式衣柜也越来越受到关注。整体式衣柜主要用于住宅中专门的贮物间或衣帽间，一般为三面围合形式，没有柜门，只有进出贮物间的门，收纳物品量大。如图9-11所示是部分衣柜功能分区。

2. 小衣柜设计

小衣柜属于大衣柜的延伸或附属产品，主要功能是收纳小件衣物，如内衣、袜子等。主要构成形式以抽屉为主，所以也有的称其为斗柜。即使采用开门的设计形式，其内部也以小功能空间形式为主，便于分类收纳，也少见有柜顶板设计为内嵌镜子的活动翻板形式，把简便的梳妆功能纳入其中。通常其规格较为自由，高度为600~1200mm，深度为450~550mm，宽度为600~800mm。（如图9-12）

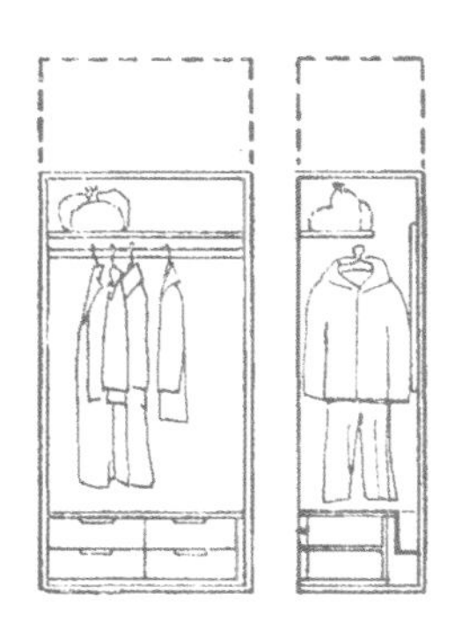
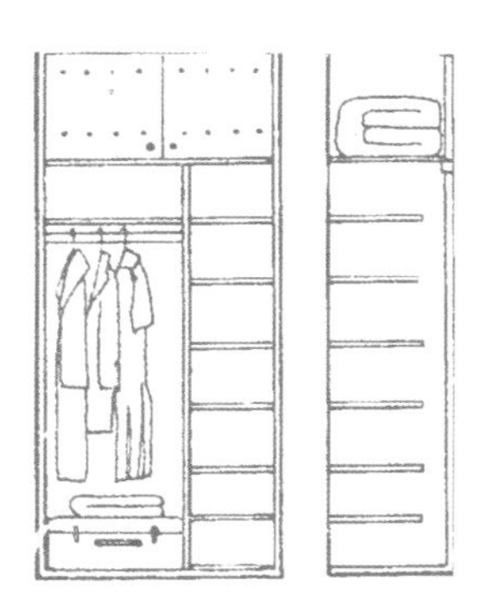
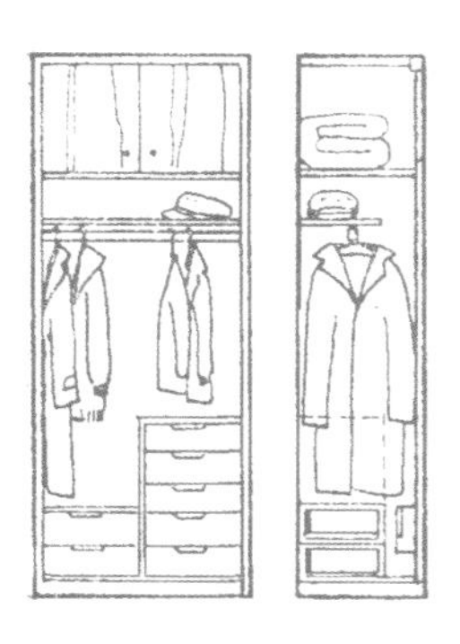
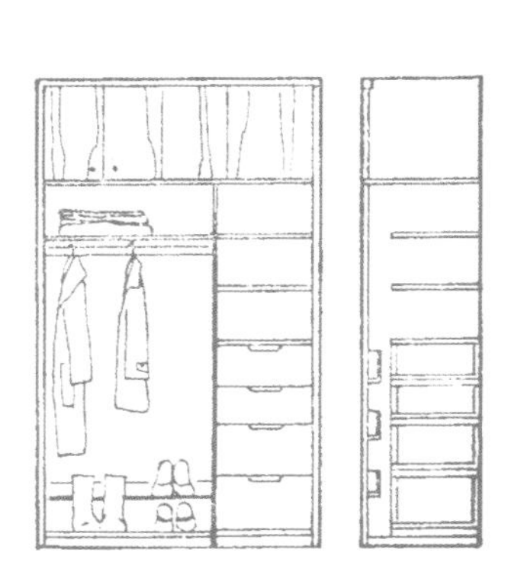

图9-11　家具设计中柜类家具内部功能分区示意图

图9-12　小衣柜设计实例

3. 床头柜设计

床头柜属于附属性小件家具，常见的使用方式是放在床的两旁，一左一右衬托着床，也有与床头结合，即把床头设计成部分搁架状结构形式。床头柜主要用来收纳一些睡眠及起居过程中的日常用品，如放置台灯、手机、首饰、茶具、书报等。若在床头柜上摆放饰品，则多是为卧室增添温馨的气氛，如小幅照片、绘画及插花等。柜下可设有抽屉或搁板，以方便日常分类收纳。

单人用床头柜尺寸一般宽度为400~600mm，深度为300~450mm，高度为500~700mm；双人用床头柜宽度为480~600mm，其高度、深度与单人床头柜相近。（如图9-13）

图9-13　床头柜设计实例

4. 客厅柜设计

客厅柜是居室环境中的重要组成部分，没有统一的形制与规格，服从于室内的整体风格和功能，可高、可矮，亦可高矮组合，功能与形式多样，矮柜功能较少，高柜一般由上薄下厚两种深度规格组成。在功能上可形成以电视机及主要饰品为主体的“视觉中心”、以音响为主体的“听觉中心”。目前多以矮客厅柜较为常见，其规格一般宽度为1800~2200mm，深度为450mm左右，高度为300~450mm。另外，带有陈列装饰品功能的客厅柜，其高度可高达2400mm。（如图9-14）

5. 餐具柜设计

餐具柜也叫餐边柜，是用以存放碟、碗等各种餐具、酒及酒具等就餐过程中用的家具，一般放在就餐桌旁边，装饰性要求比较高。常见规格宽度为800~1600mm，高度为800~1200mm，深度为400~500mm。（如图9-15）

图9-14　客厅柜设计实例

6. 橱柜设计

尽管橱柜具有部分餐具柜的功能，但却不能完全取代餐具柜。在现代生活中，从使用场合来看，橱柜用于厨房；而从使用功能上来看，橱柜用于收纳烹调工具和未加工食品。依据橱柜的摆放位置，橱柜由地柜、吊柜和高柜三大部分组成。其中，地柜包括洗涤柜、灶柜和贮藏柜；吊柜包括抽油烟机柜、玻璃柜和搁架；高柜则包括冰箱柜和高大的贮藏柜。橱柜的规格尺寸分为高度尺寸、宽度尺寸、深度尺寸。（如图9-16）

❶ 高度尺寸：操作台面标高（包括灶具表面和洗涤台面）800～900mm，推荐尺寸850mm，柜底座高度大于或等于100mm；吊柜底面间净空距离为1300mm（最小值）+nx100mm（n为正整数）；高柜与吊柜顶面标高为1900mm（最小值）+nx100mm（n为正整数），推荐尺寸2100mm，也可以增设辅助吊柜，高度可做至顶棚底，但需要留出安装缝隙。

❷ 宽度尺寸：吊柜宽度尺寸推荐450mm、600mm、700mm、800mm、900mm，若设置电器，应以器具尺寸+余留尺寸为准；操作台长度尺寸为100mm的倍数，在300～1200mm，推荐尺寸为灶柜700mm、洗涤柜900mm（根据洗涤池形式不同，尺寸也有变化）、贮物柜900mm。如果采用整体式操作台，其长度可根据现场测绘实际尺寸而定。

❸ 深度尺寸：深度尺寸大小的确定关键是要符合下列三条件：柜体要容得下所配置的设备；台面能容下小型灶具；站在工作台前，头部不能碰在吊柜上。通常，地柜深度为450mm、500mm、600mm，推荐500mm；吊柜350~450mm。

7. 书柜与文件柜设计

书柜与文件柜形式上有相似之处，只是在使用场合上书柜用于书房，文件柜用于办公室，另外两者的搁板间距由于书和文件夹的高度的不同而略有差异。

书柜在构成形式上，有上薄、下厚两种不同深度分为上下两节型的，也有同一深度型的；书柜的一般规格为：高度不大于2200mm，单体宽度为600～900mm，深度为300～420mm，层板净高有放置大开本书籍的310mm和小开本书籍的230mm。书柜的常见构成形式如图9-17所示。

与书柜功能相同的另一种产品就是书架，除了一般家庭用外，还常见于图书馆等场所。书架在材料上有木质和金属两类，在构成形式上有单面、双面、单柱和复柱书架之分。单面书架是搁板单面安装在书架的宽度方向上，即从一个方向进行使用的书架；双面书架是搁板双面安装在书架的宽度方向上，即同时从正反两个方向进行使用的书架；单柱书架是侧面用一根立柱支撑挂板的书架（如图9-18）；复柱书架是侧面用两根或两根以上立柱支撑搁板的书架（如图9-19）。立柱书架一般采用金属材料，从地面到最下层的搁板的间距尺寸为90～160mm，立柱的正面宽度30～60mm，最大高度一般不大于2500mm。

文件柜的宽度一般为450～1050mm，深度为300～450mm，层间净高大于等于330mm。高度有三种类型：第一类是矮型柜，高度为370～400mm，一般用于大办公室，悬挂于分隔屏风上；第二类是中高柜，高度为700～1200mm，一般与高文件柜配套使用；第三类是与书柜相似的高柜，高度为1800～2200mm。

密集文件柜类似于文件柜或书柜的功能，主要用于收藏文件或档案等不常翻阅的物品，是在导轨上运行，由活动架列和固定架列组成的能分散和紧密集合的文件柜系列组合。（如图9-20）

图9-15 餐具柜设计实例

图9-16 橱柜设计实例

图9-17 书柜设计实例

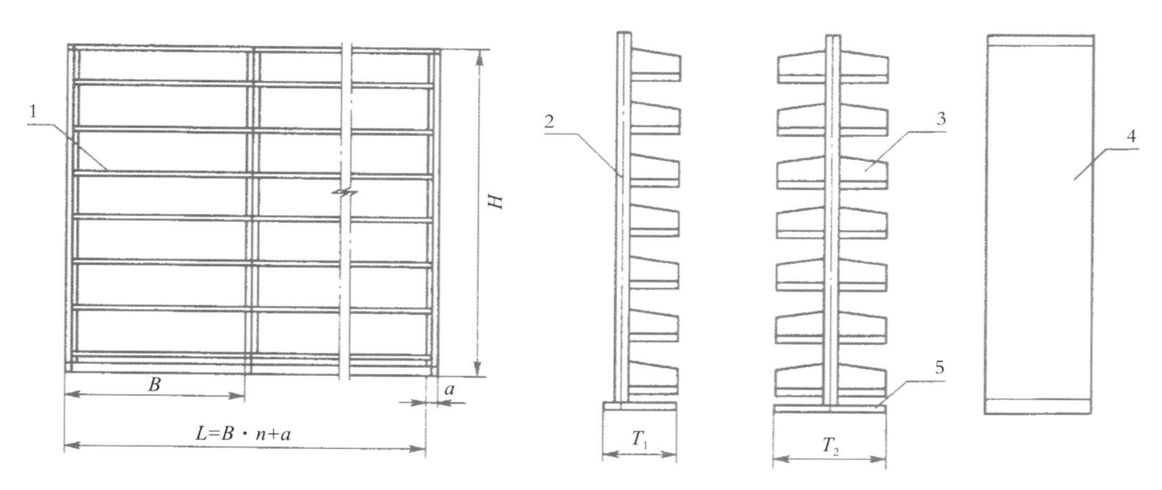

图9－18　单柱书架的尺寸及结构设计示意图

1－搁板　2－立柱　3－挂板　4－防护板　5－底板　*n*－架数　*a*－立柱正面宽度　*H*－高度
T_1－单面深度（200～310mm）　T_2－双面深度（400～600mm）　*B*－架中心距　*L*－连架正面宽

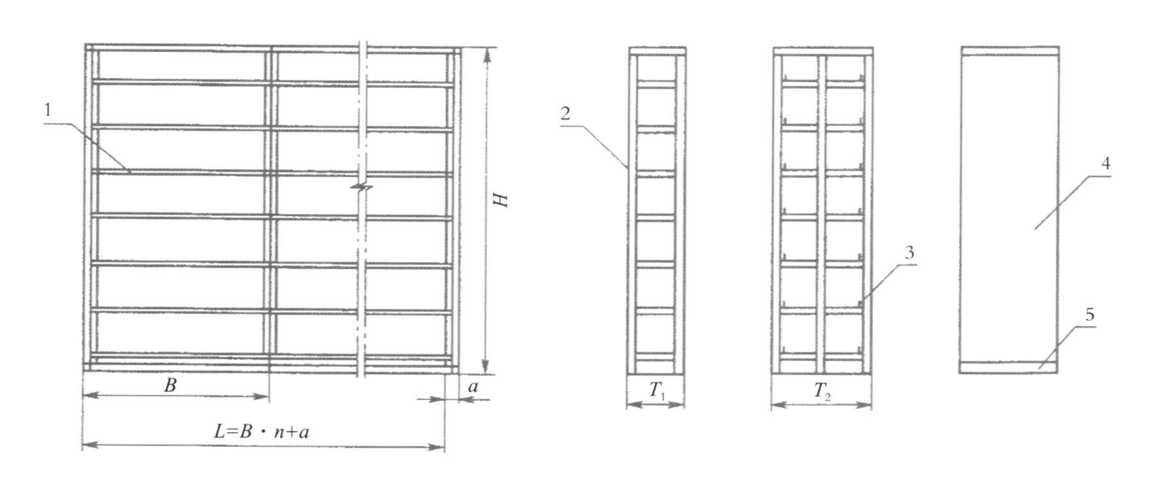

图9－19　复柱书架的尺寸及结构设计示意图

1－搁板　2－立柱　3－挂板　4－防护板　5－底板　*n*－架数　*a*－立柱正面宽度　*H*－高度
T_1－单面深度（200～310mm）　T_2－双面深度（400～600mm）　*B*－架中心距　*L*－连架正面宽

8. 组合柜设计

组合柜属于功能性概念家具，即其在功能上包含两种或两种以上单一功能柜类产品，如组合衣柜应含有至少两组以上单体衣柜，或至少一组单体衣柜与一组其他功能的柜类，是典型的三维空间中的形体。

由组合柜的基本概念可知，组合柜的单体或零部件之间的组合有三个不同的向度：其中，在一个向度上的组合最简单，如水平向度上的组合或垂直向度上的组合；两个向度上的组合是最常见的墙体式平面型组合柜的组合方式；而三个向度上的组合最灵活、零部件可以向前后、左右、上下三个不同的维度延伸和扩展。（如图9－21）

在进行组合柜的设计过程中，应特别注意其空间设计，处理好封闭空间、开放空间和半开放空间之间的选择组合，形成既具有活泼生动、稳重大方外观形式，又有简洁实用的功能空间。（如图9－22）

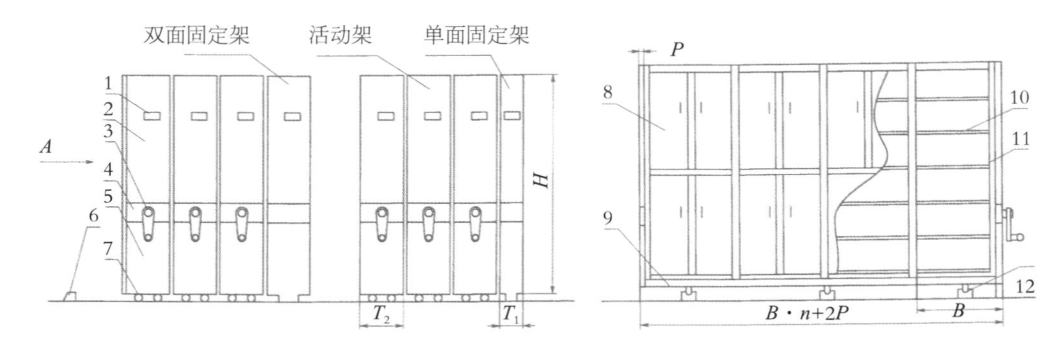

图9-20 密集文件柜的尺寸及结构设计示意图

1-标签板 2-上侧面板 3-操纵手柄 4-中腰板 5-下侧面板 6-限位装置 7-滚轮 8-防尘门 9-底梁 10-搁板 11-挂板 12-导轨 T_1-固定架深度 T_2-活动架深度 H-高度 B-架中心距 P-面板厚度

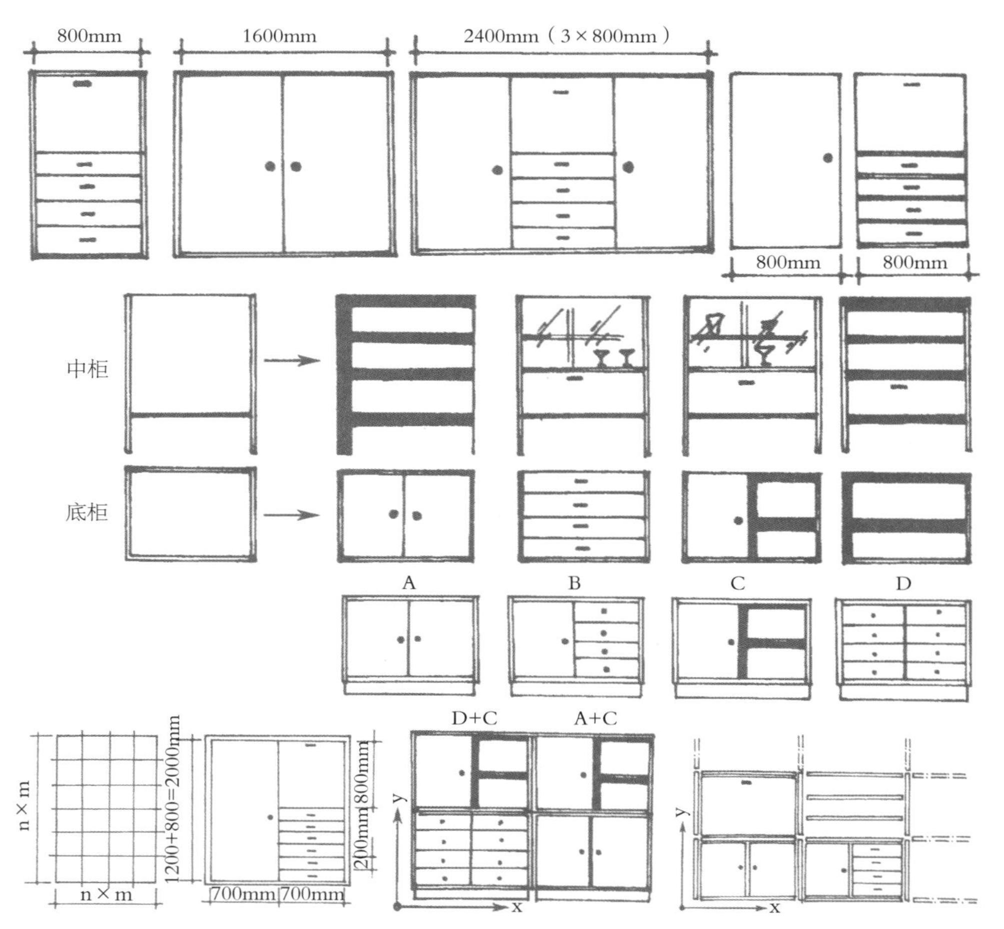

图9-21 组合柜的组合过程示意图

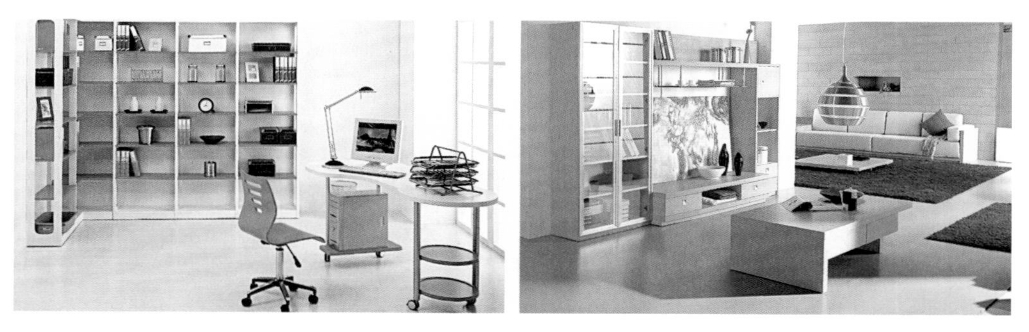

图9-22 组合柜设计实例

第三节 支撑类家具设计

支撑类家具是人们日常生活和工作中使用最频繁、也是最重要的一类家具，其基本功能是提供给人一个保持休憩姿态的依托，是用于缓解疲劳的一类器具。它的设计要求理念新、功能与形式多样，并能折射出时代的思潮、流派、风格、工艺、材料、设备等方面的特征。支撑类家具可分为座具和床具两大类，现从设计的角度分别叙述如下。

一、座具类家具设计

人们在生活和工作时，离不开座具，特别是以坐姿进行工作的人，每天都有1/3以上的时间依附于座具之上。因此座具设计除了材料运用得当、造型大方美观以外，更重要的是要符合人体工程学设计原理，即设计时必须充分考虑人体的坐态生理特征，让使用者保持有很好的状态。日常工作和生活中常见常用的坐具包括椅子、凳子和沙发等。

1. 座具类家具的共性特征

座具类家具在使用功能和造型特征等方面均有相似之处，在设计过程中有以下几个方面的共性特征。

（1）功能单一

座具类家具是各场合中最为通用的产品之一，但其使用功能却比较单一，均用于支撑人体并与人体密切接触，使之能得到较舒适的效果。

在历史上，座具曾是宗教或政治权力的象征，直到16世纪文艺复兴之后，随着科学技术的发展和生活内容的日益丰富，人们才逐渐注重到座具的实用性，才开始从科学的角度来审视座具功能的新内涵。

从家具与人体活动方式的关系来看，当人处于坐的状态时，人体就会失去其直立时的原有自然平衡，此时就需要座具作为辅助工具来对人体加以支撑，这就是座具的基本功能。对其要求是，使人体在坐时能符合并满足人的身体（形态和动作）、生理（骨骼、肌肉、神经、血液循环和知觉、感觉能力）、心理（色彩、外观形式等）三方面的特点和需求，从而适应人们在使用上的方便，以便提高工作效率。

（2）构成要素的一致性

座具类家具的构成要素较少，基本构成要素包括支撑框架和座面，辅助构成要素为扶手、望板、拉挡、塞角和靠背等（如图9-23）。仅由基本要素组成的坐具为凳类，如果在其基础上再加入靠背或扶手等辅助要素，则形成靠背椅或扶手椅。另外，如果再把座具的构成材料和一些技术参数进行调整则变成沙发或其他座具形式。

（3）构成形式多样

纵观古今家具发展的历史可见，座具类家具所使用的材料丰富，造型形式多样，如果说家具是时代社会生产力的真实写照，那么座具则是其中的代表。现对其构成形式分析如下：

❶ 框架：框架是座具成形的骨架，起着支撑人体的作用，在满足使用功能的前提下，可随意构思，形式千变万化。由于材料的不同，可以分为木框架、金属框架和藤竹框架等。

❷ 腿：腿是座具形成高度的结构性构件，与部分桌类家具腿形相似，属于线形高脚构件，设计上只要能满足结构的需要，在形式上则无定式。一般是直线型的，也有一些是上直下弯，断面有方形、圆形、椭圆形，多数为长方形，也有箱体状腿，腿部的装饰多种多样，具体可根据相关产品的风格特征及其他综合要素进行设计处理。前腿通常垂直于地面，但为了美观，增加安定感，可略向前倾斜；后腿通常与靠背连为一体，并有一定的斜度，以增加舒适感，下部向后倾斜，以增加稳定性。

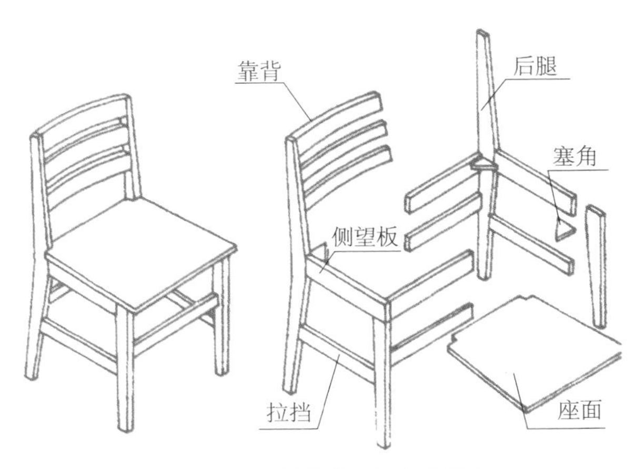

图9-23 座具的基本构成示意图

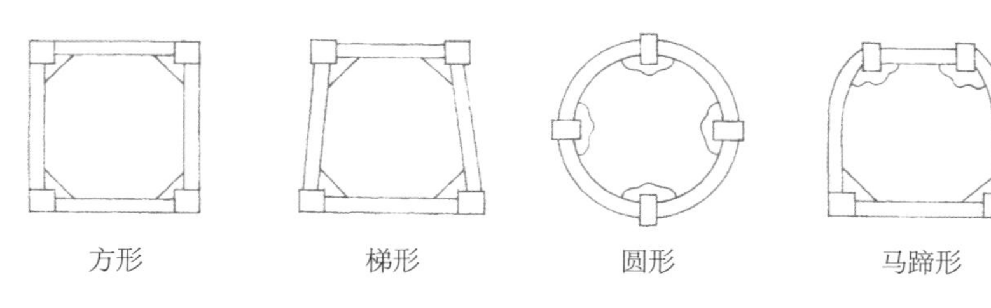

图9-24 家具设计中座面框架的基本构成形式示意图

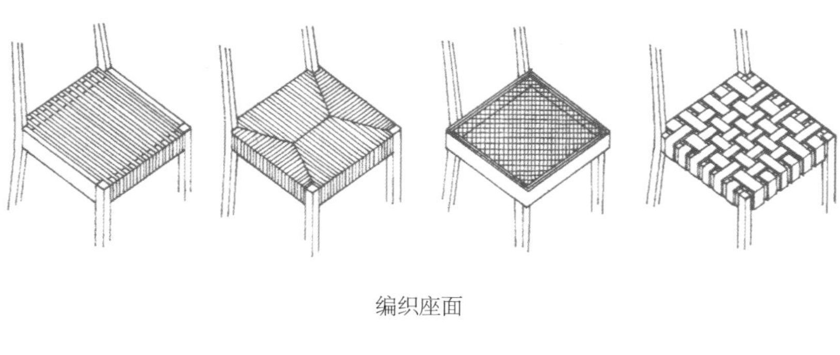

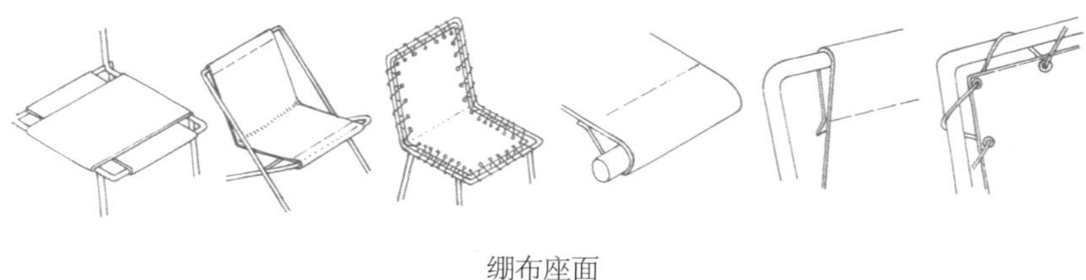

图9-25 编织与绷布座面的基本构成形式示意图

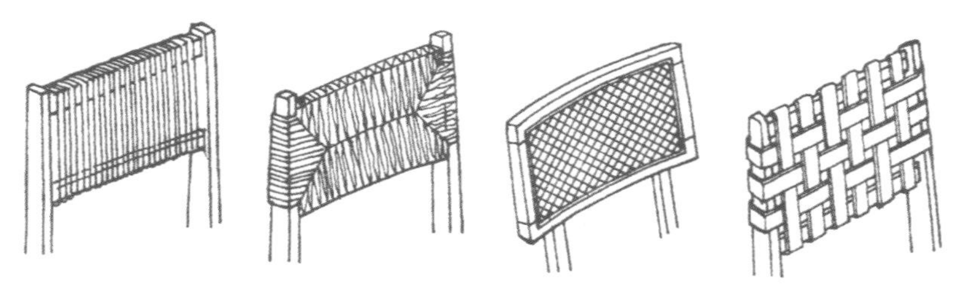

图9-26 座椅编织靠背的基本构成示意图

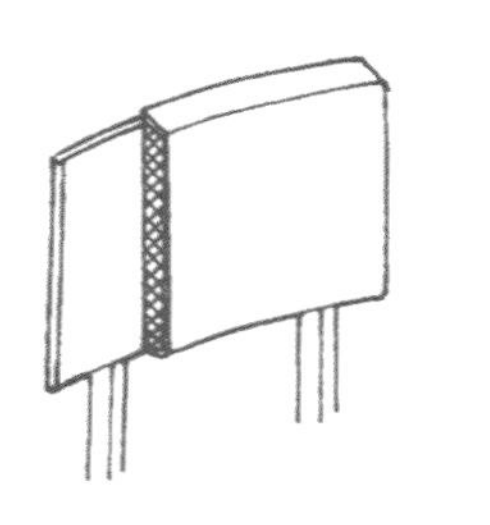

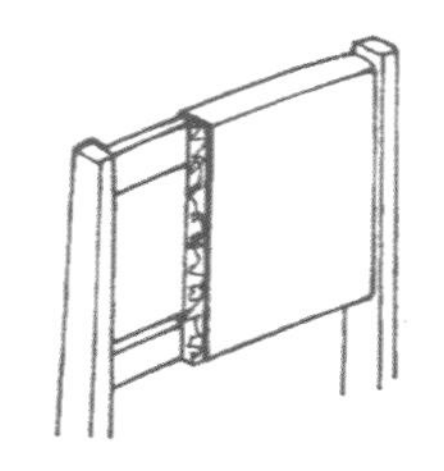

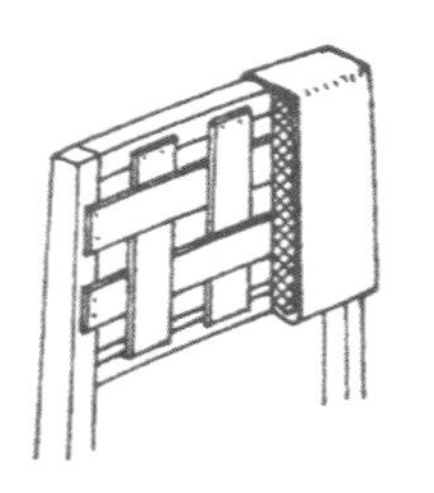

图9-27 座椅软垫靠背的基本构成示意图

❸ 座面：座面由座面框架和接触面两部分构成。座面框架常见为方形、梯形、圆形和马蹄形等，也有其他各类形状（如图9-24）。座面形状虽然单一，但构成方式却多样，既有用藤竹等柔性材料编织或绷布的座面（如图9-25），又有软垫座面与硬座面。另外，由于座面与座框架的关系不同，可分为活动座面和固定座面[4]。

❹ 靠背：靠背一般由后腿延长构成，形式上与座面呼应，但由于它不是主要受力部位，可以进行各种装饰处理，因此内容丰富且形态富于变化。基本类型有编织靠背、软垫靠背和木质靠背。

编织靠背就是利用绳子、绷带和竹藤等柔性材料，在靠背框架部位进行编织或编织成构件后安装在框架上形成。（如图9-26）

软垫靠背用弹簧、塑料泡沫做垫层，外包织物或皮革，形状有心形、盾形、方形和椭圆形等，日常均十分常见（如图9-27）。

木质靠背为后腿直接向上延伸形成，与其他构件构成统一的整体。按其构成形式不同，主要有水平式、垂直式和板块式。水平式是靠背构件水平等距布置，也叫梯条形，从正面看一般为水平状直线或曲线木条，传统风格椅子的靠背多为复杂的曲线，而现代风格的椅子靠背则多采用较为简洁的线型（如图9-28）；垂直式是靠背构件呈垂直布置，构件分线材与板材两类，垂直线材排列也称梳形靠背（如图9-29），板材垂直排列又称竖板靠背（如图9-30）；板块式是由一

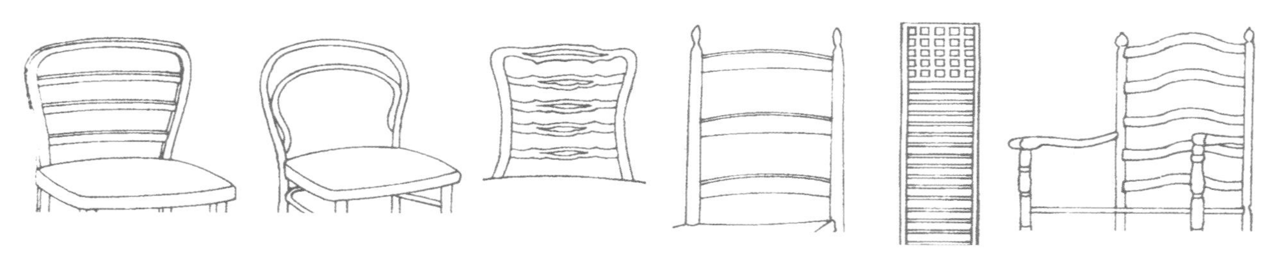

图9-28　水平线靠背的基本构成形式示意图

图9-29　垂直线靠背的基本构成形式示意图

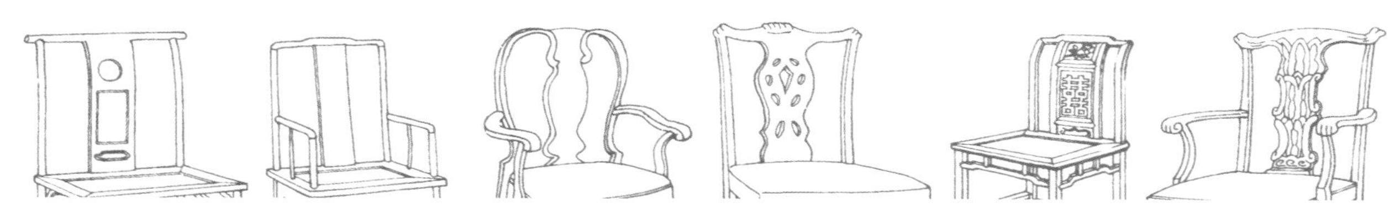

图9-30　竖板靠背的基本构成形式示意图

图9-31　板块式靠背的基本构成形式示意图

块形状不同的板式构件所组成，构件本身可以是实木板、胶合板或塑料等材料，适合于工业化机械生产，属于现代家具的常见形式（如图9-31）。

❺ 望板：望板位于座面之下，紧靠座面与腿周边相连接，是框架的横向连接构件，起到加强框架结构稳定性的作用，较少有其他特别的功能。

❻ 拉挡：拉挡位于腿部的下方，分别与腿相连，与望板相似，仅起加强框架的稳定作用，如果能有其他特别的结构方式保证框架有足够的稳定性，有时为了造型的审美需要，也可省去拉挡构件。

（4）科技含量高

一件座具，从表面来看仅是一件日用品而已，实际上它蕴藏着多个学科的理论，特别是人体工程学、人体解剖学的理论。简而言之，座具设计的人体工程学、人体解剖学内容主要体现在以下几个方面。

❶ 坐具的形式和尺度与其用途相关，即不同的用途应有不同的座具形式和尺度；

❷ 应根据人体测量数据进行座具各功能部件的设计；

❸ 使用时身体的主要重量应由臀部坐骨结节承担；

❹ 减少大腿对座面的压力，即座面高度应合适；

❺ 应设计靠背、腰部支撑和扶手，以便提高使用者的舒适度；

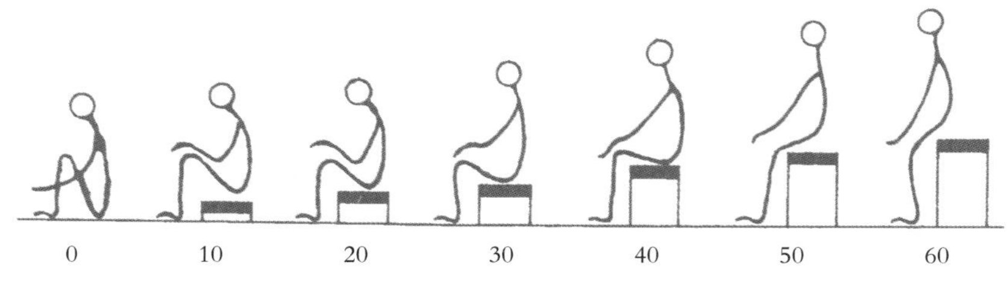

图9-32 不同座高的人体坐姿示意图

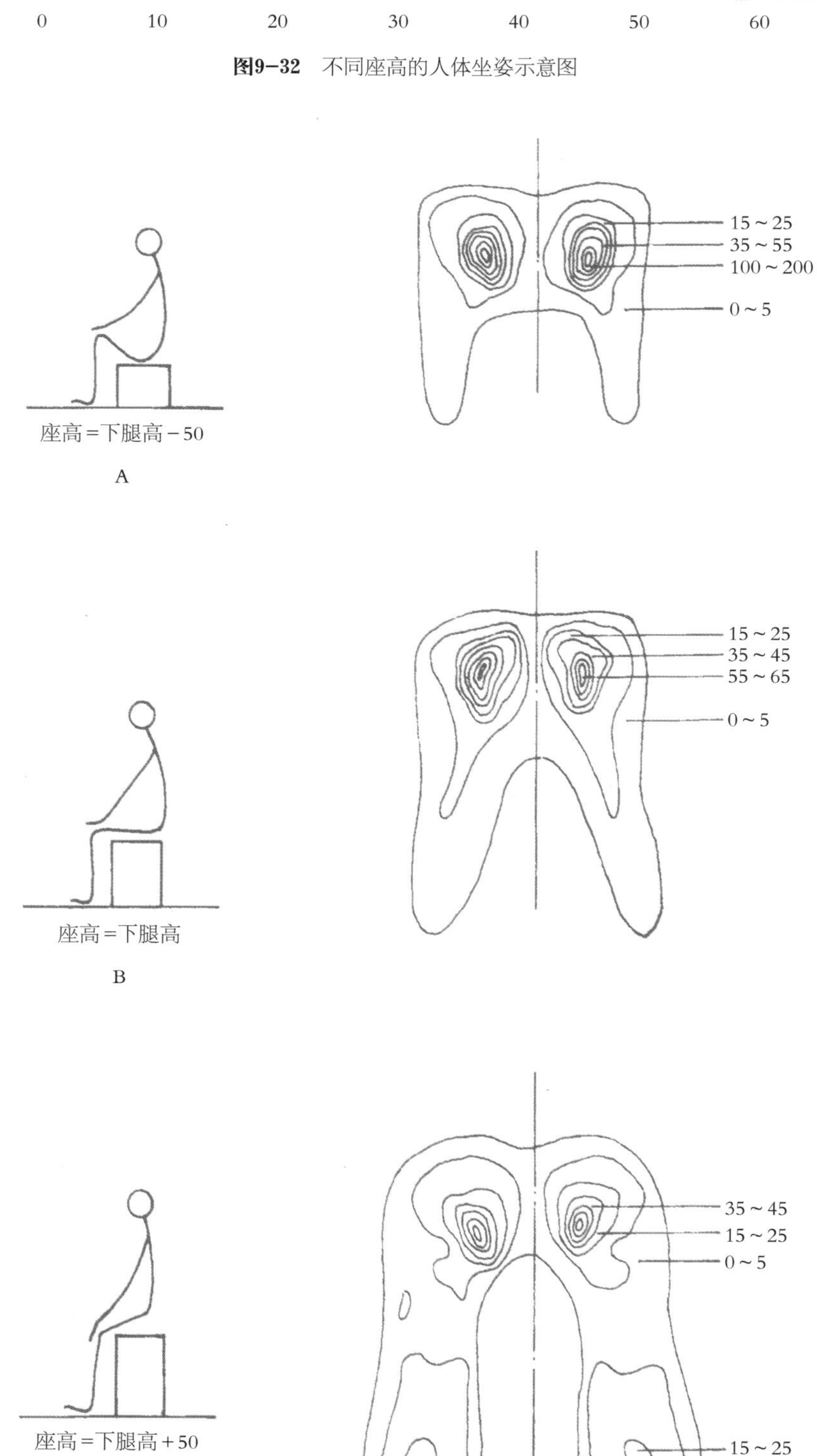

图9-33 不同座高体压分布示意图

❻ 使用时应能方便自由的变换体位。

（5）座面垫性要求相似

座面垫性就是对人体起支撑作用的、与人体直接接触的垫层特性。座面垫层可分为两类：一是软垫层，二是硬垫层。软垫层的优点是可以使体重在坐骨隆起部分和臀部产生的压力分布比较均匀，并使体姿稳定。但垫性并不是越软越好，太软了反而致使压力集中度增加，对身体的支撑相应地减少，从而增加坐者的不稳定性；另外由于坐垫的过度下陷，增加坐者保持或改变坐姿的难度。所以座面的垫性应适中，并具有一定的硬度和透气性。

（6）座高要求相同

座高是指座面板前沿高度。这个高度决定了座具的舒适程度。根据人体工程学理论，座面的高低差异导致人体与座具的接触面积不同，也决定了体压分布的不同（如图9-32）。理想的座高应与人的小腿长度相等，最好是略小于小腿长度，使脚部能自然放置在地面上，并使腿部完全放松。但如果座面太低，为了保持身体平衡就会把腿向内屈，这样会使用上身全部重量集中在臀部骨节，使臀部的局部受到很大的压力，同时两腿又容易疲劳，难以得到休息；座面过高，大腿前半部近膝窝处就会受到约20kPa的压力，时间长了易引起血液循环障碍，肌肉就会发胀麻木，从而引起疲劳。理想的座高为400～440mm（如图9-33）。

除上述座具设计的共性之外，

下面对椅子、凳子和沙发分别进行设计说明。

2. 椅子设计

椅子是指有靠背的一类座具，有扶手者称之为扶手椅，没有扶手者称之为靠背椅，可折叠的又称为折叠椅，由于座面长度的不同又可以分为长条椅，可供二人或三人同时使用。如果按使用性质的不同又可设计为多种形态，如用于读写、用餐、会议等不同活动场所。具体来说，不同的工作性质在坐姿上对椅子也有不同的要求。如图9-34中，a所示为人从事轻型劳动时，主要是上肢工作，上半身需要一定的活动，因而臀部不能全部坐在椅面上，腿脚还需要对身体提供一定的支撑，全身处于劳动状态，这时使用的椅子为作业椅，要求椅子的座面平直，靠背也不需要过大的倾斜；b所示为人从事如吃饭、学习、办公、会议等活动时，上肢工作，脚部不需要支撑身体，舒适性较a有所增加，属于轻作业型椅子；c所示为一般休息姿态，主要是头部活动，手为辅助，全身肌肉处于松弛状态，主要使用扶手椅；d所示为一种休闲姿态，上半身向后倾斜，背部、腕部、臀部压力平均，脚比较自由，腰部曲折小，肌肉松弛，达到休息目的，同时上肢还可以从事吸烟、阅读、饮食等轻微活动，主要使用介于普通椅子和躺椅之间的休息用椅，也叫休闲椅；e所示为一种完全休息的姿态，不从事任何活动，椅面与靠背更加倾斜，小腿部向前伸出，全身处于仰卧状态以便全身休息，所使用的为躺椅。另外，椅子与桌子及工作台；沙发与茶几；床与床头柜等在尺寸设计上都有着密切的联系，它们之间的高度应保持一定的关系，并按不同的用途作相应的调整（如图9-35）。

椅子的座高、座宽、座深、扶手高、最小背长、背宽、座倾角、背斜角等功能性尺寸，国家标准GB3326—1997都给出了相应的尺寸范围，只要不超出该标准的限定，设计时都可以充分地发挥个性化的造型能力，结合使用环境进行创新设计（如图9-36）。

3. 凳子设计

凳子是一种应用广而且非常实用的简单座具，凳子的前身是马扎，后来在凳子上加一个靠背就衍变成了椅子，这也是凳子与椅子的主要区别之一。凳子用材十分广泛，除常见的木凳之外，还有竹凳、石凳、塑料凳和玻璃凳等。另外凳子的形式丰富多样，有方凳、长条凳（板凳）、圆凳、折凳和梳妆凳等。

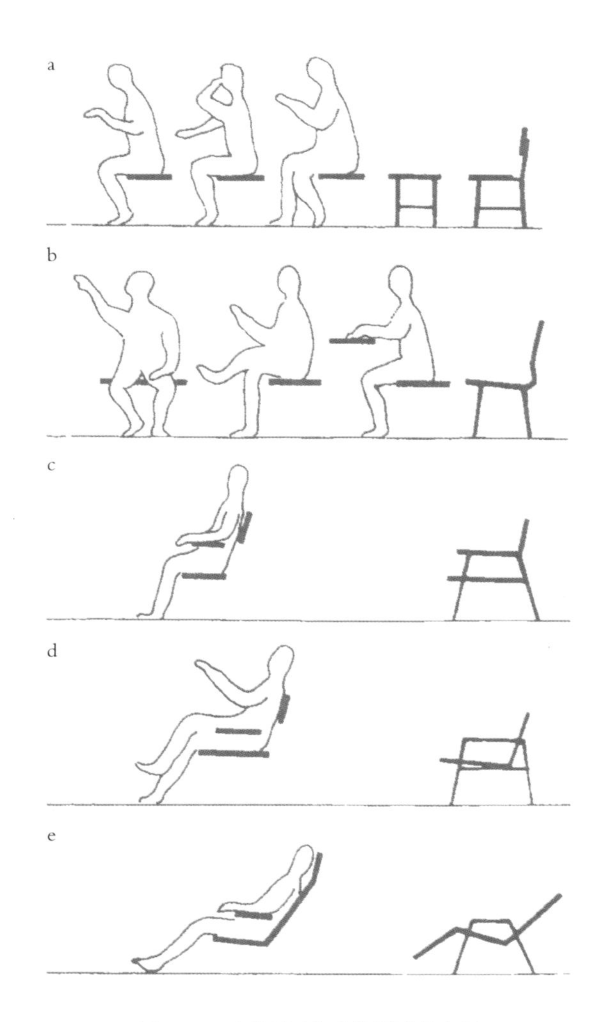

图9-34　人体活动与座椅形式示意图

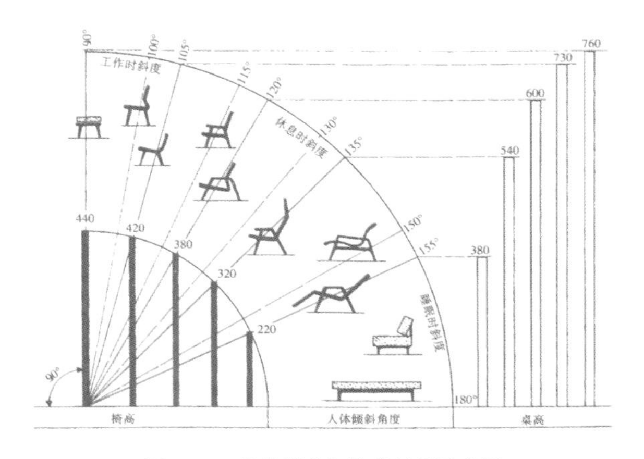

图9-35　靠背斜度与椅高关系示意图

凳子最初是用来踩踏上马、上轿时使用，到了明清两代凳子才有了更广泛的用途，如放在床的一侧作为脚凳，摆在柜子旁，兼有花几的作用，摆放盆花、盆景等。而在现代，由于座具的拓展和生活方式的变化，凳子主要用于一些公共场所，如学校的教室、简易的餐馆、街边临时休闲和公园休闲等，而在一般家庭中已比较常见的是梳妆凳、床尾凳等。

在设计时，凳子的主要功能尺寸可参考前述的家具类国家标准规定，造型方面可根据使用场所和使用环境的不同进行创新设计（如图9-37）。

4. 沙发设计

沙发来自英文“sofa”的发音，实质上是一种内部装有弹簧或厚垫的靠背椅。沙发源自于欧洲文艺复兴时期的软座椅，形态是中世纪仿罗马式的大理石椅和青铜桶形椅，到19世纪在欧洲上流社会广泛流行。沙发在我国的历史并不长，大约在20世纪初期流入我国的上海、天津、广州等地西方国家的“租界”内，后逐渐流传并形成现在普通人常见常用的沙发。

图9-36 座椅设计实例

图9-37 座具设计实例

沙发的分类，根据材料，有布艺沙发、皮沙发、木沙发、藤沙发、藤木结合沙发、木或藤与软体面料结合沙发、金属与软体面料结合沙发等；根据规格，有单人沙发、双人沙发、三人沙发等；根据使用场所，有民用、办公用、公共空间用沙发等。

从外观形式上看，沙发主要由扶手、靠背、座面及其支撑等部分构成。由于沙发是一种休闲型或接待用家具，所以对其使用过程中的舒适度要求较高。在设计过程中应根据实际情况对各技术参数进行灵活处理。

❶ 座高：指座前、后沿距地面的垂直距离，一般的轻便沙发的座前高为360～380mm，前后高差50～60mm；大型沙发座前高在400～460mm，前后高差30～40mm。即座倾角为106°～112°，软包座面的下沉量可达到70～100mm。

❷ 座宽：座宽是指两扶手内侧面之间的距离，由于人体臀部的平均宽度为310～320mm，所以座的宽度应大于这个尺寸。常用单人沙发座宽度为580～600mm，双人沙发座宽为1180mm左右，三人沙发座宽为1800mm左右。

❸ 座深：指座面的前后进深尺寸，轻便沙发的座深应在480～500mm，大型沙发的座深应在530～560mm。

❹ 靠背：一般轻便沙发的靠背高度在550～600mm，大型沙发靠背的高度在600～700mm较为合适，也可根据造型的需要，设计其他更高尺寸的沙发靠背高度。另外

靠背的“填腰”中心点应在下沉后座面的230～240mm处，凸起高度以20～30mm为宜，使之既能托住背部和腰部，又能达到较好的休息效果；软包靠背的下沉量为30～45mm；而背斜角一般较椅子的大，为3°～5°。

❺ 扶手：扶手虽然仅是沙发的一个辅助部件，但在沙发的设计中起重要的作用，很多设计内涵都包含在扶手造型之中。扶手的做法比较多，有全软包的，有半软包的和全实木的，外形上有方形、圆形、曲线形和方圆形等基本形式，及在此基础上的演变形式（如图9–38）。扶手的长度既可以到座面的前沿，即全扶手；也可以只伸到一定的距离不到座面的前沿，即缩位扶手；也有扶手与靠背连为一体的，即整体扶手（如图9–39）。扶手的高度为沙发下沉后距座面高度的200～250mm。

综上所述，在进行民用沙发设计时，重点应根据使用对象居住空间的大小和搬运的便捷来进行沙发的造型、体量、结构等方面的构思。（如图9–40）一般家庭用的沙发由于居住空间面积受限，要求沙发的规格不宜太大。而公用沙发的设计，除考虑上述因素外，还要考虑使用空间和使用环境，使沙发放置后形成一定的氛围或“气势”。

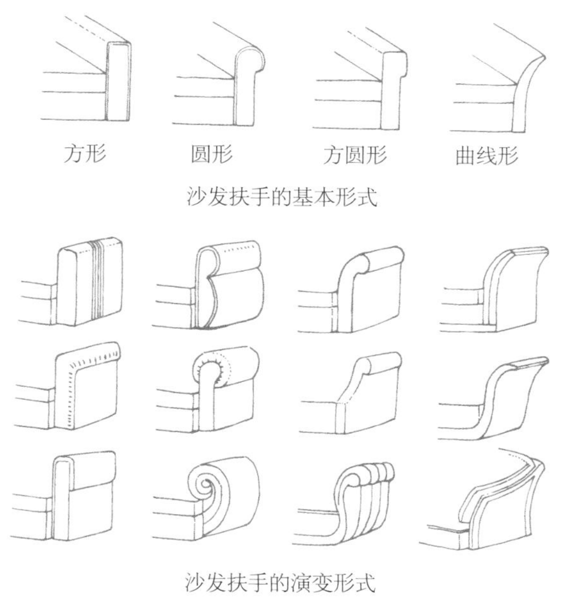

图9–38　沙发扶手的形式示意图

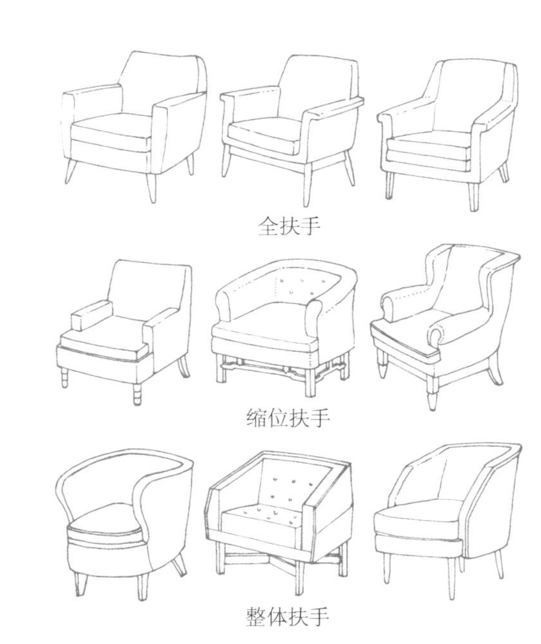

图9–39　沙发扶手相对位置的形式示意图

图9–40　沙发设计实例

二、床的设计

在所有的家具中，床的历史应该是最悠久的。原始社会，人们的物质生活相对简单，睡觉只是铺垫植物枝叶或兽皮等，掌握了编织技术后就铺垫席子，席子出现以后，床就随之出现。春秋之后，人们不仅在床上睡觉，还在床上放案几，进行读写、饮食、交谈等活动。唐代以后，汉文化与胡文化的融合，出现了桌椅，人们也不再在床上活动，床由一种多功能的家具成为专供睡卧的用品。现代生活中床不仅是睡觉的工具，也是家庭的主要陈设装饰品。

床的分类，可大致分为单层床和双层床；如果按使用场合的不同又可分为民用和公用（如宾馆、办公室等非家庭环境中）；按所用材料的不同又可分为木质床、金属床、软床等；按人一生成长过程中的年龄段又可分为婴儿床、儿童床、成人床等。

❶ 单层床：即我们日常最常见、使用最广泛、最普通的床。单层床按床面的规格不同有单人床和双人床之分。

❷ 双层床：即一种上下两层铺位设计的特殊构成形式的床，多用于集体生活空间中。双层床也有单人和双人之分；但其单位容量比单层床增加1倍。一件单人双层床由于其具有上下两层，可供二个人正常休息用，而一件双人双层床，可同时供四个人休息用。双层床具有节省空间的突出优点。

还有一种类似床的构成形式，供人白天短暂休憩之用的榻，也有的称其为躺椅或贵妃椅，英文叫Daybed。西方所有的现代床均从榻演变而来。在现代生活中，榻十分流行。

1. 床的共性特征

（1）功能明确

床的功能十分明确，就是供人们睡觉用。日出而作，日落而息，这是人类生物钟在人体内固定了的一种节奏。人类的睡眠有三个特征：第一是睡眠一般都有固定的场所，如床，而且事先还要更换衣服，是人类个体隐私行为的组成部分；第二是睡眠的个别差异较小，一般成人每天睡眠在5～9个小时，平均为7.5小时；第三是人的睡眠时间长短随年龄的增加而逐渐减少。

如果把一个晚上的睡眠过程用坐标模式来表示，在纵轴上把睡眠深度分为四个等级，即从一级入眠至四级熟睡。一般睡眠是从入眠期急速经过第二期、第三期而进入熟睡的第四期，不久回到浅睡眠状态，然后再次进入熟睡。以1.5～2小时为一个小周期，经过4～5次，直到天亮[5]（如图9-41）。如此，对于设计制造卧具，可得出结论：垫被以仰卧的姿势为基础，以容易翻身为目标。另外，睡在床上时，身体各部分的体压也是影响睡眠的重要因素。由于身体中有敏感部位和感觉迟钝部位，使敏感处压力小，迟钝处压力大，这样分布就感觉舒服。

（2）构成要素单一，设计重点突出

床主要由床屏、床挺和床垫构成（如图9-42）。床的设计重点十分明确，就是床屏。

❶ 床屏：床屏分高屏和低屏，高屏又叫床头屏，低屏又叫床尾屏，高屏一般高于低屏，但也可以等高。高屏和低屏可以是平板式，也可以是其他的架状结构（如图9-43）。

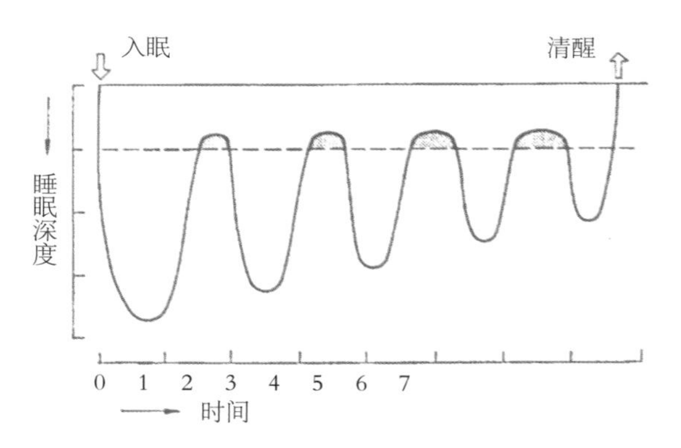

图9-41 睡眠的时间性变化周期

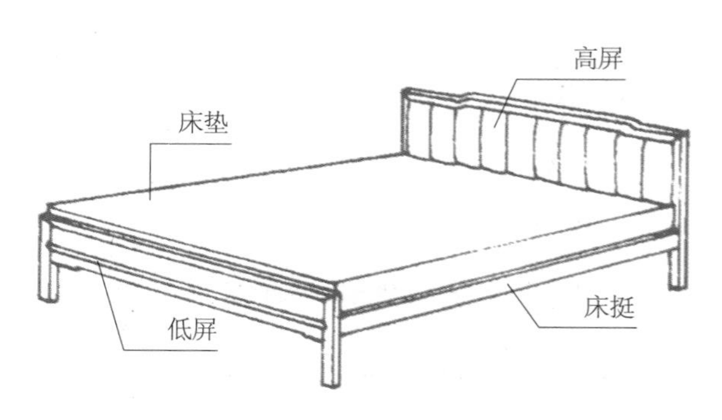

图9-42 床的基本构成示意图

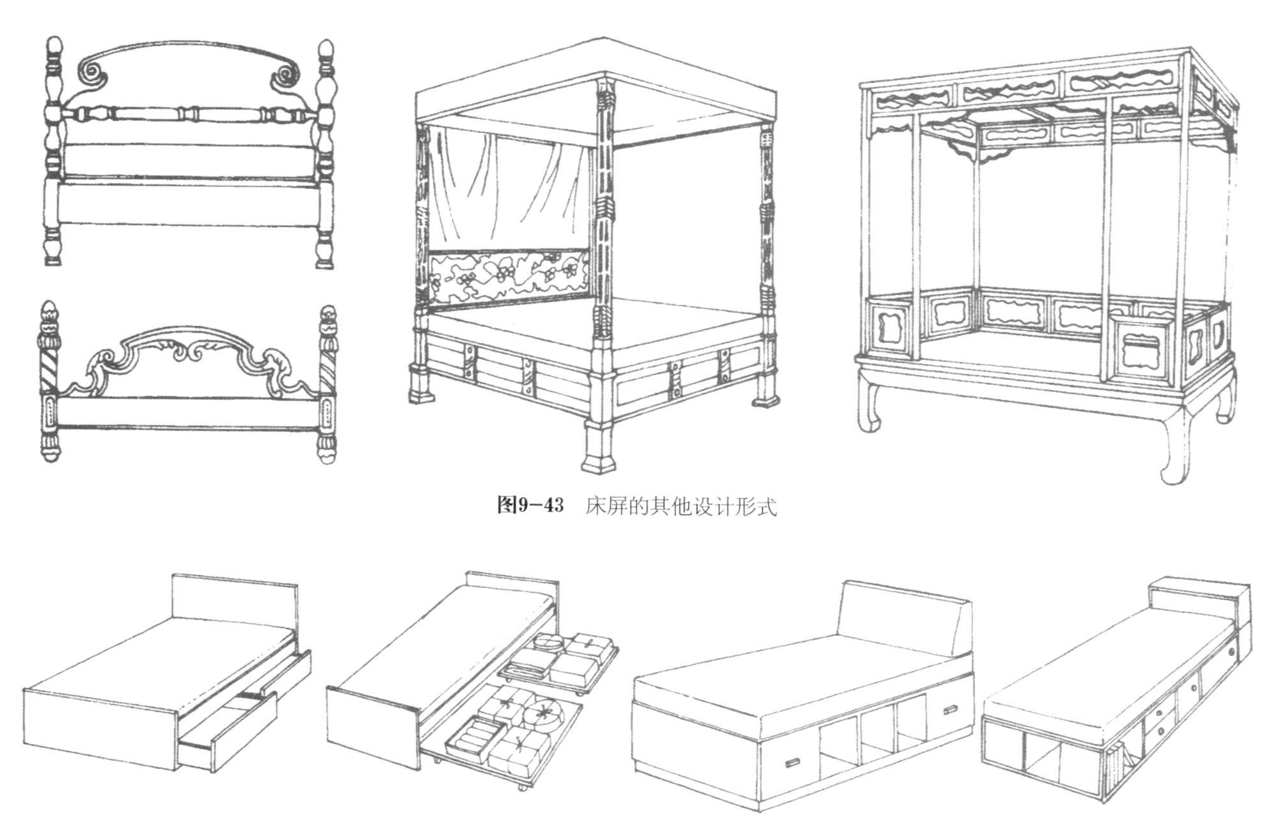

图9-43　床屏的其他设计形式

图9-44　床下储藏空间的构成形式

❷ 床挺：床挺连接床的高屏和低屏，并支撑床面。床挺可以是一长条状构件，也可以为箱状结构，与床下空间一起构成小的贮藏空间，用以收纳物品（如图9-44）。

❸ 床垫：床垫就是使用者与床的直接接触的支撑垫。从造型上来看，床垫的形式有长方形，（半）圆形、（半）椭圆形；根据所用材料的不同，有软硬之分，即垫性。类似于座椅，垫性是衡量床垫材料性能好坏的一个重要指标，它能科学地反映出床垫材料适合人体的程度。床垫一般分上、中、下三层结构，上层直接与人体接触，要求柔软；中层用来稳定并保持人体的正确睡眠姿态，要求具有一定的硬度；下层是用来接受来自人体冲击力的受压层，并将中层的压力均匀传递到下方，因此要求有一定的弹性。

实验表明，在略硬的床上，压力分布的状态和感觉的敏锐程度大体一致；在软床上，无论是感觉敏锐的地方还是迟钝的地方，如果都受到相同的压力，会令人感到不适。如图9-45所示为床的软硬程度与睡眠的体压分布。而在实际的设计过程中，床垫已成为标准化产品，设计时进行选用就可以了，床垫的科学性会由专业的床垫生产厂进行研究。

（3）拆装结构

由于床的体量大，为了移动和搬运的方便，床屏、床挺、床垫可为拆装结构。拆开后，分床高屏、低屏、二根床挺、床垫等部件，而后再进行组装。

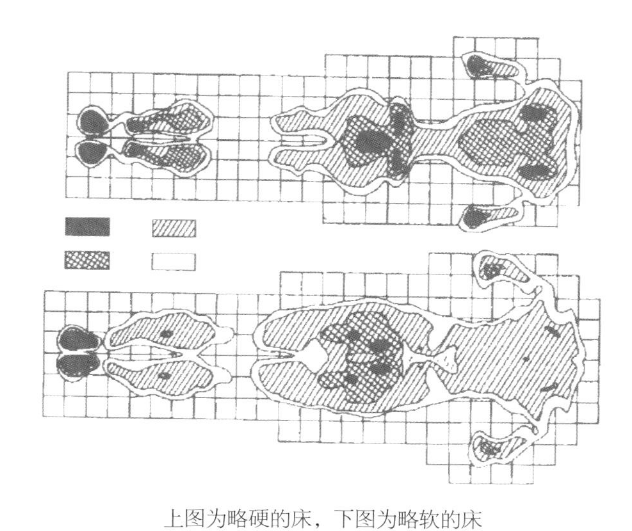

上图为略硬的床，下图为略软的床

图9-45　睡眠姿势的体压分布示意图

（4）睡眠的姿态与行为过程相似

什么样的睡眠姿势最好，似乎不能做出明确回答。从减少肌肉紧张角度来说，躯体稍稍弯曲，手足自然弯曲的姿势最好，只有侧身睡才能形成这样的姿势。人在睡眠时其姿态基本相似，即仰卧、俯卧或侧卧三种姿态，并且这三种姿态对于不同的人、在不同的睡眠时间中是随时可能变换的，因为人在睡眠的过程中随时会自然翻身，据统计，人在正常睡眠一晚上的翻身次数为20～30次，如果把床的宽度缩小到500mm左右，翻身次数会减少30%左右，随着自然翻身次数的减少，就会影响人的正常睡眠。通过实验可知，人的最佳睡眠床宽为900～1000mm。如图9-46和图9-47所示为单人床和双人床的主要尺寸范围。

2. 单层床的设计

单层床是现在市场上的主导产品，设计重点在床

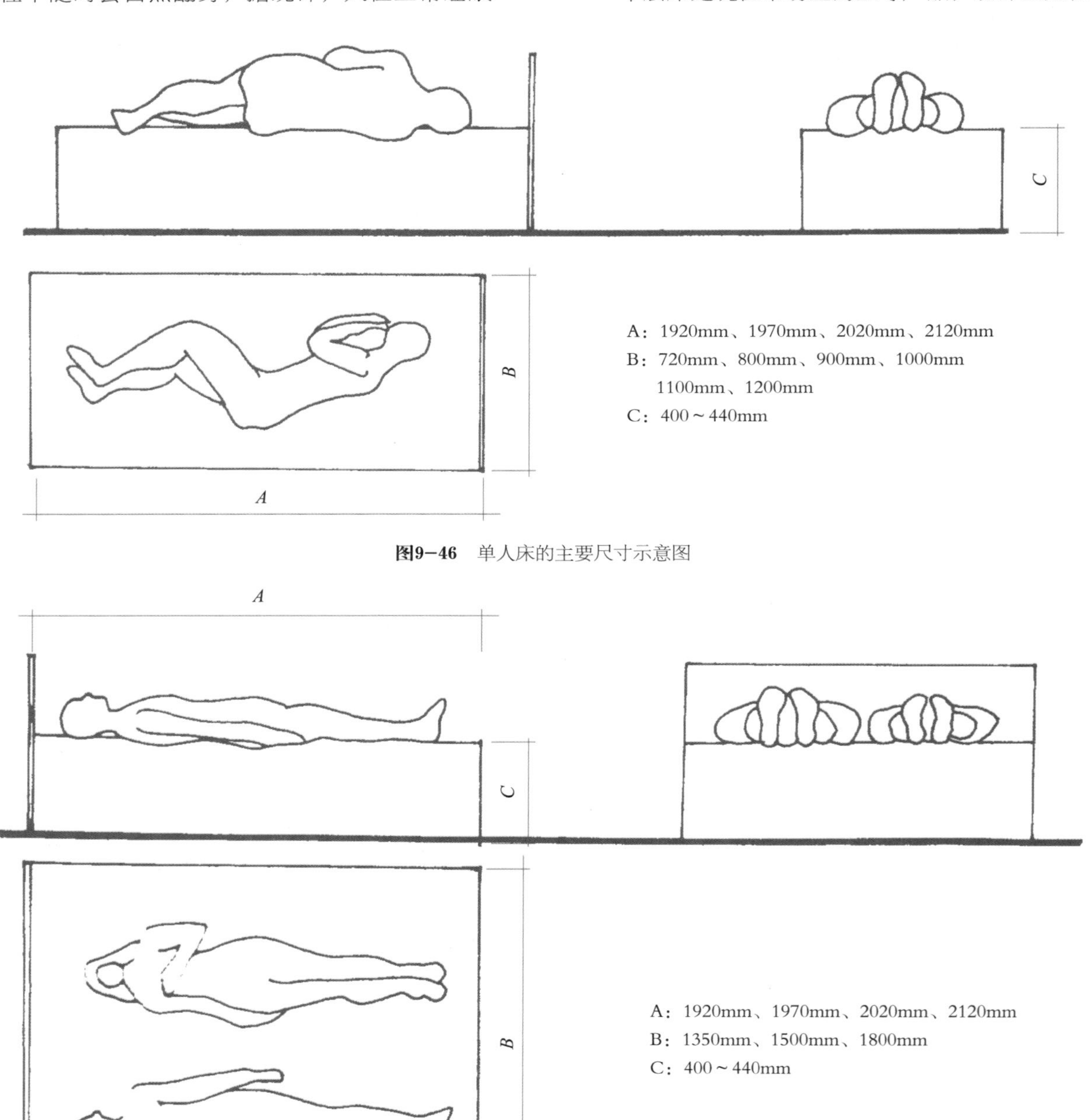

图9-46 单人床的主要尺寸示意图

图9-47 双人床的主要尺寸示意图

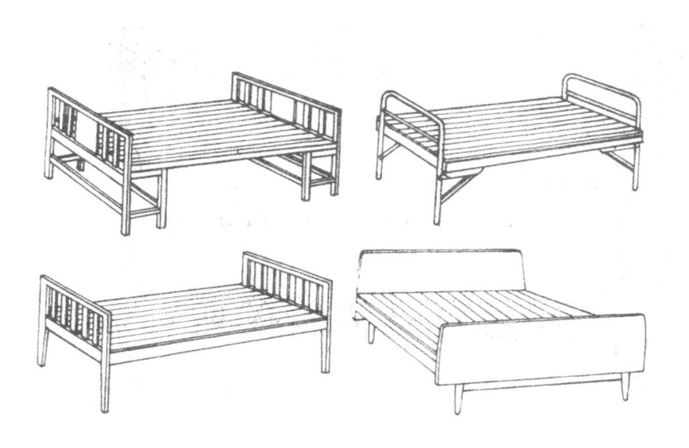

图9-48　低屏与高屏等高床的形式示意图

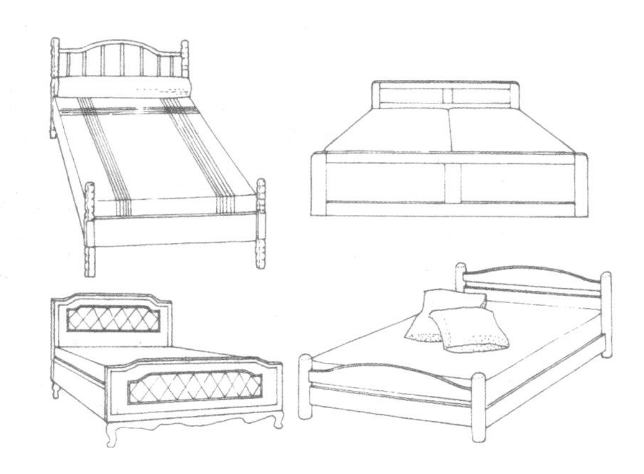

图9-49　低屏低于高屏、高于床面床的形式示意图

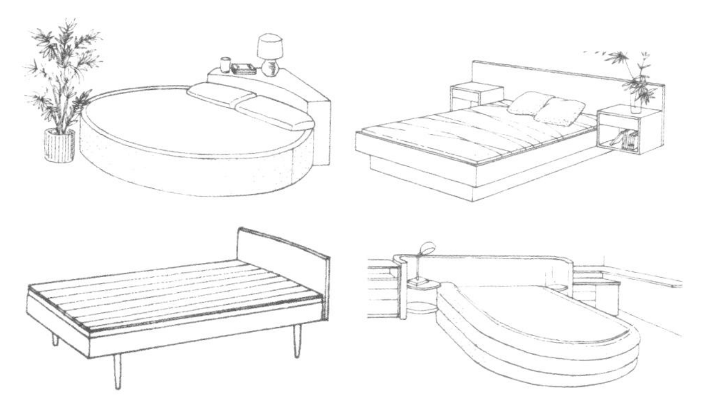

图9-50　简化低屏床的形式示意图

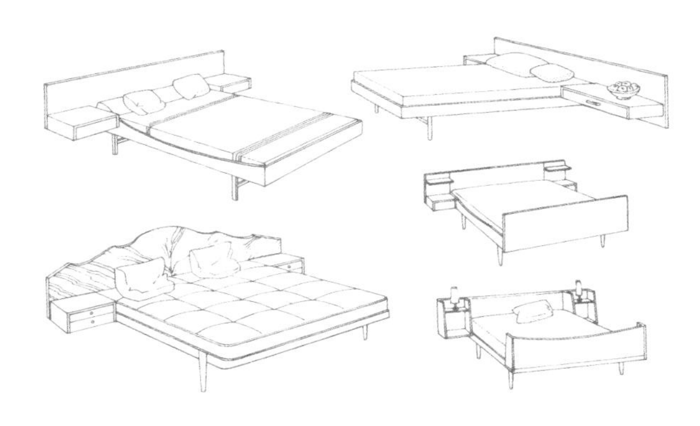

图9-51　高屏与床头柜组合床的形式示意图

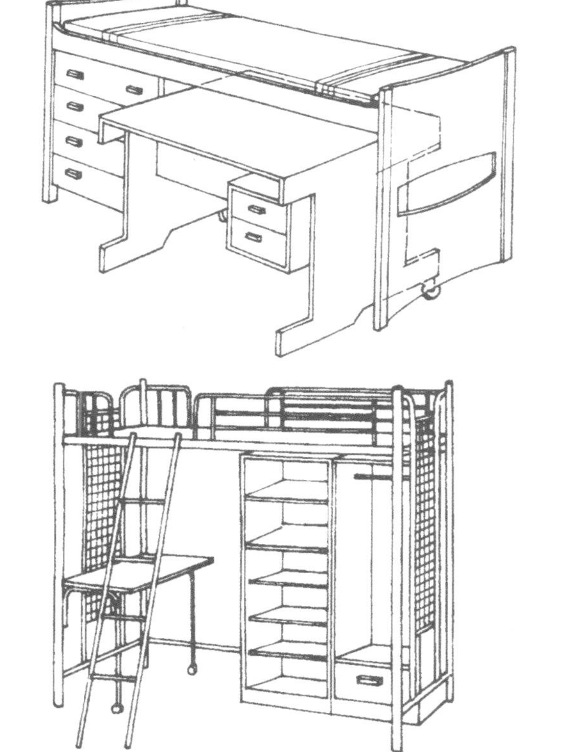

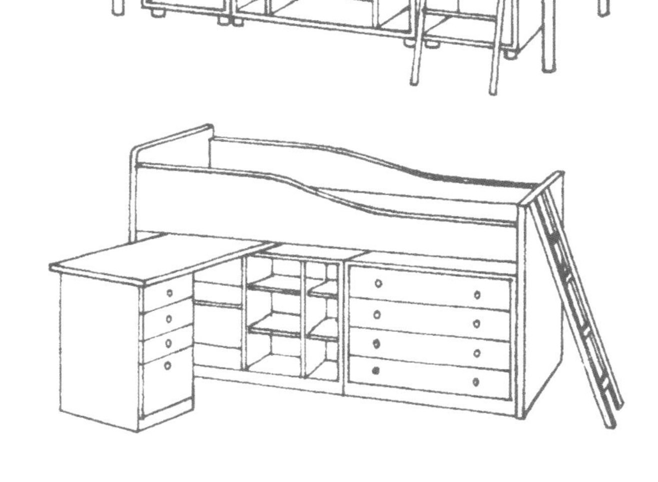

图9-52　多功能组合床的构成形式示意图

图9-53 床的设计实例

高屏上，其次是床低屏的呼应和床挺的处理。按床低屏相对于高屏的高度不同，分为三种形式：一是低屏高度与高屏等高，高屏和低屏的形式一般相同（如图9-48）；二是如果低屏高度低于高屏但高出床面，设计重点在高屏，仅对低屏做呼应处理（如图9-49）；三是低屏高度很低，简化为与床架一体，则仅对高屏进行设计处理（如图9-50）。从高屏与床头柜的关系来看，一般床头柜是在床的左右两侧放置，但也有把床头柜悬挂于床高屏两侧，与床头板组合为一体的形式（如图9-51）。

3．双层床的设计

双层床具有组合多功能特征，主要是为了节约使用空间，多见于儿童房和集体宿舍，有一般的双层铺面形式，也有上层是铺面，下层与写字台、书架和橱柜等的组合，各空间的功能尺寸见“家具功能尺寸设计”章节的内容。双层床设计的重点不是造型，而要重点考虑其组合功能的合理性，使用的便捷性与安全性（如图9-52）。

总之，床的构成形式丰富多样，灵活多变，且具有体量大的特点，设计时应综合分析，重点思考使用的舒适性、便捷性与安全性等方面的因素（如图9-53）。

第四节　凭倚类家具设计

凭倚类家具主要包括两类：一类是台桌类；另一类是几架类。

一、凭倚类家具的共性特征

（1）使用功能宽泛

在人类的正常活动中，主要与凭倚类家具产生联系，但这种联系又是松散型的，如工作时与工作台或办公台有关，就餐时与餐桌或餐台有关，梳妆时与梳妆台有关，书写时与写字台有关，休闲时与茶几有关。但这种关系不同于收纳类和支撑类家具，收纳类家具属于纯服务型的，使用过程中不与人体接触；支撑类家具则相反，不但要与人体接触，而且还要承载人体的全部或大部分重量，使用的主要目的是为了消除或减少疲劳；而凭倚类家具则在一定程度上介于前两者之间，主要用于辅助人们的生活与工作。

（2）设计重点分散

凭倚类家具的设计重点较分散，特别是一部分家具如几类和台类属全方位视觉先导型产品，需要设计者根据相配套产品来突出设计重点。

（3）主要功能与辅助功能相结合

凭倚类家具以最上层主台面作为主工作面，即产品的主要功能，但大多数产品除主要功能外，还有相应的辅助功能，如写字台还具有收纳功能，梳妆台具有收纳与陈列功能等。

二、台桌类设计

台桌泛指一种辅助人离开地面作业或活动的平面，这种平面应具有必要的平整度和水平的表面。按平面的形状不同有方桌、长方桌、圆桌和椭圆桌；但从构成上看，桌由桌面和支撑体组成，由同一桌面和必要的支撑体组成不可拆的完整、固定形式的桌也称为单体式桌，而桌面或支撑体由两个或两个以上部件或单体组合而成的则称之为组合桌，可折叠的称折叠桌。同时，台桌还是一类家具的抽象代称，包括餐桌、写字台、办公台、工作台、会议桌、梳妆台、电脑桌和课桌等。

1. 桌的构成

桌由桌面和桌面支撑两大部分构成。

❶ 桌面：桌面是桌的主体功能部件，要求表面平整。桌面材料有木质、玻璃、石材、金属、瓷砖和编织材料等构成，其中以木质材料或木材与其他材料组合最为常见，玻璃、石材次之；瓷砖类材料主要用于实验台和厨房工作台上，易清洁、耐腐蚀、耐高温、耐冲击。

❷ 桌面支撑：桌面支撑分线形框架支撑和箱体支撑两类。线形框架支撑除支撑桌面外一般不具有其他功能；而箱体支撑除支撑桌面外，还具有收纳功能（如图9−54）。

2. 餐桌设计

餐桌即进餐用的桌，桌面比较大，有长方形、方形、圆形和椭圆形。一般的餐桌支撑体为线形框架结构或内缩型箱柜结构，以便进餐时方便人的腿部活动。餐桌的桌面可为固定规格的；也可为折叠或拉伸结构，以便根据就餐时的需要加大或加长桌面的尺寸；也有支撑体即腿部折叠的简易餐桌。在进行餐桌设计时首选要考虑使用场所，即家用还是公共餐厅用；再者就是要考虑进餐方式的不同，即中餐和西餐。现在一般家庭成员较少，再加上家庭用餐厅规格也较小，所以民用餐桌规格较小，桌面形状也多为长

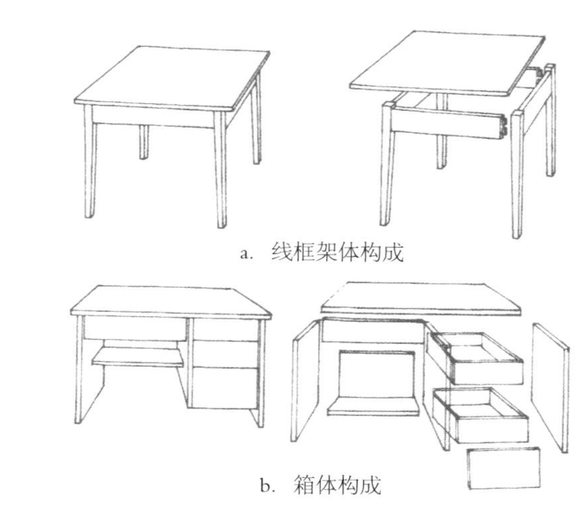

图9−54　桌的基本构成示意图

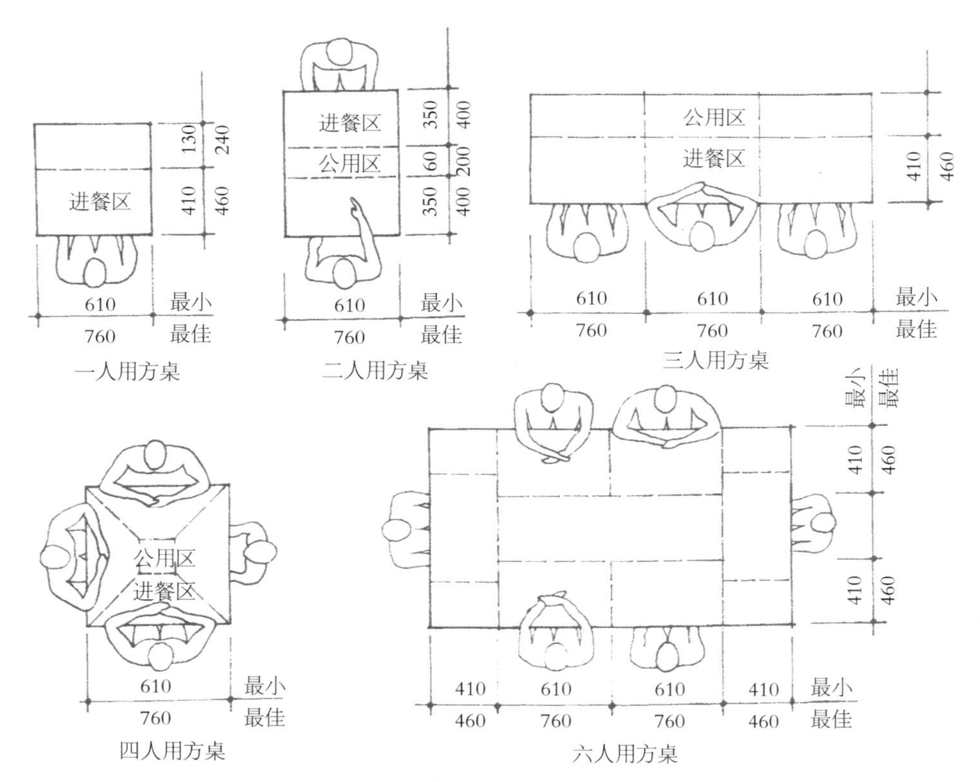

图9−55　单人进餐桌面基本尺寸示意图

方形或椭圆形，较少采用占据面积较大的方形或圆形；而公用餐厅由于面积较大，为了提高餐厅的利用率，多采用方形或圆形桌面。如图9-55所示为餐桌基本桌面尺寸，如图9-56所示为常用餐桌桌面尺寸。

以上介绍的是餐桌的基本设计要素，而在实际设计过程中，可结合这些基本要素进行灵活应用，再结合材料、色彩等方面的变化，就形成了丰富多彩的餐桌形式（如图9-57）。

3. 写字台设计

写字台是人们日常工作和学习的必备家具，按使用场所的不同分为家用和办公用两类，办公用写字台又称办公台或大班台。写字台在功能上应具有适应高效率工作和学习的桌面长宽，不易产生疲劳的桌面高度，容纳下肢活动的桌下空间高度和方便存放电脑及其他工具的合理空间。如表9-3、图9-58所示为写字台主要桌面尺寸和高度尺寸。家庭用写字台一般规格较小，而办公用则规格要大一些；特别是大型办公台，其最小台面长度应在1800mm以上，但一般不大于2400mm，台面还可以采用“L”形组合，以最大限度地满足办公用具的放置。另外，可在台面下方设计带抽屉的小柜体，以方便收纳办公物品。

图9-57 餐桌设计实例

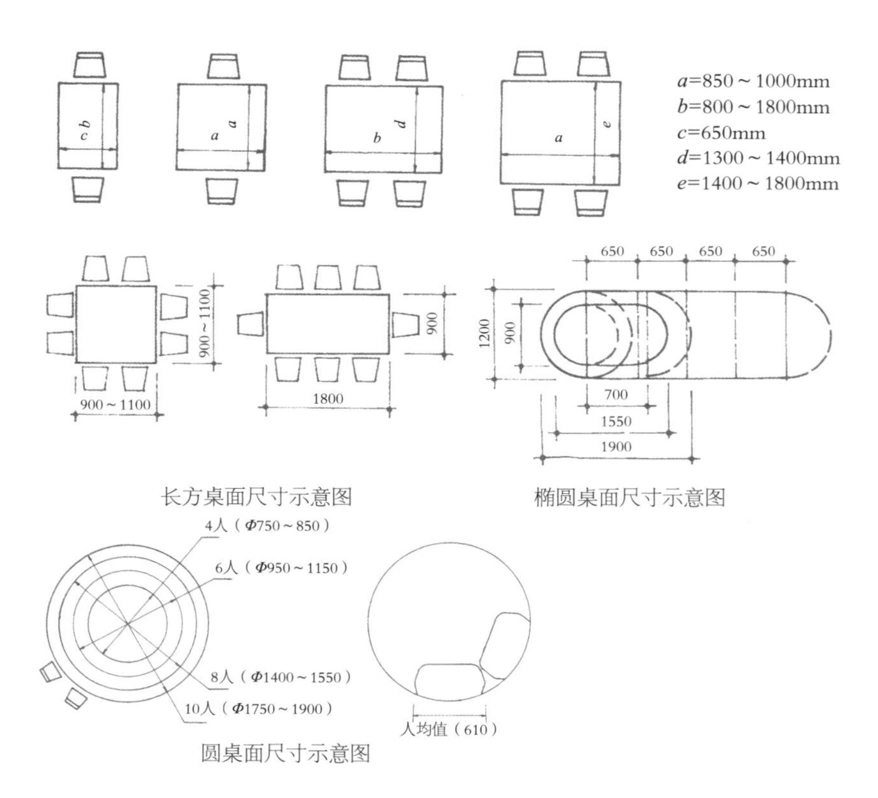

图9-56 常用桌面基本尺寸示意图

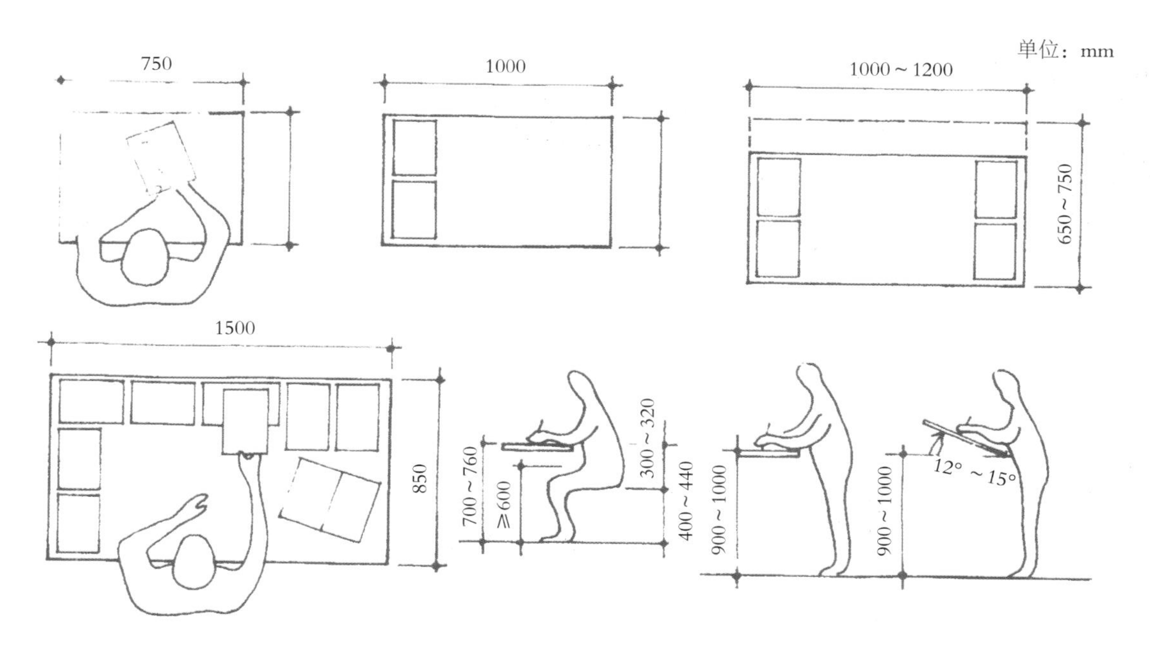

图9-58　写字台主要桌面幅面尺寸和高度尺寸示意图

表9-3　　写字台常用尺寸

	家用写字台	办公台	大型办公台
长	750 ～ 1200mm	900 ～ 1400mm	1800 ～ 2800mm
宽	600 ～ 750mm	600 ～ 750mm	900 ～ 1200mm
高	700 ～ 760mm	700 ～ 760mm	700 ～ 760mm

写字台的台面可为长方形、直边扇形或月牙形等，既要求功能的方便性与合理性，又要造型的个性化特点。如图9-59所示为部分写字台构成形式。

会议桌有单件式和组合式之分，一般的小型会议桌和接待、洽谈用桌采用单件式，大型会议用桌采用组合式，其长宽尺寸视使用人数而定，长度按每人办公区810～910mm计算。会议桌造型设计要求简洁，台面边部一般较厚，以便与大尺度台面相均衡，台面下可设一层搁板，以便放置随身携带的小件物品。组合会议桌可以由单件桌拼组而成，也可以将中间的台面与两桌面对接而成（如图9-60）。

4. 梳妆台设计

梳妆是人们日常生活例行的活动之一，特别是在现代讲究礼仪的风尚下，梳妆打扮不只是局限于女性的化妆，人们在仪容上的整理，都属于梳妆的范围，所以梳妆台便成为当今生活中不可缺少的家具之一。梳妆台的形式共有四类：桌式、柜式、台式和悬挂式。（如图9-61）

❶ 桌式：桌式梳妆台是在桌子上方装有化妆镜，实质上就是桌与镜的组合，但桌的高度一般略低于正常桌高，不大于660mm。根据桌的规格有大、中、小型之分。大型者功能齐全，尺寸大；中型者桌面较大，一般装有三面镜子；小型者属于简易梳妆台。

❷ 柜式：柜式梳妆台基座为柜子的形态构成，上部装有镜子，形感稳重，由于没有容膝空间，仅供人站立使用。

❸ 台式：台式梳妆台基座较低而镜面较高大，视野开阔，简洁实用。由于其镜较长，也称之为穿衣镜，可根据需要灵活置于室内。

❹ 悬挂式：悬挂式梳妆台是将镜与台均固定于墙壁上，镜与台分离，经济实用，节省空间，适用于小面积房间。

5. 玄关台设计

玄关一词源于日本，专指住宅室内与室外之间的一个过渡空间，也就是进入室内换鞋、脱衣或从室内去室外整貌的缓冲空间，也有人把它叫作斗室、过厅、门厅。因此，玄关既是进出室内使用频率较高的必经之处，又是反映主人文化气质的“名片”。玄关有以下三方面的作用。

图9-59 写字台设计实例

图9-60 会议桌设计实例

图9-61 梳妆台设计实例

图9-62 玄关台设计实例

❶ 视觉屏障作用：玄关对户外的视线产生了一定的视觉屏障，不至于开门见厅，让人们一进门就对客厅的情形一览无余。它注重人们户内行为的私密性及隐蔽性，保证了厅内的安全性和距离感，在客人来访和家人出入时，能够很好地解决干扰和心理安全问题，使人出门入户过程更加有序。

❷ 较强的使用与保洁功能：玄关在使用功能上，可以用来简单地接待来访客人、存取包或其他简单的随身物品，又可以供人们进出室内时在此更衣、换鞋以及整理装束。

❸ 保温作用：玄关在北方地区可形成一个温差保护区，避免冬天寒风在开门时直接入室。玄关在室内还可起到非常好的美化装饰作用。

由于玄关的空间很小，玄关台就是玄关的主要家具，但玄关台的形式与规格没有定式，可以用条案、矮柜、边桌、明式椅、博古架，也可以设计成其他具有收纳功能强或展示效果好的家具形式。总之，在不影响主人出入的原则下，玄关台可以根据需要进行设计；如果居室面积偏小，可以利用矮柜、鞋柜等家具扩大收纳空间，而类似手提包、钥匙、纸巾包、帽子等随身物品就可以放在柜子上。另外，还可以采用悬挂式陈列架作为玄关家具，既实用又节省空间。玄关台的装饰性要求较高，一般与花卉或各类饰物配合使用，也有在墙上挂一面镜子，既可以让主人在出门前整理装束，又可以扩大视觉空间（如图9-62）。

6. 茶台设计

茶文化在中国乃至整个东南亚地区有着悠久深厚的历史，是中华传统文化的组成部分，其内容及内涵均十分丰富，若细致研究，茶文化涉及科技教育、文化艺术、医学保健、历史考古、经济贸易、餐饮旅游和新闻出版等学科与行业，几乎涉及中华民族日常生活中的方方面面。茶台仅是茶文化的道具之一，是喝茶用的家具之一，多与各种小凳配合使用，早期茶台多采用各类根雕构成。进入现代社会后，茶台的形式也有了新的变化，形成了一类特有的家具形式。现代茶台的台面多为方形或圆形，边长或直径为900～1200mm，高为620 ～680mm，与简易矮型椅凳配合使用，一般的茶台可同时接纳4人。既可用于家庭休闲饮茶，也可用于一般性的商业接待（如图9-63）。

图9-63 茶台设计实例

三、几架类设计

几架类属于辅助性杂件家具，主要包括茶几、花架、衣架、书报架等。

1. 茶几设计

茶几类似低矮的桌或柜，一般与沙发配套形成休闲起居区。构成材料除传统的木材外，金属、玻璃、石材和竹藤等也常见。按茶几与沙发的相对位置关系不同有前置茶几和侧置茶几两种。

❶ 前置茶几：也称大茶几，茶几位于沙发的正前面，多为长方形，也有方形或圆形，规格较大。几面长宽为550～600mm×1000～1200mm；高约为460mm左右，以高出沙发座面40mm左右为宜。

❷ 侧置茶几：也称小茶几，此类茶几位于沙发的一侧或两沙发之间，几面多为长方形或方形，长宽为560～620mm×460～580mm；高为540～600mm，即与沙发扶手等高或略低于沙发扶手20～40mm，其造型风格与用材与前置茶几相同。

尽管茶几的构成与桌相似，但由于其体量矮小，比桌的稳定性好，而功能要求相对较低，所以设计时造型要比桌类更加丰富（如图9-64）。

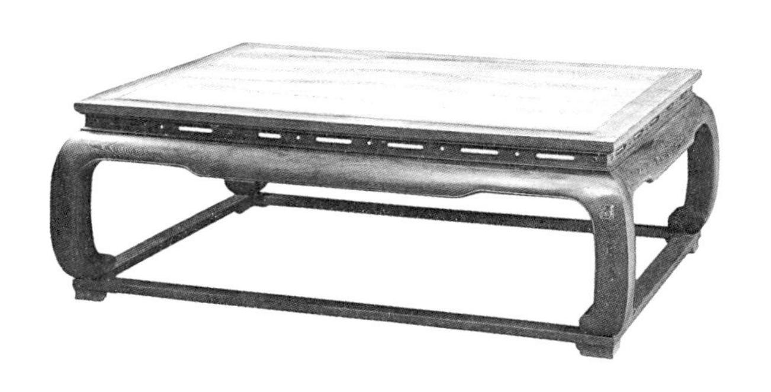

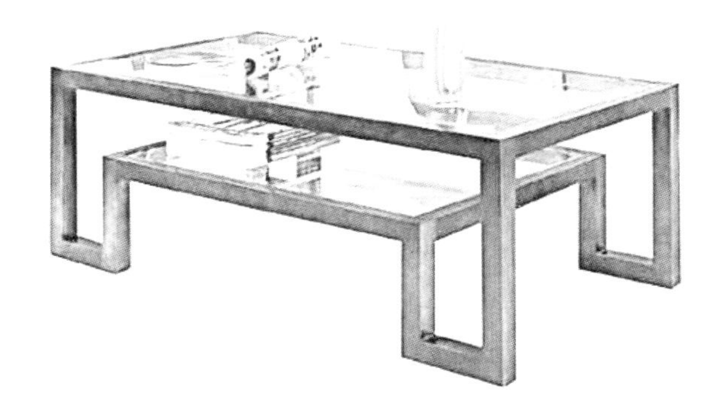

图9-64 茶几设计实例

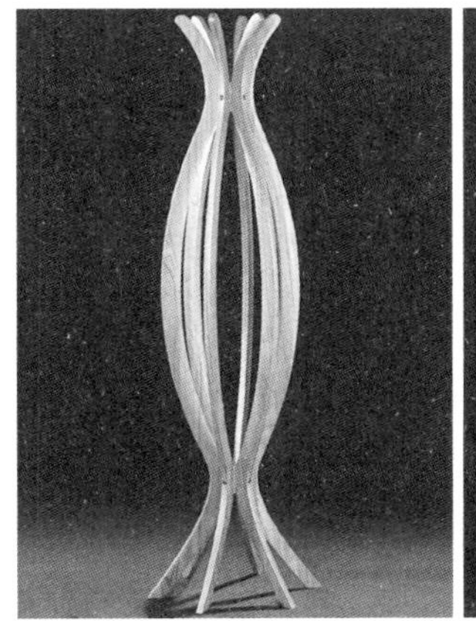

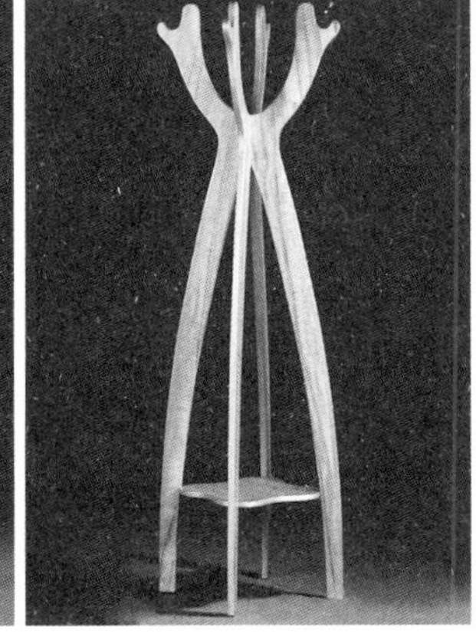

图9-65 架类家具设计实例

2. 架类设计

架类家具除了常见的衣帽架、花架和屏风外，还有书报架、CD架和饰品架等，属于家用杂件家具，其造型没有特定的符号特征，设计时可以充分发挥，在满足相应的使用功能的前提下，其形式各异。（如图9-65）

第五节 功能空间与家具陈设

不同的室内空间，具有不同的功能特性，但在家具未布置前是难以付之使用和难于识别其功能性质的。因此，家具是空间实用性质的直接表达者，是对室内空间组织、使用的再创造。良好的家具设计和布置形式，能充分反映空间的使用目的、规格、等级、地位及个人特性等因素，从而使空间赋予一定的环境品格[6]。

一、家具陈设的原则

不同的室内空间，所摆放的家具内容和数量也不相同，但如何摆放才恰当，应综合考虑以下几个方面的因素。

1. 功能性

功能性就是要明确空间的功能性质，即是民用的客厅、卧室、书房和餐厅，还是办公室；再根据空间的功能性质来确定人在使用过程中的行为方式与过程，使之在满足使用过程中功能需要的同时，达到便捷、舒适、省时、省力的目的。

2. 科学性

科学性就是按照人在使用空间的活动过程中不同行为方式对各类尺度需求的科学数据，也就是人体工程学中对各类行为方式所提出的最佳尺寸值，如过道的宽窄、物体存放所需的尺寸等，同时也包括家具所占空间的比例大小等因素都应有明确的规划。

3. 审美性

审美性即指不同类型家具间的风格一致性，家具与陈列品及周围环境的协调性，色彩色调的和谐性等因素。同时还要求家具具有陈设的独特性和一定的文化内涵，陈设后组景或整体空间上具有良好的视觉效果。总之，既要遵循一定的审美法则，又能充分体现主人的性格、爱好和文化素养。由于不同的功能空间对家具的需求也不尽相同，下面将按不同的功能性质分别介绍。

二、客厅家具陈设

客厅是家庭成员活动的中心，具有交谈、会客、视听、娱乐甚至就餐等多种功能，也是家庭靠近门户、连接诸房间的交通枢纽，所以主人特别注重通过家具的形式、饰物选用等来很好地展示出自己独特的个性，但这些也为客厅家具陈设带来一些不利因素。

1. 客厅陈设要点

❶ 以客厅空间的宽敞性为首要原则，充分体现舒畅、自然的感觉。

❷ 确立和突出一个视觉中心。客厅的视觉中心也是其展示、视听和趣味中心，应充分考虑客人入室时的个性化展示效果和休闲过程中的舒适性、便捷性。保持沙发和电视机之间的距离不小于所用电视机屏幕对角线长的5～6倍；视觉中心的高度应等于或略低于人眼的水平视线高，并以人落座后视高为1250～1330mm的高度为参考依据来选用和配置电视机柜及电视机。

❸ 要充分满足现代家庭憩坐、接待、娱乐和展示等多种功能的需求。

❹ 家具的选用应少而精，陈设品应有节制地应用，减少空间的占有率，极大限度地保证空间的开阔性。

❺ 家具的风格特征一般应一致，以保证空间风格的统一性；也可极少量地搭配一些个性化小件家具，形成“混搭”风格。

❻ 功能分区应明确，并适当运用家具或屏风进行空间分割。

❼ 所配置饰品或挂饰应具有恰当的比例、独特的品位展示和特定的文化内涵。

2. 客厅家具的主要内容

客厅家具有主辅之分，主要家具是构成客厅环境所必不可少的内容；而辅助性家具则是主人根据客厅面积和个人生活习性选用的家具。主要家具包括沙发（含一人位、二人位、三人位或组合沙发）、茶几（含大、小两种规格）、客厅装饰柜或电视机柜；辅助性家具包括玄关台、鞋柜、间厅柜、饰品架（或柜）、花架、CD架等。

3. 客厅的布置形式

客厅的布置受室内尺度、门窗位置、家具数量和个人性格及其生活习性等方面因素的影响，布置的形式多样，常见布置形式如图9-66所示。

三、卧室家具陈设

卧室既是人们经过一天紧张的工作之后的睡眠、休息场所，也是更衣、存衣及梳妆迎接新一天的起点。过去，由于住房紧张等多方面原因，卧室常常兼作学习、起居之用；现在，人们的住房条件已有了很大的改善，居住环境很宽松，卧室的功能趋于单一化，主要用于睡眠、休息、存放衣物及梳妆。由于人的一生有近三分之一的时间是在睡眠中度过的，卧室布置得合理与否，直接关系到使用者的睡眠效果和身心健康。

1. 卧室陈设要点

❶ 以简单实用、安静舒适为首要原则，应具有亲切感、安全性和私密性。

❷ 家具摆设一般以床为中心，并以床高屏的造型为视觉中心；结合使用者的个人习性与爱好来确定家具及室内风格。

❸ 根据人体工程学原则，在床、衣柜和其他家具之间形成合理的活动空间。

❹ 根据卧室面积的大小及一般生活所必需的物品来确定所需家具的数量和规格，对于大体量家具如床和衣柜应采用拆装结构。

❺ 色调应尽可能素雅、沉稳，表面不采用耀眼、光亮处理。

❻ 尽量采用纯天然或高度环保材料，避免睡眠过程中长时间的封闭形成过量有害物质。

❼ 科学应用现代“风水学”原理，避免“床冲门”“床头向西”“床底紧连地面”、“床背门”、“床上方悬挂吊灯”、“床面过高”和“床对镜子”等不科学布置方式。

2. 卧室家具的主要内容

卧室家具的多少与房间面积及其他多方面的因素有关，但可分为构成卧室必不可少的主体家具和辅助性家具。主体家具包括床、床头柜和大衣柜；辅助性家具包括小衣柜（或斗柜）、梳妆台、穿衣镜、床尾凳或床尾柜、衣架、休闲椅、躺椅（或称贵妃椅）、花架等。

3. 卧室的布置形式

卧室的布置应以卧具——床和床头柜为中心进行，其余家具受室内尺度、门窗位置和个人性格及其生活习性等方面因素的影响进行配置，常见布置形式如图9-67所示。

四、书房家具陈设

书房作为工作、阅读、学习的空间，普遍存在于一般家庭中。视住房面积大小和家庭主要成员自身素质与工作性质的不同而有很大的差别，有的家庭藏书较多、书房很大，并且日常工作就以书房为主；也有的由于受住房面积所限或工作性质的不同，书房仅为卧室或其他功能空间中的一角。总之，在电脑进入普通家庭、信息资讯通达的现代社会，随着家庭化办公趋势的形成，SOHO（Small Office and Home Office）办公形式的普及，书房家具及其陈设与装饰将会越来越被人们重视。

1. 书房陈设要点

❶ 把安静、通透、采光充足而又不直射刺眼作为首要因素，以便有利于集中注意力，提高学习和工作效率。

❷ 以写字台和书柜为主体形成书房的陈设中心，

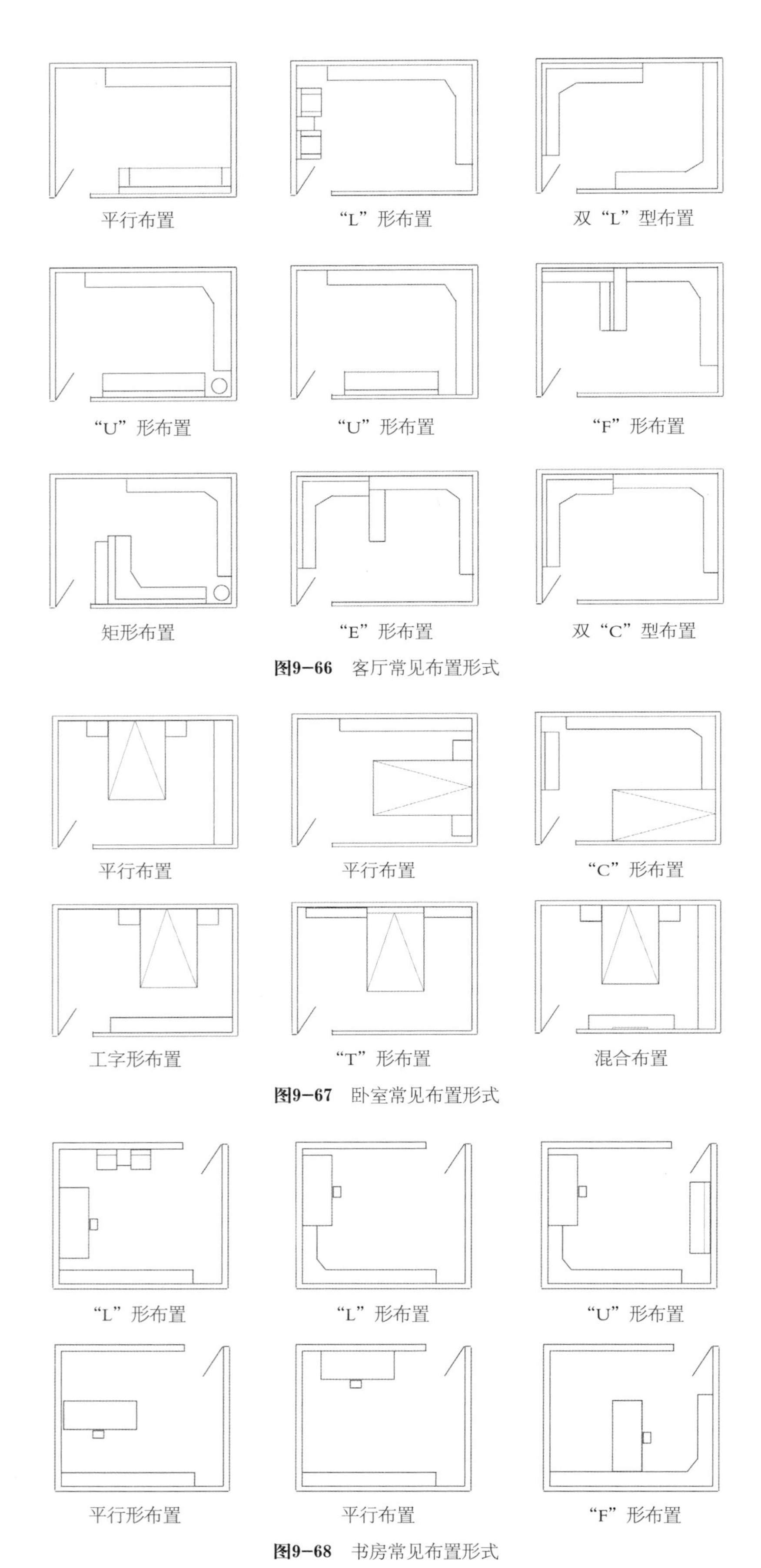

图9-66 客厅常见布置形式

图9-67 卧室常见布置形式

图9-68 书房常见布置形式

家具与室内陈设风格应具有一定的文化内涵，凸显主人的爱好与品位。

❸ 根据人体工程学原则，留出合理的活动空间，以便疲劳时活动身体或观景放松。

❹ 色调上一般采用具有稳重感的冷色或较明快的色系，以利于集中精神和松弛情绪，避免耀眼、光亮表面。

❺ 在进行书柜等家具设计时，既要满足所收藏物品的尺度规格要求，又要考虑所收藏物品一部分的展示装饰效果和另一部分的隐秘性。

2. 书房家具的主要内容

由于书房并不是每个家庭所必需的功能空间，所以不同家庭之间书房家具的差别也很大，有的很高雅，有的则很简单，完整的书房应以写字台、书柜、书写用椅为主；如果条件许可，还可配置罗汉床、休闲椅或沙发、躺椅（或称贵妃椅）、花架等。

3. 书房的布置形式

书房的陈设布置与室内的使用面积大小关系较密切，面积较小时，可采用沿墙布置形式，如果面积较大，可采用岛形布置。常见布置形式如图9-68所示。

五、餐厅家具陈设

民用餐厅就是家庭成员的就餐环境，尽管使用时间短，但必不可少。由于住房面积等方面因素的不同，餐厅的设置主要有客厅兼餐厅、厨房兼餐厅和独立餐厅三种方式。

1. 餐厅陈设要点

❶ 以就餐过程中活动的便捷性为首要目的，餐厅应与厨房和客厅等功能空间接近。

❷ 根据人体工程学原则，留出合理的过道空间，以方便就餐者在就餐过程中的出入。

❸ 色调上应较轻快活泼，以利于增加就餐者的食欲。

❹ 在进行餐厅家具设计时，要考虑其环保性、耐热性、防潮性和耐酸碱性及使用过程中的稳定性，以保证就餐过程的安全。

2. 餐厅家具的主要内容

餐厅家具以餐桌和餐椅为主，可结合厨房配置，视情况考虑是否需要餐边（具）柜或酒柜等辅助性家具。

3. 餐厅的布置形式

餐厅的陈设布置主要受限于餐厅面积的大小和位置关系，但一般采用岛形布置，沿餐桌四周坐人就餐，由于圆形或方形餐桌占用面积较大，一般选用长方形餐桌。

六、办公室家具陈设

办公室顾名思义是指办理公务的场所，是一个常用的、很普通的名词，但却有着多种含义。办公是指管理人员和文职人员的日常工作，需要有一个工作的功能空间，并配有桌、椅、柜、文具、电脑和其他设备，即形成办公室。办公室工作的特点主要是脑力劳动，是指室内而不是露天操作。具体而言，办公室有以下几种不同的含义。

❶ 广义的办公室泛指一切办公场所，区别于用于教学工作的教室，用于生产的车间，或是医疗、实验室等。

❷ 狭义的办公室是指某一类职业人员或某一级职务人员的办公场所，如教师办公室、护士办公室、总经理办公室等。

❸ 特指党和政府机关，或企事业单位内的综合办事机构，级别高的又称办公厅，如中共中央办公厅、省人民政府办公厅等，中级的或基层的称办公室，如县人民政府办公室、某学院办公室等。

❹ 专指某种专门的独立工作机构，如国务院台湾事务办公室。一直以来，人们对办公室环境都十分重视，特别是一些企业、团体或个人将办公室视为其形象或身份的象征，从而对办公室家具陈设的文化内涵、档次与特色有了更高的要求。

1. 办公室的类型

办公室的功能主要有办公、接待会客、组织召开会议、处理资料信息、收发文件和休息等。按空间形式的不同，现代办公室主要有封闭式独立办公室、大空间办公室、屏风分隔开放式办公室、会议室和资料室等。现分别简介如下。

❶ 封闭式独立办公室：属于传统的办公空间形式，由一系列的小房间排列在一起，通过一条公共过道把这些房间串联起来。这类办公室对空间的封闭性要求较高，面积不太大，一般供1～4人使用。此类办公室最大的特点是私密性强，适合于有保密性质的机关与部门或较高级别的领导使用。

❷ 大空间办公室：大空间办公室又叫开敞式办公室，最大特点是空间大，无分隔，工作位置（即办公台的设置）是根据工作的程序，按几何学的规律整齐排列的，这种形式便于管理，有助于加强工作空间的联系，节约交流工作的时间，可大大促进办公效率的提高。其缺点是由于这种布局形式是以设备为中心形成的，所以对人的心理需求考虑较少，私密性差，工作人员的心理压力大且相互干扰较多。

❸ 屏风分隔开放式办公室：此类办公室空间采用不到顶的屏风隔断，形成半封闭式的空间。最早由德国倡导，后来逐渐传遍欧美各国，改革开放后很快进入我国。由于其早期不是用屏风而是用植物来遮挡视线，故也称之为景观式办公室。这种办公室既有大空间办公室文件传递的高效率和整齐划一的办公秩序，又有半封闭空间的优点，它除了考虑工作人员的接触和信息传递的便利外，还特别尊重个人的行为特征，注重发挥人的积极性，使办公机构成为一个由不同功能的、相互独立的、规整划一的系列小空间构成的有机体，从而提高工作效率。

❹ 会议室：会议室是办公过程中两个或两个以上的人进行群体沟通、传达资讯、协调矛盾等方面工作的场所。具有使用者和使用时间的不确定性，利用率低等特点，空间面积可大可小，小的仅能容纳几个人，大的可同时容纳几百甚至过千人，一般而言空间越大的会议室，其利用率越低。

❺ 资料室：用于收藏或存列工作过程中所需的各类书刊、文件等材料的专用空间，一般分陈列区和阅读区。

2. 办公室陈设要点

❶ 应以工作便利和有利保密为重点，以便既能快捷高效地开展工作，又能保证工作内容的安全性。

❷ 突出并彰显其独特的文化特征，以便塑造机构形象。采光合理，方便接待，各类办公设备放置得当。色调庄重、严肃。

❸ 各类家具要满足办公设备或陈列文件的要求。

3. 办公室家具的主要内容

由于内容涵盖范围较广，类型较多，所以其家具也较复杂。主要家具有办公台、办公椅、文件柜、接待用沙发和茶几，会议室中的会议桌和会议椅，资料室中的资料柜、阅读桌和椅；辅助家具有茶水柜和花架等。

本章思考要点

1．家具模数的含义及其制定方法？

2．收纳类家具的共性特征与设计重点？

3．各种柜类家具的设计草图练习，其中：大衣柜3例、小衣柜3例、床头柜3例、客厅柜3例、装饰柜3例、餐具柜3例、文件柜与书柜3例、组合柜2例？

4．坐具类家具的共性特征与设计重点？

5．坐具类家具设计草图练习，其中：凳类4例、椅类4例、沙发4例？

6．床的共性特征与设计重点？

7．床的设计草图练习，其中：单层双人床4例、双层单人床3例、儿童床2例？

8．凭依类家具的共性特征与设计重点？

9．凭依类家具设计草图练习，其中：餐桌4例、写字台4例、会议桌2例、梳妆台2例、玄关台2例、茶台与茶凳各2例、长与方茶几4例？

10．家具陈设的原则以及各功能空间中的主要家具与布置形式？

参考文献

[1]唐开军. 家具设计技术[M]. 武汉：湖北科学技术出版社，2000，1:113～128

[2]李文彬，朱守林. 建筑室内与家具设计人体工程学[M]. 北京：中国林业出版社

[3]邓背阶，陶涛，孙德林. 家具设计与开发[M]. 北京：化学工业出版社，2008，5：72～88

[4]梁启凡. 家具设计学[M]. 北京：中国轻工业出版社，2000，1：250～260

[5]黄河，张福昌，张寒凝，陆剑雄. 人类工程学在家具设计上的应用[J]. 家具，2005，145（3)：26～31

[6]来增祥，陆震纬. 室内设计原理（上册）[M]. 北京：中国建筑工业出版社，2000，8：148～155

[7]陈祖建，何晓琴. 家具设计常用资料集[M]. 北京：化学工业出版社，2008，5：169～171

第十章

家具设计评价

近年来，尽管中国家具产业取得了长足的进步，成为世界公认的家具生产大国，但是中国的家具设计却远远滞后于其产业也是不争的事实。形成这种局面的原因除中国家具行业决策者不太重视设计外，还有一个重要原因就是还没有形成或建立一套客观、科学、完整的家具设计评价体系，往往是由个别有决策权者仅凭自己的主观臆断来判断设计方案的优劣，致使一部分好的、有市场潜力的产品方案被扼杀于摇篮中；同时也催生了大量的、不受消费者欢迎的、没有市场竞争力的产品，从而造成资源、人力、财力的巨大浪费。

第一节　家具设计评价的概念

评价是对事物价值的评判与界定。设计评价是在设计过程中，通过系统的设计检查来确保设计项目最终达到设计目标的有效方法；就是指在设计过程中，对解决设计问题的方案进行比较、评定，由此确定各方案的价值，判断其优劣，以便筛选出最佳设计方案[1, 2]。一般来说，设计评价中的“方案”不是指具体的设计方案，其实质是指设计中遇到问题的解答。也就是说不论是设计的实体形态（设计概念方案、产品、样品、模型等），还是构想的形态，或是设计过程中设计方向的调整，这些都可以作为设计评价的方案，可以通过设计评价为问题找到解决的途径[3]。

对于家具生产企业，家具设计是一个复杂而又庞大的系统工程，在设计活动中，不论是全新的产品开发设计还是对原有产品的改良设计，为了提高设计效率、降低设计成本、减少设计风险，使设计沿着既定的目标和方向良性发展，就必须对设计过程中的各个阶段和进展环节进行控制或监管，即进行评价。

在家具设计过程中总是伴随着大量的评价和决策，只是在许多情况下人们是在不自觉地进行评价和决策而已。然而，随着科学技术的发展和设计对象的复杂化，对家具设计也提出了更高的要求，单凭经验、直觉的评价方式越来越不适应实际要求。因此，更加科学、合理、紧跟时代发展步伐的设计评价体系越来越重要。设计评价不应仅仅理解为对方案的选择、评定，还应针对方案的功能、工艺技术、经济、审美、市场等方面的弱点加以改进和完善；同时随着设计过程的持续，不断提升其合理性，以便提高设计质量，从根本上提升产品的市场竞争力。

由此可见，家具设计评价本身就是一个系统工程，涉及各方面的工作，既要有科学的、客观的、符合时代精神的评价标准，又要对设计过程及设计对象所涉及的方方面面进行反复评比、筛淘、优选，最后才能确定出最优秀的方案，以保证所设计的产品得到市场的认可。因此，通过设计评价，首先能有效地保证家具设计的质量以及设计过程的合理性，并能从众多的设计方案中方便、快捷、准确地筛选出能满足目标要求的最佳方案；其次能够有效地监管设计过程，及时发现设计上的不足之处，并为设计改进提供依据，减少设计过程中的盲目性，提高设计的效率。

总之，家具设计评价的目的在于自觉控制设计过程，把握设计方向，以科学的分析而不是主观的感觉来评定设计方案，提升设计过程的有效性。

第二节 家具设计评价的体系与原则

很好地完成家具设计评价的前提是要建立一个全面系统的评价体系与评价原则，它是进行具体的设计评价的“纲领性文件”。对于不同材料、不同风格、不同设计公司或生产企业，评价的体系与原则应该是相似或相通的。

一、评价体系

家具设计的评价体系应该以家具的功能、外观形式、材料、结构四大构成要素为基础，进行综合分析后加入产品市场因素组成[4]（如图10-1）。

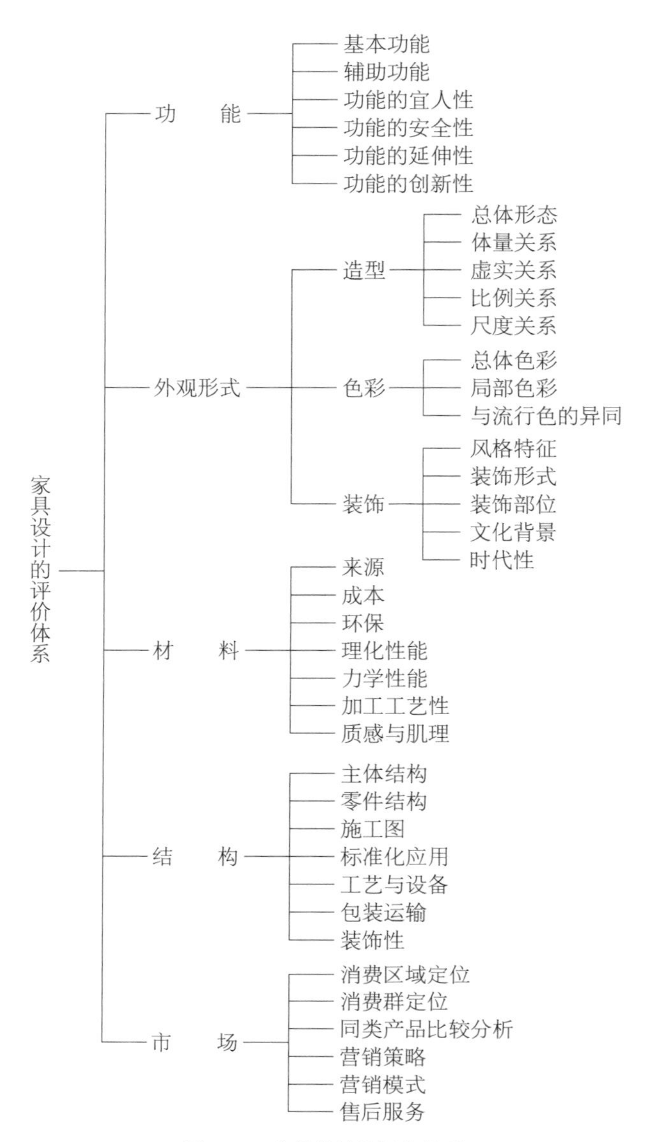

图10-1 家具设计的评价体系

1. 功能

每个设计都有它存在的目的和意义，设计应服务于这个目的。早在公元前5世纪，古希腊哲学家苏格拉底（Socrates，公元前469年～前399年）就曾指出，“任何一件东西如果其能很好地实现它在功用方面的目的，它就同时是善的，又是美的”。在对一件家具的设计方案进行评价时的第一反应就是要准确地知道其具体的基本用途，这也是家具产品设计时功能的先导性特征，然后才是围绕其基本功能所进行的延展性评价，如功能的宜人性、功能的安全性、功能的延伸性（即多用途）、功能的创新性等方面的内容。

2. 外观形式

如果设计对象的功能是其存在的土壤，外观形式就是其生存发展所必需的养分，它所涉及的内容很宽泛，但主要的还是以家具产品的形式美法则为尺度来衡量评价对象外观形式的美观性及其创新程度。

3. 材料

设计对象一旦形成市场化产品，其对材料的需求量是很大的，所以所用的基本材料和辅助性材料是否具有可持续供应渠道、成本方面是不是有优势、环保性能如何、用于设计对象后会产生哪些理化和力学方面的问题、加工过程中是否有工艺和设备方面的障碍等都应进行综合分析。

4. 结构

家具功能的安全性与便捷性在很大程度上取决于其结构的合理性，不仅要从为满足功能需要来评价设计对象的力学要素，还应该从外观形式的美观要求方面来评价结构是否具有一定的装饰性。

5. 市场

市场是设计对象的终端归宿，也是设计的最终目标和企业追逐利润的战场，所以在设计过程中时刻了解市场信息、把握市场动态十分重要，才能对一切不利于设计对象抢占市场的因素进行预测，提前解决。

二、评价原则

家具设计的评价体系是由多个指标综合构成，也就是说家具设计的评价，实质上是对各个分项指标的评价，然后采用科学的方法进行统计汇总的结果，这就要求评价应遵循一定原则。一般而言，家具设计评价应遵循以下几个方面的原则[5]。

1. 科学性原则

科学性原则是指评价指标、程序、方法和各指标的界定标准要具有科学性，参与评价的人员构成应合理，既要有企业管理人员、设计人员、一线生产人员和市场营销人员甚至消费者代表，又要有较高水平的专家，各参与人员均应客观、公正、独立地完成各项评价指标的测评工作。

2. 量化原则

对评价指标全面进行量化固然很难，但为了评价过程和结果的科学性，必须放弃传统的模糊性描述方式，力求量化各项指标，或通过参与评价者对各指标的态度指数而变相量化。另外，指标量化也符合现代社会高度信息化管理的需要，是一项基础性管理工作。

3. 类别性原则

对于同一类产品，可按一定的比例邀请不同的群体参与评价，如企业内部的评价、专业设计人员的评价、职业经销商的评价、普通消费者的评价、分抽以上各类人员共同参与的综合性评价等方式，了解不同群体对设计对象的评价结果后，可以有针对性地进行修改、调整及进行其他方面的决策。

4. 差异性原则

差异性原则与层次原则不同的是可以针对不同类型的产品，进行评价指标的微调。这是由于企业产品的多元化，而不同的市场定位及其相关的差异所致。如对于三、四级市场的产品也要求与一级市场产品具有同样的精神方面的属性显然是不现实的；同样对于木质家具、金属家具等不同材料或不同使用场合的产品，对个别评价指标进行调整也是正常的。

5. 可操作性原则

作为决定设计方案成败与否的系统性设计评价体系，对于产品设计过程中各个环节应具有明确的评定要素及其测量值，并且条理清晰，操作过程应简单、方便，使之在实施过程中尽量避免或减少相互间的矛盾，便于操作。

综上所述，在建立家具设计评价体系时，既要考虑到系统指标的完整与通用性，又遵循科学性原则，进行差异化处理，以至方便快捷、客观公正地形成评价结果。

第三节 家具设计评价的程序与方法

家具设计评价作为设计组织或管理部门的日常工作，针对设计的互换性与兼容性特点，应具有科学合理的工作流程与评价方法。

一、评价程序

评价程序的规范性是得到客观公正评价结构的基本前提之一。一般而言，规范的设计评价应按下列过程进行（如图10-2）。

1. 评价准备阶段

在评价准备阶段的主要内容有：评价体系建立、体系各要素建立、各要素观测值确定、评价用文件准备等。由此可见，在这一阶段要进行的前期工作很多，而且工作量和工作难度也很大；但是一经形成规范性文件后，在以后再进行评价准备工作时略作调整或直接套用即可。不过初次建立的上述评价用文件要组织专家进行严格的论证，以保证这些文件具有科学性和实际使用过程的可操作性。

2. 评价组织阶段

在评价组织阶段的主要内容有：待评价方案预

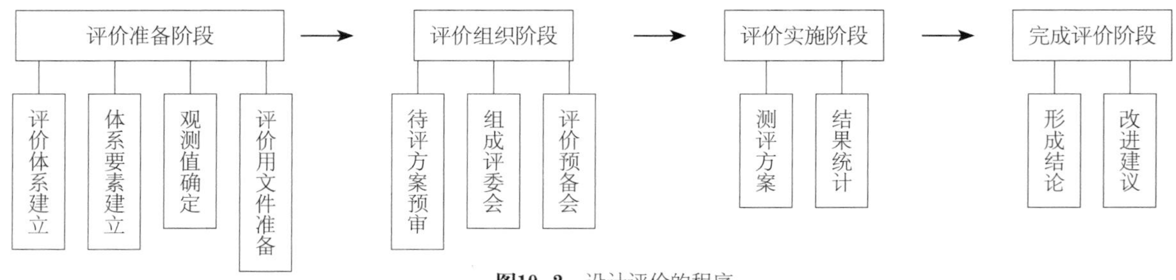

图10-2 设计评价的程序

审，即内部相关人员先对要进行评价的方案进行初步审查，看是否存在一些原则性的缺陷，以便在正式评价前进行修改，并决定是否组织评价及何时进行评价；组成评价工作委员会，可根据产品的市场定位及其他相关因素，决定邀请的评价专家及其成员构成；评价预备会，向评价委员会介绍待评方案的设计目标、设计内容与风格特征、设计过程、企业内部的相关生产设备等方面的准备情况、市场定位、营销模式与企业文化、评价过程中的一些具体要求等方面的内容，并对待采用的评价体系与方法进行最后审定。

3. 评价实施阶段

在评价实施阶段的主要内容有：测评方案，专家委员会可根据前面评价预备会议的要求及特定现场认真观测方案后，对评价表中各测评点进行具体评价；结果统计，即把评价委员会各专家的测评结果进行汇总，并得出评价结果。

4. 完成评价阶段

在此阶段的主要内容有：形成结论并提出改进建议。

二、评价方法

对于家具及其他产品设计而言，目前还没有一个公认的比较全面的评价方法，但综合地看，可以采用主观判断类的非计量性评价方法和数学计算类的计量性评价法[6]。

1. 非计量性评价法

非计量性评价法比较适合家具设计评价中的审美性能、心理性能、生理性能等属于人们主观判断市场内容的评价，目前应用较多的方法有语言区分法和分析类比法两种。

❶ 语言区分评价法：语言区分评价法也称SD（Semantic Differential）评价法，是目前国外设计界较为流行的非计量性评价方法。这种方法是以特定的项目在一定的评价尺度内重要性的主观判断。应用SD法，首先要在概念上或意念上进行选择，从而明确评定的方向。一般将概念或意念用可判断的方式进行表达，以语言文字进行说明，还可用图片直接表达；其次是选定适当的评价尺度；最后拟订一系列对比较为强烈的形容词供评判时参考。

❷ 分析类比评价法：分析类比评价法要求把待评价的产品与同类的标准样品进行分析、类比。按5分制对产品进行逐项评分，按总分平均值确定产品的功能、外观形式、材料、结构、市场等方面因素。

2. 计量性评价法

对产品中各待评价因素进行量化处理后进行数学计算，产生一个数字化的评价结果，这种方法对于评价计算过程的电脑化处理十分方便，但难度在于待评价因素前期的量化值标定。

❶ $\alpha \cdot \beta$评价法：$\alpha \cdot \beta$评价法要求首先将待评的设计方案进行比较分析，对各目标因素进行价值判断，从而获得一些重要的数值，再将这些数值累积之和作为评判是不是最佳实际方案的依据。在该方法中，α值为各待评价因子的权重值，β值为各待评价因子测评值，α和β的乘积即为对单项评价因素的量化判断，其数值越高，则该测评结果即越好。

❷ 列项计分评价法：列项计分法主要适用于全

新开发的产品，在没有同类产品作为标准样品供参照的情况下，产品的设计评价可采用此法进行。组织一个不少于五人的专家评价委员会，在对产品的功能、结构、技术、工艺、使用环境、可靠性、寿命、标准化、经济性、宜人性、产品使用过程中和报废之后的处理以及对环境的影响、技术文件的完整性、商标、标志、售后服务等作全面的了解之后。评价委员会对列出的各待评因素A、B、C、D……划分分值，要求各项目的分值之和为100分，即$A+B+C+D+\cdots=100$。同时还要列出各个项目的分项目：A_1，A_2，A_3，……；B_1，B_2，B_3，……；C_1，C_2，C_3，……；D_1，D_2，D_3，……。并划定各分项目的分值为：$A_1+A_2+A_3+\cdots\cdots=A$；$B_1+B_2+B_3+\cdots\cdots=B$；……。然后计算出测评的平均分值，即为产品设计评价结果。平均分值的计算数学模型如下：$M=\sum_{i=1}^{n}P_i/n$，式中，M为产品设计评价结果评价值；P_i为专家委员会每个成员得出的产品总评测价值；n为专家委员会成员人数。

❸ 模糊评价法：模糊评价法就是应用模糊数学的基本原理，使传统的计量性评价法又很难进行的模糊信息数值化，以进行定量评价，笔者曾于1992年对此类方法进行了专题研究，并发表了“家具审美质量综合评析”（家具科技资料汇编，1992年第二十辑）论文，专题论述此方法在家具设计评价过程中的数学模型与应用。

应用模糊评价法首先要建立数学模型——模糊矩阵，包括：一是模糊子集，普通集合是描述非此即彼的清晰概念，而模糊集合是描述亦此亦彼的中间状态；因此，把特征函数的取值范围从集合｛0，1｝扩大到［0，1］区间连续取值，就可以定量地描述模糊集合，模糊集合往往是特定的一个论域的子集，称为模糊子集；为讨论方便，一般将模糊子集称为Fuzzy集。二是模糊关系，描写客观事物之间联系的数学模型称为关系；关系除了有清晰的关系和没有关系之外，还有大量的不清晰的关系（如关系较好、关系疏远等）；这种不清晰的关系称为模糊关系。三是确定隶属度，即模糊评价的表达形式。四是建立隶属函数，即模糊集合的特征函数。五是用模糊矩阵来表现模糊关系。

第四节 家具设计评价的组织与实施

在处理任何事情的过程中，首先应该清楚地了解要解决的关键问题是什么及如何解决。在家具设计评价的具体组织与实施过程中，其关键问题就是在图10-1所示的评价体系中到底要对哪些因素进行评价（即测评点的形成）及各待评要素的权重值，如果解决好这两点之后，其余问题就随之而解。

一、测评点与权重系数

测评点与权重系数的确定是家具设计评价过程的基础性研究工作，其确定过程相当复杂，既有个人年龄、性别、职业、受教育程度、经济状况等方面的差异，还受地区、性别、风俗习惯、宗教信仰、气候环境、文化传统等方面的影响，需要进行长期、深入、客观合理的研究才能形成科学的结果。作为家具设计企业或生产企业可邀请对此有研究的专业机构协助完成，或外购现有的软技术研究成果直接进行运用即可。

1. 观测点

家具的设计评价应以其四大构成要素，即功能、形式、材料、结构为主，市场要素为辅，设置观测点；但并不是说图10-1中的内容就是观测点，只要通过科学合理的测评点设置，能够反映出其所要求的内容即可；如果设置的测评点合理，且各主要构成要素的评价结果优秀，其辅助测评点——市场方面自然不会出现大的问题，下面分别进行叙述。

❶ 功能要素观测点：功能要素的观测点应为测评对象的功能尺寸、主要功能、辅助功能、安全性、舒适性、功能创新等方面的内容。

❷ 外观形式要素观测点：外观形式要素的观测点应为测评对象的总体形态、体量关系、比例关系、尺度关系、形式创新、主体色彩、辅助色彩、装饰方式、文化属性、风格特征等方面的内容。

❸ 材料要素观测点：材料要素的观测点应为测评对象的材料来源与成本、环保性、理化性能、力学性能、加工工艺性、色彩、纹理、质感、基础材料与辅助材料间的搭配效果等方面的内容。

❹ 结构要素观测点：结构要素的观测点应为测评对象的主体结构、零部件结构、施工结构图、施工工艺图、“三化”应用程度、设备、加工效率与成本、装饰性等方面的内容。

❺ 市场要素观测点：市场要素的观测点应为测评对象的消费区域定位、消费群定位、售后服务、营销策略与模式、营销手册、产品使用说明书、同类产品对比等方面的内容。

2. 权重值

权重系数包括两方面的内容：一是产品的几大构成要素间各自的权重系数；二是每一构成要素的各测评点的权重系数，如功能要素中要测评的功能尺寸、主要功能、辅助功能等六个观测点各自所起作用的大小。这也是人们主观意识中对各要素重视程度的数值反映。同样，由于人们认识上的差异，权重值常常因人、因时、因地而异，很难给权重一个确切的、永恒的定值，所以对权重值的研究也不是一劳永逸的事，而是需要一套科学合理的方法，使得每次评价时，都能按照此方法客观地反映出产品所面向的市场的价值取向。

权重值的取得，可通过设置问卷的方式，对不同的区域和市场、不同的消费群体进行广泛的调查，获得一手的资料后，再通过客观综合地分析与科学的统计计算，最后确定相应的权重值。但其工作量相当大，普通的家具设计企业或生产企业很难完成。

二、语言区分评价法的应用

应用语言区分法首先应将各测评点的测评因子列成调查意见表的形式，并设置成−3、−2、−1、0、1、2、3共七档供参评者选择，设置分值时，越趋向正面的评价，其分值越高；反之，分越低。如功能要素可列表如下（表10−1）：然后对所有的参评者的测评结果进行统计，再按各测评点的权重系数进行计算后即是功能要素的测评结果。同样可得出外观形式要素的测评结果、材料要素的测评结果、结构要素的测评结果及市场要素的测评结果。再按各要素在测评对象中的权重值进行处理后即可得出设计方案的最终测评结果。最终结果的书面表现形式为数值，可将相应的数值换成描述型语言。

表10−1 家具产品功能要素测评表

测评点	−3	−2	−1	0	1	2	3	得分
功能尺寸								
主要功能								
辅助功能								
安全性								
舒适性								
创新性								

三、分析类比评价法的应用

分析类比法的应用比较简单，但需要有标准产品供测评时进行比较，把测评对象各要素按5级要求进行划分，并制成测评表的形式供参评者打分。如沙发的测评表（表10−2）。

四、$\alpha \cdot \beta$评价法的应用

在应用$\alpha \cdot \beta$评价法的过程中，应按下列程序进行。

1. α值的标定

由于α是一个权重系数值，其标定过程十分复

表10-2 家具产品分析类比评价法应用表

要素	分值	评分标准	评分	备注
功能	5	功能完美、合理，安全性高，使用舒适，达到国际一流水准		
	4	功能比较合理，安全性较好，舒适性好，是市场上高档产品		
	3	使用功能和安全性方面能满足使用要求		
	2	产品使用性能低下，大部分功能尺寸不符合要求，使用不便		
	1	产品使用性能低劣，没有任何安全保障		
外观形式	5	形式、比例完美，色彩协调，风格特征突出，达到国际一流水准		
	4	形式、比例合理，符合市场主流色调，文化内涵丰富		
	3	形式、比例一般，属市场普通产品		
	2	形式不协调、比例关系差		
	1	外形丑陋、比例失调		
材料	5	材料高档、成本适中，理化、加工工艺性能好，环保		
	4	材料来源有保证、材质特色突出，性能好，环保		
	3	材料及其性能符合产品要求，环保		
	2	材料性能低下，或来源无保证，环保性差		
	1	材料性能低劣，来源无法保证，不环保		
结构	5	结构合理，文件齐全，完全实现“三化”，达到国际一流水准		
	4	结构比较合理，文件齐全，部分实现“三化”，符合高档产品要求		
	3	结构上能满足产品使用要求，文件基本齐全		
	2	结构比较差，基本不符合产品要求		
	1	结构不成立		
市场	5	市场定位恰当，完全符合上市要求，属于国际一流产品		
	4	市场定位恰当，符合上市要求，属于市场上高档产品		
	3	市场定位恰当，基本符合上市要求，属于市场上普通产品		
	2	市场定位不当，不符合上市要求		
	1	不存在上市的可能性		
1. 各要素权重系数说明：……				
2. 等等				

杂。如功能要素中的功能尺寸、主要功能、辅助功能、安全性、舒适性、功能创新共六个测评点，假设其对应的α值分别为$\alpha_{1-1}=0.20$、$\alpha_{1-2}=0.20$、$\alpha_{1-3}=0.10$、$\alpha_{1-4}=0.20$、$\alpha_{1-5}=0.20$、$\alpha_{1-6}=0.10$。

2. β值的标定

β是待测评方案中各测评点中测评目标的满意度，假设各测评点的测评尺度值为0～10，则10为满意度最高值。如上面的功能要素中的功能尺寸、主要功能、辅助功能、安全性、舒适性、功能创新六个测评点的测评目标满意度分别用β_{1-1}、β_{1-2}、β_{1-3}、β_{1-4}、β_{1-5}、β_{1-6}表示。

3. $\alpha\cdot\beta$评价表制定

对于上述功能要素的$\alpha\cdot\beta$评价表可按表10-3进行制定，并得出测评结果C_1。同理可得出外观形式、材料、结构等要素的测评结果C_2、C_3、C_4、……，将各测评结果相加之后即为总的评价结果G。

表10-3 家具产品$\alpha\cdot\beta$评价表

A 项目类别	B 功能要素中各测评点的β值	C 各测评点的α值	D $\alpha\cdot\beta$值
1-1 功能尺寸	β_{1-1}	α_{1-1}	$\beta_{1-1}\cdot\alpha_{1-1}$
1-2 主要功能	β_{1-2}	α_{1-2}	$\beta_{1-2}\cdot\alpha_{1-2}$
1-3 辅助功能	β_{1-3}	α_{1-3}	$\beta_{1-3}\cdot\alpha_{1-3}$
1-4 安全性	β_{1-4}	α_{1-4}	$\beta_{1-4}\cdot\alpha_{1-4}$
1-5 舒适性	β_{1-5}	α_{1-5}	$\beta_{1-5}\cdot\alpha_{1-5}$
1-6 功能创新	β_{1-6}	α_{1-6}	$\beta_{1-6}\cdot\alpha_{1-6}$
测评结果 $G_1=F_1$		$\alpha_1=1$	F_1

五、列项计分评价法的应用

列项计分评价法要求先将待测评对象的各测评点

按表10-4格式形成表格，并将该表格发到每一位参评者，独立打分后汇总即形成评价结果。分值设定为100分制，评价质量的语言表述按优、良、中、次、差等级划分，评价值在90分以上为优，在80～89分为良，在70～79分为中，在60～69分为次，在60分以下为差。列项计分评价法简单、直观、操作方便、适用面广，得出的结果无论是分值还是语言表述也与人们的日常交流习惯一致。

表10-4 列项计分评价法测评表

项目代号	项目名称	项目分值	分项计分	分项代号与内容	分项评分	项目评分
A	功能要素	30	8 8 2 6 4 2	A_1 功能尺寸 A_2 主要功能 A_3 辅助功能 A_4 安全性 A_5 舒适性 A_6 功能创新		
B	外观形式要素	30	4 3 1 2 3	B_1 总体形态 B_2 体量关系 B_3 比例关系 B_4 尺度关系 … B_{10} 风格特征		
C	材料要素	15	3 5 1 1 1	C_1 材料来源与成本 C_2 环保性 C_3 理化性能 C_4 力学性能 … C_9 基材与辅助材间的搭配效果		
D	结构要素	15	4 2 1 1 2	D_1 主题结构 D_2 零部件结构 D_3 施工结构图 D_4 施工工艺图 … D_8 装饰性		
E	市场要素	10	2 1 1 1 2	E_1 消费区域定位 E_2 消费群定位 E_3 售后服务 E_4 营销策略与模式 … E_7 同类产品间比较		
F	总评分					

六、模糊评价法的应用

根据模糊评价原理，可按下述过程进行家具设计的模糊评价。

（1）功能模糊评价因子

❶ 测评因素集合：U_1={U_{11}（功能尺寸），U_{12}（主要功能），U_{13}（辅助功能），U_{14}（安全性），U_{15}（舒适性），U_{16}（功能创新）}。

❷ 评价集合：V_1=｛V_1（优秀），V_2（良好），V_3（一般），V_4（差）｝。

❸ 权重分配：A_1=｛a_{11}，a_{12}，a_{13}，a_{14}，a_{15}，a_{16}｝。

（2）外观形式模糊评价因子

❶ 测评因素集合：U_2=｛U_{21}（总体形态），U_{22}（体量关系），U_{23}（比例关系），U_{24}（尺度关系），U_{25}（形式创新），U_{26}（主体色彩），U_{27}（辅助色彩），U_{28}（装饰方法），U_{29}（文化属性），U_{210}（风格特征）｝。

❷ 权重分配：A_2=｛a_{21}，a_{22}，a_{23}，a_{24}，a_{25}，a_{26}，a_{27}，a_{28}，a_{29}，a_{210}｝。

（3）材料模糊评价因子

❶ 测评因素集合：U_3=｛U_{31}（来源与成本），U_{32}（环保性），U_{33}（理化性能），U_{34}（力学性能），U_{35}（加工工艺性），U_{36}（色彩），U_{37}（纹理），U_{38}（质感），U_{39}（基材与辅材搭配）｝。

❷ 权重分配：A_3=｛a_{31}，a_{32}，a_{33}，a_{34}，a_{35}，a_{36}，a_{37}，a_{38}，a_{39}｝。

（4）结构模糊评价因子

❶ 测评因素集合：$U_4=\{U_{41}$（主体结构），U_{42}（零部件结构），U_{43}（施工结构图），U_{44}（施工工艺图），U_{45}（“三化”应用程度），U_{46}（设备、加工效率与成本），U_{47}（装饰性）$\}$。

❷ 权重分配：$A_4=\{a_{41}, a_{42}, a_{43}, a_{44}, a_{45}, a_{46}, a_{47}\}$。

（5）市场模糊评价因子

❶ 市场因素集合：$U_5=\{U_{51}$（消费区域定位），U_{52}（消费群定位），U_{53}（售后服务），U_{54}（营销策略与模式），U_{55}（营销手册），U_{56}（产品使用说明书），U_{57}（同类产品对比较）$\}$。

❷ 权重分配：$A_5=\{a_{51}, a_{52}, a_{53}, a_{54}, a_{55}, a_{56}, a_{57}\}$。

最终根据上面的测评因子集合建立模糊矩阵。

本章思考要点

1．家具设计的评价与原则？

2．家具设计评价程序与方法？

3．家具设计评价组织实过程与相关管理文件制定？

参考文献

[1] 黄蔚译．设计管理欧美经典案例[M]．北京：北京理工大学出版社，2004

[2] Kevin N·Otto，Kristin L·Wood．Product Design：Techniques In Reverse Engineering And New Product Development[M]．University Press，2005，1

[3] 段青霞．产品设计过程评价体系的研究[D]．深圳：深圳大学，2009，5

[4] 唐开军．家具审美质量综合评析[G]．家具科技资料汇编，1992，20（1）：11～13

[5] 陈祖建，关惠元．改良型家具设计方案评价指标体系[J]．家具与室内装饰，2008，6

[6] 薛澄岐，裴文开，钱志峰，陈为．工业设计基础[M]．南京：东南大学出版社，2004，10

后 记

本书的第一版从酝酿到完成初稿历经6年有余，这期间有工作安排方面的因素，但主要的还是想多一些时间来思考如何把本书的架构搭建得更加合理、完善，并在内容和体例等方面都能有所创新，使其既有严谨的系统性和通用性，又具有一定的理论深度与学术性，从而满足不同读者群的需求。

近年来，随着家具行业的快速发展，家具类书籍之繁荣可以说是史无前例的，也是本人从事家具设计教学与科研几十年来感到很可喜的现象之一，尽管其中良莠不齐，但也不乏大量优秀书籍。也许在这个著作泛滥、学术贬值的时期，推出此书有凑热闹之嫌，但作者坚信广大读者会从本书的结构和内容等方面给出自己客观公正的评价。

特别值得一提的是本书的第一版自2010年发行以来，得到了广大读者的肯定，各大专业院校也作为教材纷纷定购，在给予高度评价的同时也提出了一些宝贵的意见和建议，正值本书被评定为“普通高等教育‘十二五’国家级规划教材”修订再版之际一并采纳并致谢。

在本书写作过程中，得到了业内多位前辈的指导和业内同仁的支持与帮助；书中插图用到了深圳嘉豪何室实业有限公司、香港华伟家具有限公司、东莞市大宝家具制品有限公司、香港祥利工艺家私公司、盛大友邦（北京）家具制造有限公司等多家国内外一流企业的部分产品图片；同时还得到了宁波大学工业设计系沈法主任等的支持，特别是在本书第二版时得到了广东华颂家具集团有限公司和中国轻工业出版社的大力支持，并做了大量实质性的工作，在此一并致谢！

作者

2021年12月于深圳